国防科技图书出版基金

现代雷达装备综合试验与评价
Modern Radar Equipment Integrated Test and Evaluation

孙凤荣　编著

国防工业出版社

·北京·

图书在版编目(CIP)数据

现代雷达装备综合试验与评价/孙凤荣编著. —北京：
国防工业出版社,2013.7
ISBN 978-7-118-08645-4

Ⅰ.①现... Ⅱ.①孙... Ⅲ.①雷达系统－模拟系
统－研究 Ⅳ.①TN955

中国版本图书馆 CIP 数据核字(2013)第 087009 号

※

国防工业出版社出版发行

(北京市海淀区紫竹院南路 23 号 邮政编码 100048)
北京嘉恒彩色印刷责任有限公司
新华书店经售

*

开本 710×1000 1/16 印张 21¾ 字数 398 千字
2013 年 7 月第 1 版第 1 次印刷 印数 1—3000 册 定价 88.00 元

国防书店:(010)88540777 发行邮购:(010)88540776
发行传真:(010)88540755 发行业务:(010)88540717

致 读 者

本书由国防科技图书出版基金资助出版。

国防科技图书出版工作是国防科技事业的一个重要方面。优秀的国防科技图书既是国防科技成果的一部分,又是国防科技水平的重要标志。为了促进国防科技和武器装备建设事业的发展,加强社会主义物质文明和精神文明建设,培养优秀科技人才,确保国防科技优秀图书的出版,原国防科工委于1988年初决定每年拨出专款,设立国防科技图书出版基金,成立评审委员会,扶持、审定出版国防科技优秀图书。

国防科技图书出版基金资助的对象是:

1. 在国防科学技术领域中,学术水平高,内容有创见,在学科上居领先地位的基础科学理论图书;在工程技术理论方面有突破的应用科学专著。

2. 学术思想新颖,内容具体、实用,对国防科技和武器装备发展具有较大推动作用的专著;密切结合国防现代化和武器装备现代化需要的高新技术内容的专著。

3. 有重要发展前景和有重大开拓使用价值,密切结合国防现代化和武器装备现代化需要的新工艺、新材料内容的专著。

4. 填补目前我国科技领域空白并具有军事应用前景的薄弱学科和边缘学科的科技图书。

国防科技图书出版基金评审委员会在总装备部的领导下开展工作,负责掌握出版基金的使用方向,评审受理的图书选题,决定资助的图书选题和资助金额,以及决定中断或取消资助等。经评审给予资助的图书,由总装备部国防工业出版社列选出版。

国防科技事业已经取得了举世瞩目的成就。国防科技图书承担着记载和弘扬这些成就,积累和传播科技知识的使命。在改革开放的新形势下,原国防科工委率先设立出版基金,扶持出版科技图书,这是一项具有深远意义的创举。此举势必促使国防科技图书的出版随着国防科技事业的发展更加兴旺。

设立出版基金是一件新生事物,是对出版工作的一项改革。因而,评审工作需要不断地摸索、认真地总结和及时地改进,这样,才能使有限的基金发挥出巨大的效能。评审工作更需要国防科技和武器装备建设战线广大科技工作者、专家、教授,以及社会各界朋友的热情支持。

让我们携起手来,为祖国昌盛、科技腾飞、出版繁荣而共同奋斗!

国防科技图书出版基金

评审委员会

前　言

　　当今电子装备的试验方法和内容的变化主要体现在电磁兼容性和电子对抗的实战效能评估上,并已成为试验的重点和难点。要求必须能够提供逼真的威胁环境;允许进行安全、逼真的对抗;迅速准确地收集和分析试验/演习结果;量化电子战对现代战争所起的作用;力求获得训练和系统研制投资的最佳效果等。为此,加强了试验方法和试验技术的研究和创新。其中最突出的是舍弃了"飞行—修正—飞行"的外场试验方法,采用了更为科学的"预测—试验—对比"方法,加大了仿真技术的应用。采用"预测—试验—对比"方法的主要目的是进行更有效的外场飞行试验,提高试验效率,节省试验经费。

　　目前,国内外关于现代雷达试验与评价方面较系统全面的研究文献较少,一些从事装备管理和科研的人员对于试验与评价的了解还不够系统。本书是作者在参考国内外相关文献的基础上,结合多年的相关试验与科研实践,历时三年多时间完成的。本书主要面向装备采办部门、装备试验与科研部门、装备总体论证单位、装备研制单位的技术管理与总体人员。本书也可以作为相关专业教学与科研课题研究参考书。

　　综合试验与评价(IT&E)(亦称综合试验与验证),是一种基于知识的系统研制途径,它综合协同地利用地面试验和分析,数学建模、仿真和分析,飞行试验和分析等多种试验分析方法,以建模与仿真作为试验与评价知识库以及各种地面试验和飞行试验之间反馈的一种工具,使结构仿真、虚拟仿真和实况仿真有机结合,为研制试验与评价(DT&E)和使用试验与评价(OT&E)的更经济有效的综合提供方法和途径。该技术是从传统的"试验—改进—试验"方法,向建模与仿真—虚拟试验—改进模型的迭代过程的转变。有效地应用综合试验与评价技术,将能在研制项目早期当问题更容易改进且改进费用更低时就能识别问题,能最大程度地减少接受一个有缺陷产品的风险,并促进对缺陷的纠正,因此能够缩短产品研制周期、降低研制费用和减少技术风险。

　　为满足未来雷达装备的发展需要,必须充分利用现有资源,探索新的试验技术与评价方法以加强试验与评价工作的有效性和试验效率。美军在20世纪90年代中后期开始制定并实施了联合先进分布式仿真联合试验与鉴定计划,对先进分布式仿真(ADS)技术在导弹、C^4ISR系统和电子战等武器装备试验与鉴定中的应用进行了大量的理论研究和实验探索。美军的实践已表明,先进分布式仿真试验与评价方法弥补了传统试验与评价的不足、支持基于仿真的采办策略、降低试验成本和缩短试验周期及支持试验预演等作用。在雷达试验与评价中，威胁电磁环境生成技术最能体现雷达区别于其他武器装备试验的显著特点和难点。本书共 11 章，第 1 章"概论"，主要介绍了综合试验与评价提出的背景、美军武器装备试验鉴定的模式、综合试验与评价的特点、综合试验与评价方法、综合试验与评价中知识库的运用、美军装备采办中的试验与评价、综合试验与评价的应用及效益；第 2 章"雷达装备的试验与评价"，主要论述了我国雷达装备采办发展过程、我国装备采办阶段的划分特点、传统雷达装备试验与评价体系的缺陷、雷达装备的综合试验与评价策略；第 3 章"雷达建模与仿真及其 VV&A"，主要论述了建模与仿真的基本概念，模型的校核、验证与确认（VV&A），雷达建模与仿真，雷达对抗仿真系统模型的 VV&A 案例；第 4 章"雷达综合实验室试验与评价"，主要论述了现代雷达特点分析、雷达综合实验室的需求分析、雷达综合测试与分析平台构建、雷达软件模型与物理测试、雷达综合实验室闭环测试；第 5 章"雷达半实物仿真试验与评价"，主要论述了虚拟试验验证技术、雷达半实物仿真实验室构建、基于 ADS 的新型半实物仿真试验等；第 6 章"雷达外场试验实施"，包括试验特点、试验条件、试验内容、雷达外场试验技术方案、雷达信号模拟源输出功率的确定、雷达数据录取和评估、雷达系统层次指标及测试方法等；第 7 章"雷达系统效能评价"，主要论述了雷达系统效能模型、雷达作战效能鉴定方法、雷达系统作战效能仿真试验平台、复杂电磁环境下的雷达效能试验与评价应用案例等；第 8 章"雷达系统适用性试验与评价"，包括作战适用性的相关问题、采办各阶段的雷达系统适用性试验与评价、作战适用性要素、案例分析等；第 9 章"战场复杂电磁环境构建"，主要论述了现代雷达所面临的复杂电磁环境特点、战场复杂电磁环境构建策略、构建战场复杂电磁环境的关键技术等；第 10 章"复杂电磁干扰环境构建难点问题解决方案"，包括复杂电磁相干干扰环境的构建、针对单脉冲雷达的干扰对策、针对 PD 体制雷达的干扰对策、针对多功能相控阵雷达的干扰对策、针对自适应捷变频雷达的干扰对策、针对低截获相参雷达的干扰对策、针对频率分集、双频雷达的干扰对策、针对双基地雷达的干扰对策、针对 SAR 及 ISAR 雷达的干扰对策、针对特体雷达的干扰对策、针对高密度电磁环境下的信号分选问题等；第 11 章"F－22/F－35 雷达（AN/APG－81）的研制管理与评价"，主要论述了 F－22/F－35 雷达（AN/APG－81）研制试验与评价的过程情况。

本书的编写工作得到了总装备部国防科技图书出版基金专项经费资助，国防科技大学周一宇教授审阅了全书，并提出了许多建设性的意见。在此向所有关心和支持本书编写的单位和个人表示诚挚的感谢。同时，感谢国防工业出版社为本书编辑出版所做的大量工作。

由于本书内容涉及面较广，很多问题有待进一步深入研究，加之资料来源与作者知识水平有限，书中错误和不当之处，恳请读者批评指正。

作　者

2012 年 10 月

目　录

Contents

第1章 概　论

1.1　综合试验与评价（IT&E）提出的背景

进入 20 世纪 90 年代以后,国外不断改革装备试验与评价策略、调整试验机构,以适应武器系统采办要求,更好地发挥试验设施的潜力,达到既节约试验与评价费用,缩短研制周期,降低风险,又提高试验与评价水平的目的。美国国防部提出五项研究课题:军方早期参与试验;有效利用建模与仿真;合并某些试验;综合考虑试验与训练设施的合理使用;应用先期概念和技术验证。美国三军采取了相应的改革举措,尽可能将研制试验与使用试验合并进行,实施综合试验与评价、成立综合试验工作组、统一协调试验工作、减少重复试验、强调技术试验的综合性;尽量将技术试验与部队试验结合进行;试验数据共享,就是折中考虑研制试验与使用试验的不同要求,进行一次试验后搜集足以满足研制试验与使用试验所需的数据。做到两种试验一次完成,避免了武器研制阶段进行重复性试验。如今,综合试验与评价方法已经成为美国国防部大力提倡的重要策略。

1.2　外军武器装备试验鉴定的模式

在武器装备试验鉴定发展过程中,逐渐形成了一些典型、有效的系统工程管理方法模式。由于各国装备采办体制不同,因而试验鉴定模式也有差别,其中美军试验鉴定的模式最具系统性,有严密的组织与计划,达到了较好的试验效果。20 世纪 70 年代以前,美军武器装备试验鉴定主要采取分别试验方式,即承包商、政府和作战试验鉴定部队各自根据自己的试验目的和要求,分别制定各自的试验鉴定计划,分别进行试验。这种试验模式有较多的时间进行验证和改进试验,并采用严格的模块试验方法,但费用高、消耗大,研制试验与作战试验联系很少。在分别试验的基础上,根据不同的需求和目标,美军逐步改进发展,形成了以下几种试验鉴定模式。

1.2.1　综合试验鉴定模式

随着武器装备性能和复杂性的不断提高,传统试验与评价方法难以满足现代战争对加速装备研制和部署、降低研制风险和成本、提高经济可承受性的需求。于是在信息技术等高新技术的飞速发展和广泛应用推动下,自 20 世纪 90

年代以来,国外武器装备试验与评价技术发生了重大变革,其中一项重要的发展策略就是推行综合试验与评价策略。基于试验鉴定成本和效能的考虑,美军试验鉴定领域提出了综合试验鉴定的试验模式。该模式是指在系统级试验阶段,由承包商、政府和作战试验鉴定部队三者共同制定一个试验鉴定计划,进行综合试验。这种试验模式的核心理念是:军方早期参于试验;有效利用建模与仿真;可能的情况下合并某些试验;在可能的地方综合考虑试验与训练设施的合理使用;应用先期概念和技术验证。有效地应用综合试验鉴定模式,将能在研制阶段,即问题更容易改进且改进费用更低时就识别问题,能减少产品缺陷的风险,并促进对缺陷的纠正,能够缩短产品研制周期、降低研制费用,但是这种试验模式的充分性较差,技术鉴定和作战鉴定不能联合进行,且在同一试验中很难获得研制试验和作战试验两种数据,置信度存在一定的问题。

综合试验与评价策略是一种虚实结合的系统开发途径。"综合"的特征体现在三个方面。重点是推进从传统的"实物试验—改进实物—再试验"的实物验证模式向"试验建模—仿真与虚拟试验—改进模型—实物验证"的"虚实结合"模式转变。IT&E 的主要优势是能在项目研制的初期,及时发现缺陷和问题,从而显著缩短产品研制周期、降低研制费用和减少项目风险。研究发现很多初始使用试验与验证失败的原因是作战适用性不足,具体问题出在装备战备的可靠性、维修性和可用性方面。建议改进研制试验与评价(DT&E)流程,以便及早发现适用性方面的问题。2007 年 5 月,配合美国国防部简化试验与评价过程的探索,美国国防工业协会系统工程部下设的研制试验与评价委员会组建了 3 个工作组,每个工作组都由工业界、军方和国防部的代表组成,由一名工业届代表担任组长。这些小组分别致力于研究以下三个问题:

（1）如何让承包商和试验人员更早地参与项目。

（2）如何使研制试验/使用试验（DT/OT）与装备未来使用更好地结合起来。

（3）装备的适用性。

近年来,美军着手改进其试验与评价流程,进一步推进综合试验与评价在武器系统特别是大系统（SOS 或称系统之系统）研制中获得广泛应用并取得明显成效。

1.2.2　一体化试验鉴定模式

一体化试验鉴定模式,是在分别试验模式和联合试验鉴定模式的基础上发展而来的,是美军为适应武器系统采办发展要求,更好地发挥试验资源的潜力,降低风险,提高试验鉴定效率而采取的一种管理模式。美国 2003 年 5 月新修订的 5000 系列防务采办文件和 2005 年 1 月颁布的试验与评价管理指南中特别强调了一体化试验鉴定方法,要求在武器系统整个采办过程中,项目经理与用户以及试验与鉴定机构一起,将研制试验与鉴定、使用试验和鉴定、系统互用性试验、建模与仿真活动协调成为有效的连续体,并与要求定义以及系统设计和研制紧密结合,采用单一的试验大纲,形成统一和连续的活动,尽量避免在武器研制阶段进行单一和重复性试验,力争通过一次试验获得多个参数,以显著地减少试验资源和缩短研制时间。2007年12月,美国国防部发布的试验鉴定政策修订备忘录中对一体化试验进行了重新定义,即:所有试验鉴定相关机构共同合作,对各试验阶段和各试验活动进行计划与实施,为独立的分析、鉴定和报告提供共享的数据。

美国三军采取了相应的推行综合试验鉴定的改革举措,比如,美国海军已经着手对当前的舰船试验鉴定进行转型,力争通过一体化试验鉴定等方法将试验与评价费用减少。一体化试验模式的好处显而易见,既可以减少重复和冗余,又能满足政府和作战试验部队的特殊要求,同时采用了模块式低风险试验的方法,资源和进度容易控制,能够保证武器装备得到充分的试验,并节约经费和缩短研制周期。一体化试验模式的难点在于试验的组织管理,这种模式的特点决定了在一体化试验鉴定时必须有一个明确的早期计划,整个研制和试验鉴定过程要有协作计划,要求在不同机构和部门之间协调管理,同时还要改变原有的技术鉴定的标准操作规程。

1.2.3 多军种联合试验鉴定模式

美军的多军种联合试验鉴定模式,与一体化试验鉴定模式相对比,着重强调的是各个军种之间试验鉴定的联合试验、协同作战模式、试验数据共享的理念。从20世纪末美军启动了"联合试验与鉴定计划"发展至今,联合试验鉴定已成为美军试验与鉴定管理指南规定的一种重要试验类别。根据美国国防部发布的5010.41号指令,武器装备联合试验鉴定的主要目标包括:评估军兵种装备在联合作战中的互操作性;评估联合技术、作战概念,提出改进建议;验证联合试验所使用的技术和方法;利用试验数据提高建模与仿真的有效性;利用定量数据进行分析以提高联合作战能力;为采办与联合作战部门提供反馈信息以及改进联合战术、技术与规程。

相比传统的武器装备试验,武器装备联合试验有许多新的特点,一是从以检验装备的战术技术性能为重点转变到检验军兵种装备在联合作战中的互操作性以及体系配套性,评估联合技术与作战概念,验证装备的联合作战使用规程。二是强调多方联合参与,试验主体包括了试验部队、试验基地以及各类作战试验室。三是不仅注重单件装备的试验,更强调装备系统及装备体系的试验。四是强调在联合对抗的作战环境中进行试验,即作战时怎么用就怎么试(Test as We Fight)。联合试验鉴定中往往包含实兵实装、模拟器以及数字仿真系统在内的各种试验要素,也称之为实兵、模拟器及构造仿真一体化集成试验。

近年来,各种新的军事思想和作战概念不断涌现,特别是美军陆、海、空、天、电一体化联合作战概念的形成,对世界各国的军事发展产生了重要影响,也对武器装备的采办、试验和部队训练提出了更高的要求。为了提高联合作战能力,应该按实战要求、在联合作战环境下进行试验训练。而以往,世界各国大都按军兵种和武器发展的需要,"烟囱式"地独立建设不同用途的试验训练靶场和设施。这种以军种和武器为中心的传统靶场试验训练模式,难以适应以信息为中心、以联合作战为特征的试验训练的需要。特别是现代联合作战的规模和形式超出了单个靶场的覆盖范围,必须连接多个靶场和仿真设施,通过资源共享进行靶场联合试验训练。

联合试验方面,美军"2006—2011 财年战略规划指南"针对"兵力转型中的联合试验",要求国防部提供新的联合作战试验能力。2004 年 11 月,美国国防部使用试验与评价局(DOT&E)提出并制定"在联合环境下试验的路线图",成立了多个专业组协同开发具体的实现计划。该路线图的目标是:使国防部能够在联合作战环境下,进行充分、真实和及时的试验与评价,以提供给决策者关于联合作战系统或体系开发、采办和部署的信息。

路线图要求:应使建模与仿真更好地为基于能力的采办服务,加强在联合作战环境下对系统或体系的试验能力。为了构建联合使命环境,需要运用各种各样的虚拟或模型表示,并以实际作战部队为核心将它们装配在一起。这些模型与仿真必须经过确认。应建立采办建模与仿真总计划,讨论模型与仿真的开发、更新、验证和维护等问题。应建立相应的标准,以利于在系统工程和试验活动中进行建模与仿真的共享、重用和互操作。此外,应重视地形地貌、海洋、大气和空间环境仿真系统的开发。

联合使命环境基础设施由分布在不同地理位置的各类资源构成,是一个虚拟的靶场(Virtual Range)。基础设施中有可重用库(Reuse Repository)、数据档案(Data Archive)、场景/试验过程库(Scenarios/Test Procedures)、事件计划工具(Event Planning Utilities)、对象模型工具(Object Model Utilities)等,它们是通过公共中间件持久地连接在一起的。运用联合使命环境基础设施可以构建联合使命环境(Joint Mission Environments),并以系统评价为目的定义试验程序,即:定义所有的系统、系统的配置、数据采集与存档策略、事件时间安排以及其他的配置信息,使试验是一致的和可重复的。

基于这种持久的基础设施连接、公共的数据交换中间件、数据描述标准、公共文档、配置管理和执行工具,试验计划人员就可以从资源库中选择各种实况、虚拟和构造(Live, Virtual, Constructive, LVC)资源构成试验环境。

将正在开发的系统与联合使命环境基础设施相集成,可以在全寿命周期内实现对系统的连续评价。将需要试验的作战能力插入到能提供与各种系统和威胁力量进行交互的代表性联合使命环境中,可以更多地了解系统的性能。需要交互的关键性系统共有三种类型：系统表示、威胁表示、环境表示。对按照 JC-IDS 需求开发的新系统,应使其模型与接口界面和联合使命环境相兼容。

为了研究在联合环境下试验的过程与方法,开展"联合试验环境方法学"(JTEM)可行性研究,考查已有的"多军种分布式试验"(MSDE)所采用的过程与方法,作为建立一个持久的、分布式的联合试验环境的第一步。美国国防部还开展"联合任务环境试验能力"(JMETC)项目,通过网络将分布在各靶场设施中的真实和虚拟的系统连接起来,为系统工程、试验与评估、训练等活动提供广泛、持久的服务。"联合任务环境试验能力"还将与"联合国家训练能力"互操作,促进试验及训练的协同和资源重用。

1.3 综合试验与评价的特点

将试验与评价作为装备采购过程组成部分的新模式,具有下列四大基本特点:①这是一个连续的信息采集和决策过程,使用试验和评价是构成这个过程的一个组成部分。这种取向与不强调"查出缺陷"而强调综合研制程序和"注重产品质量"的现代发展趋势是一致的。②存在一个系统化的数据采集、分析和归档环境。所有数据和信息源都应归档,从而使开发组能够从其他相关的研究和发现中找到和学到东西。③以所有可获得的相关数据为基础,使用高效的统计方法进行决策。连续评估和系统化数据采集环境应当能够使用高效的统计方法,包括决策理论方法,但仍然应当让决策者对系统采办决定负责。④采购和维护新的军事能力的寿命周期成本下降。

将使用试验与评价纳入到一个连续的评估过程,意味着以后可能发生的问题能够在研制过程中较早地被发现,问题在这时比较容易解决,所需费用也比较少。生产高质量和更可靠的系统将减少在野战条件下维护该系统所需的后勤保障工作量,这是构成系统的全寿命周期费用的一个重要因素。

采用新模式能够以尽可能低的成本,从使用试验与评价中获得尽可能好的信息。按照新模式,使用试验与评价的职责应当扩大。这种指导和监督作用包括以下各项内容:①精心界定整个试验与评价过程中的关键步骤以及各个步骤包含的内容,并将其归档,以确保过程没有过多的变化(即在允许按照不同类型的项目进行剪裁时,不同项目之间的变化),并确保当前的最佳实践得到广泛、一贯的使用。②数据采集、档案和文件中使用统一的术语、协议和标准,确保来自不同信息源的信息能够进行对比,并在试验设计与评价中有必要时结合起来。如果来自相同和有关系统的研制试验和使用试验的信息能够在试验档案中访问并且可用时,最好将其用于改进的试验设计与试验评价。如果数据是使用标准的定义,按照标准的方式采集和存档的,并且在档案中包含每次试验的基本信息及其实施条件,那是最有用的。增加外场使用信息将能够支持反馈回路的运转,有助于改进单个系统的研制以及试验设计与评价过程。使用标准的术语和做法,便于使用试验与评价负责人批准试验计划、审定试验结果和评估试验结果的有效性等。③确保通过使用先进的统计方法和模型采集、存档及记录的信息得到充分利用。这些方法和模型允许将来自不同信息源的数据更有效地用于试验设计,以及将各个试验数据集中与使用性能评估有关的具体信息用于试验与评价。此外,可以建立统计模型来提供具体的信息,如哪些试验因素对系统性能具有最大影响,哪些试验结果看来最异常等。鉴于使用试验的成本以及正确决定是否进入大批量生产的重要性,将决策建立在所有有效、相关的信息基础上是极为重要的。④要求将各项试验评价详细地归档,并包括置信水平说明,以及对用来补充使用试验的建模与仿真进行的敏感度分析和外部评价。对整个试验与评价过程的文件进行精心和适当的精炼,可以让国防采办的所有参与者看到各项评价是如何进行的,什么地方仍然有疑问,补充试验是否会有用,以及什么样的补充试验会有用等。它还可以让当前与未来的用户更好地理解变化的原因及意外的问题,以及为了对此过程进行更好的管理,这些问题是如何得到解决的;采用综合方法则可弥补单一方法的缺点,发挥群体方法的特长,从而取得最佳效果。

1.4 综合试验与评价方法

综合试验与评价(IT&E),亦称综合试验与验证,是一种基于知识的系统研制途径,它综合协同地利用地面试验和分析,数学建模、仿真和分析,飞行试验和分析等多种试验分析方法,以建模与仿真作为试验与评价知识库以及各种地面试验和飞行试验之间反馈的一种工具,使结构仿真、虚拟仿真和实况仿真有机结合,为研制试验与评价(DT&E)和使用试验与评价(OT&E)的更经济有效的综合提供方法和途径。该技术是从传统的试验—改进—试验方法,向建模与仿真—虚拟试验—改进模型的迭代过程的转变。有效地应用综合试验与评价技术,将能在研制项目早期,即问题更容易改进且改进费用更低时就识别问题,能最大程度地减少接受一个有缺陷产品的风险,并促进对缺陷的纠正,因此能够缩短产品研制周期、降低研制费用和减少技术风险。

1.4.1 综合试验与评价的方案模型

IT&E方案是一种系统族观点,旨在为武器装备的研制和采办提供最高附加值的试验与评价(T&E)支持。图1.1展示的一种多维模型,反映的是适合于飞行系统的IT&E方案。IT&E是主要的T&E过程和参与者的虚拟集成,它没有把各种T&E过程看成是一个个独立的任务,而是作为系统整体的有机组成部分。

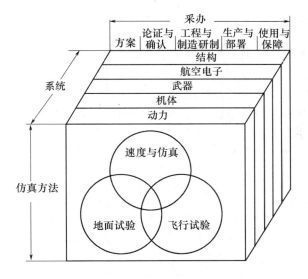

图 1.1　综合试验与评价中的多维方案

图 1.1 所示多维方案中每一维的含义如下：

（1）仿真方法。T&E 的主要方法是建模与仿真、地面试验和飞行试验。采用系统工程方法可以开发出一种基于仿真的组合方法，它能够以最低费用和最短时间提供最多的有用信息。建模和仿真技术的迅速发展已使其成为一种提供研制信息的实用工具，并能在许多场合恰如其分地取代相关试验工作。

（2）系统。任何一个复杂的武器系统都是由若干个分系统（如飞机的动力系统、飞机机体、机载武器、航空电子、结构等）组成。这些分系统都有相关的专业技术团体支持，在开发初期都各自采取了不同的技术方法，很少发生交叉。结果，这些主要分系统并行研制，直到研制过程末期才进行集成。而通过将各个独立系统中每一系统的试验与评价仿真方法相互关联，在研制周期的早期就有可能对整个系统的综合性能做出评价。将整个系统尽早综合，就可能缩短研制周期并使首次飞行中可能发生的综合问题减到最少。

（3）采办。采办周期是从方案与技术研制开始到生产与部署直至投入使用与保障的全过程。通过在研制过程早期规划和利用 IT&E 方法，可使达到首飞和战备完好性要求的总时间得到显著降低。图 1.1 所示的立方体的体积反映出开发整个系统所需要的全部资源支出。IT&E 的目标就是要把图 1.1 所示的体积减到最小，即最大程度地减少仿真中所需要的资源、减少系统综合过程中的意外情况和减少采办研制时间。为了实现此目的，需要组织一支包括项目经理、设计人员、建模人员、试验人员和制造人员的虚拟综合产品组，利用基于知识的方法共同探索减小立体图中体积的潜在过程。

1.4.2 建模和仿真作为 IT&E 的知识库

图 1.2 显示出在整个采办周期中使用的 T&E 资源。可以看到,建模和仿真贯穿于系统的整个采办过程。建模与仿真已被视为 T&E 过程中极为重要的工具,作为 T&E 基础结构的主要组成部分。利用建模和仿真可以从 T&E 获取的大量数据中提取出有用的知识,从而减少数据的不确定性。

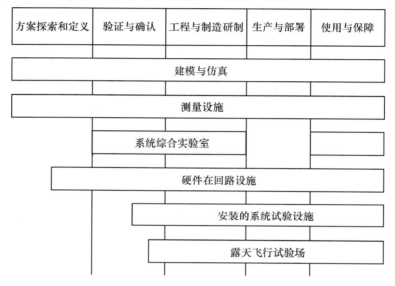

图 1.2 T&E 和采办阶段

为促进 IT&E 过程的实施,首先应构建开放体系结构的建模与仿真知识库,并将其作为 T&E 基础结构的组成部分,其本质上也是系统在研制和使用过程中的知识库。当试验设施产生的试验结果被集成到建模与仿真体系结构中时,所构建的模型可作为系统本身的档案和数据库。而且,这种数据库为项目办公室、主制造商、试验与评价机构和使用部门通过互联网组成的虚拟综合产品组提供支持,即通过从构建的知识库中采集、分析与传播的知识不断改进产品,搞好服务,从而增强竞争地位。构建的建模与仿真知识库的主要属性描述如下。

1. 建模及三元组的仿真工具

构建的建模与仿真能力支持 T&E 过程的明显方式之一,是支持可用于以最少的时间和费用提供最佳仿真的三元组工具(结构仿真、虚拟仿真和实况仿真)的集成。建模已成为试验设计和解释试验结果的基本要素。T&E 建模与仿真知识库通过提供标准的建模与仿真体系结构,可以在各个项目中都能最佳地利用不同来源的模型,使建模与仿真、地面试验和飞行试验实现最佳协作。以这种方式可以识别出最灵验的地面试验和飞行试验,来填补模型的缺陷。好的建模可帮助试验人员深刻地了解各种现象,以及一些试验数据中的异常现象等。而且,用来支持 T&E 过程的任何模型都对系统研制本身具有持续的使用价值。因此,重要的是在整个 T&E 过程中识别和构建这些模型。

2. 模型的校核、验证与确认

所构建的系统模型与 T&E 过程之间的另一种自然联系是研制过程中所使用模型的校核、验证与确认(VV&A)。模型的 VV&A 是建模与仿真中的一个基本过程。当完成每一种试验时,应利用其结果来验证所构建的系统模型的准确性。这样,随着试验过程中获取数据的增加,模型会变得更可靠,更能代表系统的性能。另外,构建和管理系统模型的过程提供了一种在 T&E 周期中规划验证/确认过程的框架。通过将 VV&A 作为 T&E 过程的一个组成部分进行早期规划,并采用构建的建模与仿真知识库作为管理 VV&A 过程的框架,则经过全面校核、验证与确认的模型自然会随着系统的成熟获得不断改进。

3. 地面试验和飞行试验的反馈

建模与仿真知识库的另一有用特征是作为各种地面试验与飞行试验之间的反馈手段。例如在传统的 T&E 过程中,在一种气动布局的风洞试验与飞行试验之间,并没有构成高度组织化的反馈机制,而通常对地面试验结果与飞行试验结果之间的相关性研究仅在特殊情况下即当飞行中出现了重大困难时才进行。因此,地面试验中心要改进其过程以确保获得最好的外推飞行环境是很困难的。有时,由于对地面试验结果与飞行性能之间的相关性研究不够,致使在系统的初始使用能力研制阶段结束后还要对系统做出代价过高的修改。为此,通过加入地面试验与飞行试验数据,对所构建的建模与仿真系统进行更新,将能提供一种很好的反馈机制,便于地面试验机构(和建模机构)改进其技术,更好地模拟实际飞行状况。这样可大大减少开发新飞行系统所需的飞行试验费用。

4. 连接结构仿真、虚拟仿真和实况仿真

在建模与仿真中通常有三种仿真方式:结构仿真(计算机推演)、虚拟仿真和实况仿真。结构仿真是对系统和人进行仿真的工程工具;虚拟仿真具有模拟的系统与真实的人;而实况仿真则具有真实的人和真实的系统(如实际的飞行试验)。如图 1.3 所示,T&E 知识库提供了从结构仿真、虚拟仿真到真实仿真的连续统一体。

从结构仿真开始,将利用工程模型如计算流体动力学(CFD)或涡轮发动机模型等来评价系统的空气动力学和动力系统有关的物理现象。这些工程模型可以单独地或与地面试验数据结合后,与集成分系统部件的其他结构模型综合,从而建立能反映整个系统性能的模型。由空气动力学或动力系统结构模型导出的信息构成含人飞行模拟器的系统仿真基础,这样使结构模型与虚拟仿真联系起来。同样,飞行模拟器也能把系统其他组成部分(如航空电子系统等)整合起来。飞行模拟器还可与硬件在回路的电子战仿真与虚拟作战环境(如美国海军

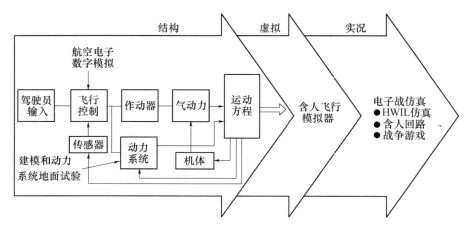

图 1.3　三种仿真方式的关系

空战中心,爱德华空军基地试飞中心)相结合,使战争演习模型也成为合成作战环境能力如美海军空战环境试验与评价设施(ACETEF)的组成部分。如图 1.3所示,进一步将控制系统和航空电子系统的数字模型或试验模型包括进去,在研制阶段早期就可预先查看系统综合性能。

结构模型与仿真为含人飞行模拟器(MFS)提供了高保真度的系统模型。由于含人飞行模拟器能够与电子战环境全面综合,也就是说能与虚拟电子战环境直接连接起来,因此也可以把系统组成部分的工程模型与合成系统的作战演习模型直接连接起来。通过这种直接的连接作用,可以把工程模型方面的信息转移到作战演习环境中。同样,来自作战演习环境的信息可以反馈给工程模型,用于显示分系统级的技术变动与整个系统为赢得战争应该具备的能力之间的因果关系。

在结构仿真、虚拟仿真与实况仿真之间的潜在联系还为研制试验与评价(DT&E)和使用试验与评价(OT&E)更经济有效地综合提供了机会。例如驾驶员可以通过一种含人飞行模拟器,用手通过油门杆连接到地面试验中心(如AEDC)的涡轮发动机高空试验舱中的真实发动机上。这样,虽然研制项目的评估工作是在地面试验设施上进行的,但仍可以初步看到在含人飞行模拟器内执行的操作工作。通过所计划的 DT&E 和 OT&E 之间的虚拟交互作用,可以最大限度地减少整个 OT&E 中所需的飞行资源。

5. 知识库的其他效益

构建的建模与仿真知识库作为 T&E 基础结构的关键要素,已为宇航项目的研制带来了巨大效益。除了上述所介绍的外,还有两方面的重要效益。第一,由于它是一种开放式结构,因此每一个新项目都不必为建模再重建基础设施,从而使项目研制经费大为节约;第二,它是以核心专业技术为基础建成的知识库,并且以往项目的经验教训在该知识库内部得到规范,因此可为每个新项目的研制带来益处。任何新项目可以在以往项目及核心专业技术的基础上从一个更高的熟练水平启动。

1.5 综合试验与评价中知识库的运用

1.5.1 仿真方法的综合

建模、地面试验或飞行试验仿真方法进行综合的关键是,将每项仿真任务都作为一种包括输入、仿真过程和输出的系统过程进行分析。一般情况下,输出是有关系统性能的知识或者是到另一个仿真过程的输入。过程不是试验过程而是仿真的系统过程。对于飞行系统来说,综合的仿真过程一般是飞行器的飞行性能仿真。仿真过程所需输入的描述应对建模、地面试验或飞行试验这三种仿真方法中的任一种都同等适用,这正是 IT&E 的效用所在。

例如,仿真从飞机上投放非制导炸弹的过程,所要求的输出是有关空投炸弹的安全性、命中目标的精度或者是关于飞机上所用的轰炸算法(即操作飞行程序 OFP)系数等信息。仿真过程是炸弹投放和投放后的运动,而仿真弹道所要求的输入则被描述为炸弹的空气动力、飞机附近的流场、炸弹架载荷、发射活动如投射力和力矩或者拉火绳的使用到脱开垂尾以及炸弹动力学等。IT&E 方法的基本前提是,这些输入中的任一个可以由这三种仿真工具的任一种提供。在一个项目的早期,在没有试验数据之前,可利用建模来提供评价系统设计对武器投放的影响所需的全部输入。当炸弹空气动力学、飞机流场或炸弹架载荷的风洞数据生成后,可利用这些数据来验证和补充输入信息。最后,当飞行试验完成后,其结果可用于验证整个仿真方法。通过有选择地使用所有这三种仿真方法,有机会以最少的资源获得最多的输出,并使项目能在进度、费用和技术风险之间取得平衡,实现项目的最优价值。

利用迭代循环的系统方法,可以将模型的各个层次系统地联结在一起。武器系统的建模与仿真又分四个层次,如图 1.4 所示。最低层取决于武器系统的详细工程模型。交战模型(Engagement Model)利用来自工程模型和威胁模型的特征来考虑单一系统交战情况。作战模型(Operational Model)检查一组武器系统与一组威胁的对抗。最后阶段是包括陆、海、空力量的威胁模型联合后勤保障和指挥、控制及通信功能来打虚拟战争。较低层次的模型用于研制决策,而较高层次的模型用于确定战场战术。采用迭代循环系统方法,每个作为下一层次输入的部件可作为 T&E 过程的一部分进行系统的验证和确认。因此,IT&E 也可能为从工程级到战区级的一些建模与仿真部件构建 VV&A 过程。

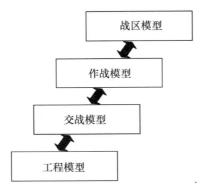

图 1.4 建模与仿真的层次

1.5.2 系统间的综合

在 IT&E 中飞机系统间的综合采用了一种虚拟方案(图 1.5)。它充分利用建模与仿真知识库作为综合各个分系统的机制。以发动机与飞机机体的集成为例,当飞机进气道构型正在风洞中进行试验时,所测到的畸变图形可以近实时地用于发动机模型来确定进气道对发动机性能的影响。

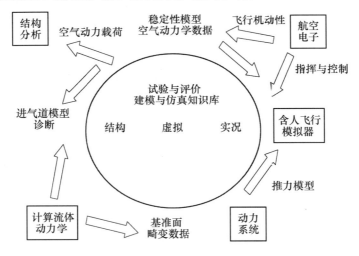

图 1.5 并行的试验与评价——虚拟飞机方案

同样,发动机模型的输出也可与飞行器的空气动力数据或模型组合起来,用来评价飞行器的总体飞行性能。这又是一种 T&E 的系统方法,即利用保存在知识库中的最佳来源的模拟或数字输入来仿真飞行轨迹,提供的输出即是飞行器集成性能。如果对集成性能不够满意,还可用诊断工具如 CFD 来探求畸变来源。如果进气道模型仍在风洞中,还可对进气道设计进行修改,并再次评估其集成性能,直至达到性能要求。因此,进气道风洞试验程序已经成为一种设计迭代过程而非仅是一种数据采集过程,而且可以更及时地实现系统优化,同时所得到的新数据和修改的模型亦将成为系统知识库中新的组成部分。

用类似的方式在一个高空试验舱内进行发动机试验时,将其结果与空气动力学模型及控制系统模型相结合,以便进一步验证和改进其集成性能。这样,对发动机改进的评价,将不仅仅是按发动机性能,而是按整个系统性能进行。

原则上,上述所构建的飞机模拟器可以借助构建的知识库与虚拟和实况仿真相连接,以便为发动机或飞机机体的更改对集成系统赢得一对一交战能力的影响建模,或作为更高层次作战演习仿真的输入。因此,可以按照对飞机赢得战争的能力的影响或其他系统总体度量指标对设计改进进行评价。

1.5.3 采办阶段的综合

综合试验与评价立方图的第三维是采办过程。采用 IT&E 方法减少采办时间和降低采办费用的策略主要包括三方面:一是早期规划 IT&E,以便更好利用各种仿真方法,尽快建立建模与仿真知识库;二是应用建模与仿真知识库和虚拟飞机方案,在研制过程早期集成系统部件;三是早期规划和集成 DT&E 和 OT&E 过程,以便最大程度地减少对总资产的需求。

1.6 美军装备采办中的试验与评价

1.6.1 美国国防部装备采办阶段的划分

2008 年 12 月 2 日,美国负责采办、技术和后勤(AT&L)的副防长约翰·杨批准了对国防部采办系统文件 DoDI 5000.2 的重大修订版。该修订版于同年 12 月 8 日正式生效,反映了美国国防部改进其整体采办业务流程的效率和效能,从而为其全球范围内的作战部队继续提供最佳武器系统和保障的决心。

与 2003 年版相比,2008 年新版本将"防务采办管理框架"改为"防务采办管理系统";采办过程仍分 5 个阶段和 6 个决策点(图中 A、B、C 三个里程碑决策点和三个实线菱形框处的决策点),但其中两个阶段和决策点的名称、内容做了修改,里程碑文件也从 30 多份增至 40 多份且内容更加充实;仍继续推行渐进式采办策略,但取消了螺旋式研制途径。

1.6.2 装备方案分析阶段的试验与评价

从最新的美国国防部装备采办阶段的划分点的变化可以看出,在新的五个阶段中,新版修订最多之处是装备方案分析阶段、技术开发阶段、工程和制造研制阶段。试验与评价在整个装备采办中的地位更加突出。新版本要求将试验活

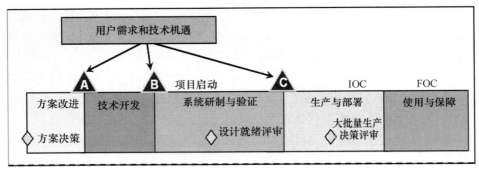

(a) 防务采办管理框架-2003

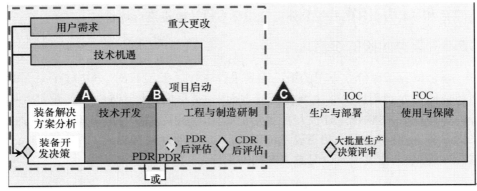

(b) 防务采办管理系统-2008

图 1.6 2003 年、2008 年新旧两版采办管理阶段的划分比较

动纳入各采办阶段,以促进早期识别并纠正技术和使用缺陷。PM 应在里程碑 A 提交试验与评价策略(TES),描述综合研制试验、使用试验和实弹试验与评价的整体试验方法并阐述试验资源规划,特别是包括专门阐述技术开发阶段的试验活动计划(含识别和管理技术风险),并根据备选方案分析(AoA)导出的初步任务要求评价系统设计方案。试验计划应阐明竞争原型机的试验与评价问题,以及在相关环境中对技术的早期验证和综合试验方法的制定。

在需求确定中,根据装备对联合作战能力影响的不同类别采用不同的处理程序。在对联合作战能力的影响划分上,由原先的三个类别细分为五个类别,分别是联合监督委员会关注项目、联合能力委员会关注项目、联合集成项目、联合信息项目、独立项目,其中联合能力委员会关注项目和联合信息项目是新增项目类别。

另外,根据新版的采办管理流程,无论从哪个里程碑进入采办程序,必须经过装备发展决策,即:里程碑决策者通过备选方案分析,决定进入的采办阶段,确定初始的评审里程碑,指定国防部的主管部门,最终形成采办决策备忘录。这一点与旧版显著不同,新版明显强调了装备的军事需求,更加重视联合作战能力的生成,在联合能力集成与开发系统中,开展军事效用评估等。用装备解决方案分析(MSA)阶段取代方案改进(CR)阶段,并用装备发展决策(MDD)取代方案决策(CD)。新版本将 MDD 评审作为采办过程的正式进入点,无论项目从哪里进入采办过程,都要求首先通过 MDD 评审,当然这并不意味着每个项目都必须从 MSA 阶段进入采办过程。通过 MDD 评审后,里程碑决策者(MDA)可根据特定阶段的进入准则和法规要求,在采办阶段的任何一点授权进入采办管理系统。设立该强制性进入点的目的是更好地确定采办项目的适当入口,从而确保采办项目建立在批准的要求以及对备选方案严格的评估基础之上。用 MSA 阶段取代 CR 阶段,是为了加强备选方案分析。在 MSA 阶段,所有备选装备解决方案的分析都将通过 AoA 来完成。

1.6.2.1 基于能力的军事需求开发

现代军事系统的性能日趋先进、构成日趋复杂、费用日趋昂贵,需求上任何偏差都会给军事系统发展建设带来重要影响,军事需求牵引是必循之规。军事需求工程是用工程化手段解决军事系统建设的有效性问题;美军在军事需求上的相关领域研究一直处于国际领先地位,取得了大量研究成果并得到实际应用。总体上,美军已经形成基于能力的需求工程方法学;建立一整套实用化的需求工程技术,并形成了配套的需求工程工具集;形成制度,用于指导作战概念形成、能力建设、武器装备体系建设、系统研制。

美军早在 20 世纪 60 年代初实施的"规划、计划和预算制度"(PPBS),就采用系统工程的理论方法分析研究需求问题,把国家安全战略、军事需求与军队建设紧密结合起来;20 世纪 80 年代中期,形成了三位一体的采办制度,即在 PPBS 基础上增加需求产生制度(Requirements Generation System, RGS)和采办管理制度,需求产生制度确定各军兵种到底需要什么装备,采办管理制度保证这样的装备可以被设计出来,PPBS 制度则要把设计这样的装备所需的资源限定在一定范围之内。在 RGS 中,主要通过任务需求书和作战要求文件表述需求。任务需求书以概括的作战用语表述作战需求。作战要求文件比较具体,规定了如速度、持续时间、可靠性、精确度等具体参数,还包括门限值(最低值)和目标值(期望值)。按照 RGS,需求产生开始于各军种,各军种对当前和未来的能力进行不断评估,在评估存在的缺陷的基础上,确定新的需求和新的计划(例如,空军评估"沙漠风暴"作战行动后的结果,发现理想的气象条件仍然大量存在,于是提出了提供一种全天候的、精确且成本低的、可攻击各种固定和移动目标的能力的需求,进而产生联合直接攻击弹药的项目计划)。在"基于能力"取代"基于威胁"的防务理论之后,2003 年 8 月美国国防部采用联合能力集成与开发制度(Joint Capabilities Integration and Development System, JCIDS)取代原来的 RGS,更加强调以联合作战为核心的能力建设,为参联会主席和联合需求监督委员会评估、确认联合作战能力需求提供支持。JCIDS 是一个严格的分析程序,以确保需求提案符合未来联合作战需要。如果军种的需求提案不能适度(或强力)支持联合作战所需作战能力,将会被拒绝或被打回军种作补充。JCIDS 是以贯彻基于能力的方法,其核心是一种自顶向下战略指导的能力确认方法学,如图 1.7 所示。

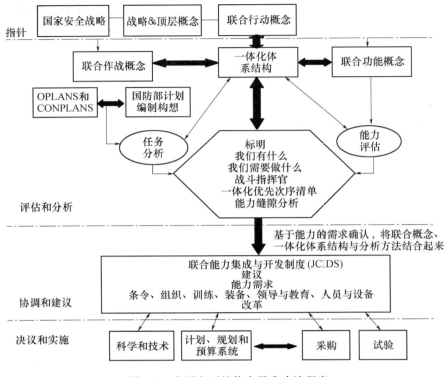

图 1.7　自顶向下的能力需求确认程序

从图 1.7 可以看出,JCIDS 实质是以一体化体系结构为基础的。通过一体化体系结构,明确“我们现在有什么”和“将来我们需要什么”;联合作战概念与作战体系结构视图相对应,通过任务分析,明确作战需求;联合功能概念与系统体系结构视图相对应,通过能力评估,发现能力缝隙;在此基础上,提出合理建议和能力需求。

针对作战需求描述,美国 George Mason 大学 C^{3}I 中心体系结构实验室从作战体系结构视图产品开发的角度,借鉴系统工程、软件需求工程的成熟技术,提出基于结构化分析方法和面向对象的开发方法,但都存在缺陷:作战任务、作战节点、作战活动等要素都具有层次性,而 UML 本身不提供层次建模功能;数据流图、IDEFx 等结构化分析方法,可按层次分析作战领域相关要素,但描述机制复杂,不便于理解和沟通;它们自身都不以军事为背景,并未说明其提供的图元中有哪些可用,描述内容是什么以及如何用等问题。

总体上,需求开发方法不断涌现,军事需求开发正逐步向形象化、简明化、精确化方向发展。

16

1.6.2.2 基于能力的需求管理及评价

一个国防项目往往会有成千上万需求指标,任何需求的遗漏都可能导致严重后果。如果没有有效的需求管理手段,难以保证满足每一项目需求。调查显示,美国国防部仅对需求跟踪就投入了IT费用的4%。相关领域的研究状况如表1.1所列。

表1.1 典型需求管理技术

	概 述	主 要 内 容	备 注
ISO9000 中需求管理	ISO9000 是一系列国际标准,ISO9001 有需求管理的相应要求	ISO9001 的 4.3 节"合同评审"中隐含了企业在实施软件开发过程中对需求管理的要求:组织要求;确定合同文档;合同评审;合同修订;合同记录。ISO9001 的 5.3 节规定了"为了继续进行开发,开发人员应该有一个完整的、无歧义的功能需求集"。ISO9001 的 7.2 节包括产品有关要求的确定,产品要求的评审和用户的沟通等。ISO9001 还规定了系统设计和开发前期对需求性定义,存档方面等的要求	ISO9000 只提供需求管理的一种规范,说明了要做什么,但是没有说明如何做
CMM 中的需求管理	卡内基梅隆大学软件工程研究所 1987 年提出的一种对软件生产过程和质量保证的指导框架	CMM 模型中需求管理的目标主要有三个,客户和解决客户需求的软件项目之间,建立对客户需求的共同理解;控制分配给软件的系统需求,为软件工程和管理应用建立基线;保持计划,产品活动与分配给系统需求一致。CMM 模型需求管理的主要活动有:评审分配需求,将审定的需求作为软件开发计划,工作产品和活动的基础;确认分配需求;评审的变更;分配控制;分配评审。CMM 模型中软件需求管理的核心是发展和维护"三个一致性":理解一致性;内在一致性;与其他元素一致性	CMM 关键过程域中包含需求管理。CMM 没有说明如何管理需求,即只提供"what",没有提供"how"
RUP 中的需求管理	RUP 过程将项目管理、商业建模、分析与设计统一起来,贯穿整个发展过程	RUP 定义需求管理者是"可以对系统的需求进行引入、组织和文档化的一种系统化的方法步骤,以及建立和维护开发团队和客户之间关于系统需求变更的确认的过程"。RUP 主要包括以下六部分内容:迭代的开发软件、需求管理、使用基于构件的体现结构、可视化软件建模、验证软件质量、控制软件变更。RUP 给出需求管理 10 步骤:分析问题并收集用户需求、创建一个需求管理计划文档、拓展需求细节、区分需求、区分需求优先级、分派需求、细化需求规格、和 Rational Rose 集成、跟踪项目开发管理、跟踪项目进展、管理变更	从一些最佳案例中,精炼出了规范性的指南、模板和范例,为软件开发提供了必要准则模板和工具指导
REPEAT 中的需求管理	Telelogic 公司提出的,可以保证产品的即时发布和良好的产品质量	Telelogic 公司定义需求管理,用于标识、捕获、管理(与跟踪)需求及其在项目生命周期中变更的结构化过程,需求管理的最终目的是使客户满意。REPEAT 包括典型需求过程活动,如需求获取、需求文档化、需求验证,同时强烈关注需求选择和产品发布。需求管理指明系统开发所必须做的每件事,指明所用设计应该提供的功能和必受的制约	Telelogic 公司开发了实用的配套工具

卡内基梅隆大学(CMU)软件工程研究所（SEI）是美国国防部支持的联邦基金研发中心,软件能力成熟度模型(CMM)就是该中心应美国国防部的要求提出的,同时,为美国国防部的官员提供了一种跟踪和监督软件合同执行情况的有效方法。需求管理被认为是用以跨越整个软件生命周期的行为,包括需求变更管理和保证需求在软件中正确、完整地实现。

美国将国防装备与信息系统的需求工程过程分为定义、文档化、确认和批准四个阶段。需求工程过程虽然并未直接涉及到军事需求管理,但是四个阶段暗含着需求管理的各项活动,而且针对的是需求管理的核心问题——需求文档。需求文档有任务需求说明书（MNS）、顶层需求文档（CRD）和操作需求文档（ORD）三种类型。MNS 不针对系统,用军事术语描述所需要的能力。CRD 描述任务领域的顶层需求,形成一个系统家族（如太空控制、局部导弹防御等）或者大系统（如国家导弹防御）的概念。ORD 则将 MNS 转化成相应系统或概念的、细化的、具体的性能和特征描述。

1.6.2.3　基于仿真的采办

基于仿真的采办(SBA)和试验与评价作为辅助手段,将系统建模、仿真、试验和评价等活动综合成一个高效的连续过程,由一个试验与评价产品小组进行规划和实施。该文件同时规定,能否进入 SDD 应由技术（包括软件）的成熟程度、确认的系统要求和经费这三个因素共同决定。并且如果没有别的影响更大的因素,应根据技术的成熟程度来确定项目发展的路径。20 世纪 90 年代初,面临军费和人员缩减的双重压力,美国国防部提出要进行"采办改革",建模与仿真(Modeling&Simulation,M&S)技术被列为实现国防部采办改革的关键技术之一。

SBA 环境主要指从技术层面上建立分布式的协同工作环境,对用户提供透明的网络访问能力,建立共享资源仓库,使各工程领域的数据、模型、工具等得以无缝集成,向采办相关人员提供全面的 M&S 支持和服务。采办立项前期的需求工程中,如何将军事需求正确体现为采办目标系统的效能问题,一直是关注的焦点,这里以使命空间概念模型(Conceptual Model of Mission Space,CMMS)、基于可扩展标记语言(Extensible Markup Language,XML)和可扩展建模与仿真框架(Extensible Modeling and Simulation Framework,XMSF)为技术支撑,进行 SBA 研究与开发。

1. 真实采办和 SBA 采办

在采办项目范围内,以合适的逼真度和实用的精度在数字世界中实现采办全系统的发展或成长过程,即刻画采办对象系统全寿命过程,是 SBA 的基本任务。虚拟采办 SBA 是真实采办的支持系统,通过 SBA 系统中的管理策略仿真试验可为真实采办提供最优的管理解决方案。又因为两者在采办管理决策问题、决策者和决策环境上的一致性,SBA 采办目标/对象系统的成长过程是伴随SBA全寿命管理决策过程一起发展起来的。这里从采办客体、主体和 M&S 技术多侧面阐明真实采办和 SBA 的系统复杂性及相应的管理功能需求。

现实世界采办系统的复杂性必然导致 SBA 系统的复杂性。在数字世界中,基于 M&S 技术本质再现实际采办过程,是用复杂模型系统模拟实际采办复杂大系统,是用一种 SOS 解释描述和模拟另一种 SOS 的仿真试验。这是一项十分复杂的任务,既涉及一些理论方法问题,又要突破一些关键技术,还要关注规范、协议和多种工具的突破性进展。进入 21 世纪后,SBA 系统体系结构已经由集中式、封闭式发展到分布式、开放式和交互式,并期望构成可互操作、可重用、可移植、可拓展及具有强交互能力的对等式协同仿真体系结构,但其中有不少关键技术仍在攻关中。为了发挥 SBA 对真实采办的有效支持作用,在采办应用开发中,应强化控制与决策理论、方法与技术,并将之嵌入 SBA 工作系统作为有机组成部分,用软科学、弱方法与 M&S 技术互补的解题策略,是一种可行的选择。

2. SBA 的功能需求分析

当目标系统尚未物理实现时,如何检验和评估仿真过程行为符合客观世界的时序和因果关系,这些一致性要求应如何掌握,尚未形成实用的技术标准,这些都是 SBA 研究中值得重视的基本技术问题。实施 SBA 工程中,始终以决策与控制手段保证基于各个基本采办流程的优化决策自底向上逐级促使上层节点目标的优化。但由于军事需求变动导致目标体系不确定,所以从初始认知模型开始,通过仿真迭代循环、渐次逼近的问题求解弱方法应经常使用;又由于外部影响因素的不确定,动态适应性建模方法与技术也是必要的手段。例如图 1.8 表明渐进式采办策略中,合理划分采办阶段,设置阶段性的能力增长目标,使技术按阶段呈螺旋上升态势,并分段实现具体性能指标和放行出口标准。这样,采办的成功取决于始终如一和不断的确定军事需求和技术成熟度,争取当期以成熟技术达到阶段出口标准,再由之促使装备研制与生产稳步前进并逐步实现装备能力递增。相应的决策仿真工具系统由图 1.8 所示的功能组件组合而成。

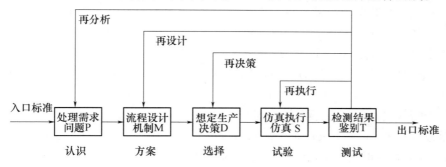

图 1.8 采办阶段决策仿真执行过程示意图

SBA 的本质在于利用模型系统的运行来考察实际采办过程,模型的准确性是仿真的质量保证。而 SBA 的表达对象种类繁多,又各处于不同空间节点上,各自描述不同的实体,但却要求模型概念一致、信息相容等。在采办全寿命周期内,各采办主体,不论其组织归属、角色和专业归属如何,对同一事件/客体有一致的理解,必须基于共享信息/数据/知识,按同一规范下的结构化描述。而对整个采办对象系统及其构成部分,则应按统一的综合结构化规范描述模型来理解其结构归属和演化过程。前者由基于 XML 信息交换与集成支持环境和工具承担,后者由使命空间概念模型 CMMS 完成,与面向仿真开发的体系结构 XMSF 一起构成面向 SBA 分析、设计与仿真应用系统开发的基本支撑技术。

　　3. 使命空间概念模型与概念模型

　　在建模与仿真技术领域,概念模型(Conceptual Model,CM) 是通用术语,通常指仿真建模前的技术准备工作,包括自然语言表述的模型需求,将之结构化,进而形式化表述为概念模型。而使命空间概念模型却是军用建模与仿真领域的专业术语,特指基于高层体系结构的仿真开发中对被仿真的系统全局的宏观抽象表征,该表征与系统实现无关。概念模型 CM 是对一种具体仿真模型的非软件式一致性描述,通过采用独立于任何仿真实现的语法、语义或图表等工具,说明该仿真模型表征什么和如何表征。概念模型为仿真模型的开发奠定基础,由之确定仿真什么和如何进行仿真,用以缩小问题和题解之间的概念差距,为问题的解决和系统的研制提供一致性基础,是一切系统开发的起点。

　　使命空间概念模型 CMMS 用于复杂大型军事仿真系统的分析阶段,常是多个概念模型的集合,除了具备 CM 的描述特质外,还被认为是现实世界最初抽象和高层元模型。它的建立与特定的军事使命范围有关,它与用户空间概念模型(Conceptual Model of User Space,CMUS)和综合表示概念模型(Conceptual Model of Synthetic Representations,CMSR)一起称为支持性概念模型。

　　复杂大型装备虚拟采办系统三全管理系统研发过程中,称全系统顶层概念模型为使命空间概念模型 CMMS。它独立于 SBA 的具体仿真实现,并由多个概念模型(Conceptual Models,CMs)构成。它根据用户空间概念模型给出的用户需求采集信息,进行数据形式化处理和各 CMs 建模等,进而构建系统全局概念或设想,重点在于明确军事采办使命。而用户空间概念模型 CMUS 主要描述用户的各种需求,包括系统/子系统规范(System/Subsystem Specification,SSS)、接口需求规范(Interface Requirem Specification,IRS)、软件需求规范(Software Requirements Specification,SRS)等。完备的 CMUS 是构建 CMMS 的先决条件,如它按用户需求定义了 CMMS 的仿真范围(Scope)、逼真度(Fidelity)和分辨率(Resolution),这些定义对 CMSR 也是必要的, CMSR 为 CMMS 引导的系统开发中的各 CMs 提供综合表示支持,包括算法、公式和其他科学技术基础知识等,作为 CMMS 描述模型中知识层面的补充。据此,以集合结构化描述所述概念模型的内涵及其间的关联:①CMM S(CMs, CMUS, CMSR, etc);②CMs(Entity, Actions, Process, Tasks, Interaction, Environment);③CMUS(SSS, IRS, SRS, Scope, Fidelity, Resolution);④CMSR(Algorithm,Formula, Knowledge, etc)。

CMMS 是一种鸟瞰全局的任务顶层抽象描述,可以由许多子系统概念模型组成,从系统仿真实现视图。CMMS 是 SBA 采办对象系统的全局粗粒度模型或顶层模型,从 SBA 全寿命、全系统、全方位管理视图,它是决策问题层次结构化的总描述,其意义表现在 3 个方面:①从系统仿真开发的角度,CMs 和 CMMS 引导具体建模的作用,为系统开发作构思准备;②从问题求解的视角,在系统分析阶段,研究者主要面对"问题空间",所建对象系统是通用视图的概念模型。复杂系统的构思用单一概念模型不足以概括全局,使命空间概念模型就起到表征系统全局的作用;③CMMS、CMUS、CMSR 是应用软件系统设计与开发的权威依据,是已知需求的表述,也是问题求解的已知条件和约束条件,题解的产生从这里开始。如据以产生需求向功能转换的任务功能概念模型(Function Conceptual Model,FCM)和任务仿真概念模型(Simulation Conceptual Model,SCM)乃至基于 FCM 和 SCM 迈向具体系统建模与仿真对象模型(Function Object Model,FOM)和(Simulation Object Model,SOM)的实现。

明确采办总任务或使命(Mission)由多个完成特定目标的过程序列(阶段)构成,每个过程阶段可分解为多个子任务(Tasks),如图 1.9 所示。

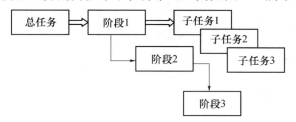

图 1.9　采办阶段任务分解

决策者可按 CMMS 和 CMs 进行使命分析,确定如何按照需求预定的目标、时间、资源来安排如何进行工程规划,图 1.10 是按总使命优化管理目标将采办过程划分为若干段的构思过程示意图。

参照系统工程寿命过程国际标准 ISO/IEC15288,结合美国联合能力集成与开发系统,列出 SBA 三全管理系统的 CMMS 开发实例。

第一步:CMMS 全局构思图。

设想采办项目总决策者,俗称里程碑决策者 MD(Milestone Decision Make),根据军事需求文件、已有经验知识和相关资源,对将要进行的采办工程勾画出的

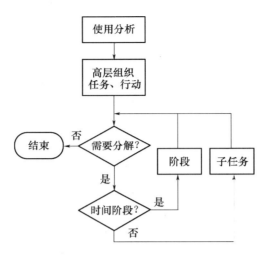

图 1.10　虚拟采办任务分解构思示意图

一个鸟瞰全景如图 1.11 所示。图 1.11 的外围图像群由概念开发开始,顺时针方向,依次表征了实际采办过程的关键功能过程链接及其工作内容性质、该项工作所属组织机构等,而图中间扁圆圈上分列的是与各功能过程对应的计算机及应用软件,表征对各过程的数字化仿真。计算机围绕的核心部分是仿真的资源库,表征可资利用的各种数字化了的各类文件资料、政策、规范、规章、制度等。

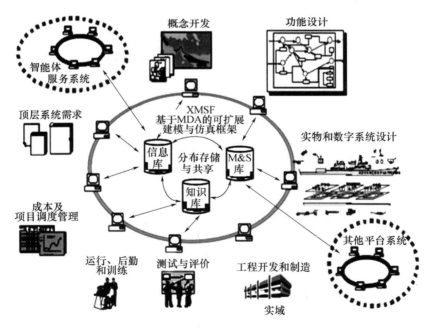

图 1.11　使命空间概念模型全局构思图

在总决策者的全局构思中,现实世界的采办过程和数字世界的仿真采办是共存的,而且通过交互后者支持前者高质量完成采办目标。图中数字世界的标题和现实世界的下标题则分别用 XMSF 技术框架和采办技术目标标志工程的质量目标。在正式组织采办工程项目启动前,图 1.11 就是第一个 CMMS。它是实现采办使命的顶级蓝图,由多个功能过程子概念模型 CMs 组成,可以按子概念模型分解为任务过程系列。

图 1.11 作为里程碑决策者的第一手采办使命资料,支持项目管理办公需要进行的组织管理工作,如提示以下应列入日程表的工作:

有了对采办任务的全局鸟瞰,已表明要解决的全部问题和提示研究该如何解决;应向预期的对任务承担者,如仿真开发者,交流使命和任务使其从中了解自己要建什么模型、如何建;应确定采办需求方(军方)与采办承办方(项目方)进行交流的信息标准;应安排对符合军事需求的采办活动进行分析、设计、实现以及校核、验证和确认的基础,促进这方面的工作准备;CMMS 应为模型与仿真的可重用性和互操作性做出贡献;这个 CMMS 要不断充实和完善,各个 CM 应纳入 CM 库。

第二步:CMMS 分阶段二维描述,如表 1.2 和表 1.3 所列。

表 1.2 CMMS 分阶段二维描述

里程碑决策点	ΔA		ΔB	ΔC	
阶段	阶段 1	阶段 2	阶段 3	阶段 4	阶段 5
采办工程内容	军事需求初选 ICD 方案精选 方案审查	CDD 草案 技术开发	CDD 工程和制造研制	CPD 生产和部署	使用与保障
活动类别	系统采办前期		系统采办		持续保障
人员组织	里程碑决策者 中央用户责任者 一体化顶层小组 IPT	里程碑决策者 项目规划主任 一体化综合层小组 IPT	里程碑决策者 项目设计组 技术监督组 项目计划主任	PPB 综合管理者 项目生产主任 决策审查组 项目层 IPT	国防后勤责任制 项目保障组 用户责任者 项目层 IPT
风险分析	全程进行政策风险、管理风险、进度风险、技术风险和费用风险分析				
PPBS 管理	按各有关机构协作联合试验采办规划、计划和预算管理,并有制度约束				

23

表 1.3　CMSR 和 CMUS 补充

阶段	阶段 1	阶段 2	阶段 3	阶段 4	阶段 5
技术与使用方法工具资源	同行评议法 DELPHT 法 群决策方法 层次分析法 效用函数法 相关分析法 综合评价法 模糊综合评价法 ACTD	方案比较法 工作分解结构 模拟仿真技术 综合评价方法 效费分析 不确定分析(包括敏感性分析和概率分析等) 风险评估 专家评估法	系统工程管理 SEMP CAD/CAE/ DFA/DFM/ DFT/DFC 寿命周期费用分析 项目风险分析 并行工程 CE 持续采办与寿命周期 过程保障 CALS	CAM/CAPP/ CAE/DFA 全面质量管理 质量功能部署 QFD EXP/MRP CALS 计算机集成制造 柔性制造系统 FMS 计算机数控 CNC	CALS 运筹学 统计分析 物流技术 维修管理信息系统 数据挖掘技术 综合保障工程 故障模式影响及危害性分析 MBC 故障树
用户需求权威文件	形成 CDD 草案 能力开发草案	形成 CDD 文件 能力开发文件	形成 CDD 文件 能力开发文件	形成全速生产审查文件	形成持续保障文件

第三步:汉语文字和 XML 结构化描述。

CMMS CMs，CMUS，CMSR 在对于 SBA 开发与管理进行支持时,要求其描述的内容可被计算机处理。

第四步:CMMS 和 CMs 的开发。

概念模型作为对现实世界的抽象描述,CMMS 和它所包含的 CMs、CMSR、CMUS 都具有模型本质,其开发可用 UML（Unified Modeling Language）、IDEF（ICAM Definition Languages）及 UCM（Unified Change Management）等图示化规范语言型开发工具进行,其中 UCM 以其可读性、描述能力和可计算性相对占优而可用性较强,但从其所建模型到仿真实现的可转换性考虑,UCM 并不比另一种人机可读的多功能描述语言——可扩展标记语言 XML 占优。所以选择了 XML 技术作为 SBA 系统数据/信息/知识/模型/仿真统一描述格式,并采用可扩展建模与仿真框架 XMSF 作为 SBA 实现的技术体系结构,以支持模型/CMMS 仿真的可组合性。因 XML 为 XMSF 的重要组成部分,所以必然用 XML 技术表征 CMs,而将 CMMS 表征为 CMs 的集合/集成。

第五步:CMs 的验证。

根据 CMMS(CMs，CMUS，CMSR)的定义,应首先验证各具体概念模型 CMs 是否能以模型的功能、行为和结构映射出预期的军事需求子目标,再按验证通过的 CMs 集合来验证 CMMS 是否全面而充分地达到概括表征军事需求总目标的要求。因为,最终用户的给定标准和规范等权威信息,CMUS 和 CMSR 强调表征,所以与 CMUS 和 CMSR 的一致性保证是确立 CMs 的先决条件。下面举例验证各 CM 的内容时,默认这方面已通过包括时序逻辑分析和结构逻辑分析的形式分析验证,而只集中在需求满足程度方面需进行的评估和验证。评估和验证的目的是在不断完善 CM 过程中,寻求更符合需求目标的仿真模型。图 1.12 所示 CMs 验证流程选择了两种模型修正策略,分别依据想定分析修正参数和多分辨率建模理论精化模型结构的理论。

修正策略 1:按不同想定设计仿真实验,观测行为仿真反映的因果关系,据以调整仿真运行的参数。

修正策略 2:按统计分析获得的知识修改仿真模型结构和分辨率。

思路是先通过想定分析排除可能存在的不确知因素,实现模型参数的精化。再用同一粒度最好的参量化模型,进行需求目标导向的模型结构自优化过程,逐步修改模型。该验证方法正在试探中,修正策略可以有多种组合。

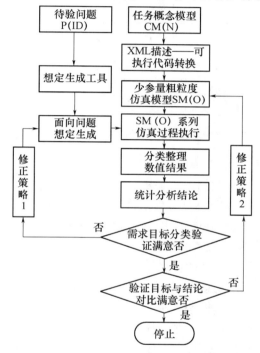

图 1.12　概念模型验证—修正流程

4. 基于 XML 的数据/信息/知识/模型/仿真统一描述框架

在 SBA 三全管理系统中,基于 XML 的数据/信息/知识/模型/仿真统一描述框架从物理模型上分为 3 层:数据源层、集成模式层和用户视图层,如图 1.13 所示。其中,数据源层可以是遗留关系数据库和对象数据库、XML 文档、电子表格和文件系统等;集成模式层包括多数据源集成的 XML 文档;用户视图层包括符合不同阶段采办技术专家或用户以特定设备显示属性需求的视图。

SBA 中面向采办目标对象系统的仿真开发与全系统、全寿命、全方位管理决策属于建模与仿真密集型活动。完备、一致和权威的输入输出描述至关重要。由于 SBA 中使用不同来源的各种数据、信息、知识、模型通常有各种不同的表达规范,为了达到采办决策主体间基于共享信息的共识,以及模型与仿真可重用和互操作的要求,所有 SBA 的数据/信息/知识/模型/仿真均采用 XML 进行统一描述。特别是对于执行某项具体采办任务的抽象描述,列如根据真实世界中以一般文件描述的军用性能指标等需求,进行该产品的概念设计时,可以采用基于 XML 的方案描述格式形成备选方案集,然后在此基础上再经过反复求精、排序择优的决策过程,结合经验知识和革新知识,将之塑造成决策者满意的新产品的最优概念设计方案。

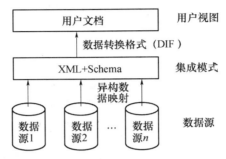

图 1.13　基于 XML 的统一描述框架物理模型

应用中发现,虽然 XML 有最大普遍性和人员易读性的优点,但它的使用导致文档更大,需要对文本数据进行解析,需要将结果信息插入到应用中。采用基于 XML 模式压缩的二进制 XML,自动将原 XML 转换成二进制格式,因而可以使表达更紧凑、解析更快,并能更快地完成数据绑定工作。它仅是 XML 的另一种格式,仍可保留其 Web 服务的基础。已有 Sun 公司研究表明,二进制 XML 的速度可接近公共对象请求代理体系结构(Common Object Request Broker Architecture,CORBA)方法调用速度。因此,可以消除 XML 技术选择的后顾之忧。

5. 可扩展建模与仿真框架 XMSF

SBA 管理系统采用基于组件的体系结构以适应按需组合系统的系统 SOS 的需求。在应用软件系统实现的层面上,一方面要定义好系统组件,获得最大的可组合性以达到按需提供管理功能/服务的目标;另一方面强调基于 XMSF 技术框架适应 M&S 技术网络化的发展前景。

1) XMSF 技术

XMSF 定义为一组基于 Web 的建模与仿真标准、描述和推荐的集合,它并非一种应用,而是一套技术解决方法的标准和分布式方法的集合。这个集合利用 Web 服务和技术为 M&S 应用建立了一个技术框架。截至 2005 年,XMSF 已纳入以下 4 种核心技术:

(1) Web Services 和相关的标准。包括:

简单对象访问协议(Simple Object Access Protocol,SOAP);

发现和集成规范(Universal Description,Discovery, and Integration,UDDI);

26

Web 服务描述语言（Web Services Description Language，WSDL）；

可扩展标记语言 XML；

可扩展转换语言（Extensible Stylesheet Language Transformations，XSLT）。

（2）Internet 技术和网络协议，用以促进仿真技术网络化。

（3）技术兼容性问题。在 M&S 应用及遗留系统的移植概念指导下，构建新系统并寻求新的 XMSF 扩展原则。

（4）M&S 组件与作战系统集成应用。当务之急的应用是 M&S 技术与作战系统集成，用 M&S 增强作战效果和效率。XMSF 必须支持模型标签及多级模型和成分组合，包括认证组合成分的适应性。

2）用 CMMS 进行需求定义实例

到初始能力文件 ICD 草案生成和根据 ICD 报告批准能力采办立项的过程。立项的过程虽然有工具支持，但主要的判断和选择还是以人为主的认知过程。在能力—功能解决分析框中，从能力需求描述到体现能力的功能设计，即基于综合分析到构思装备方法再到具体备选装备方案，主要是依靠里程碑决策者的领域知识和科学预见性，在已有的经验性的、尚未形成科学体系的知识基础上构思的。既然是构思，就不属于可用数学精确描述的结构问题，这类问题只有用弱方法进行搜索和求解，这是不能保证获得最优解决方案的。若 CMMS 中有大量验证过的 CMs，可以缩小最优解的搜索范围；若 CMUS、CMSR 提供了足够多的需求技术和解决方案标准规范等条件，可以排除许多非劣解。基于 SDP 模型，通过以 FCM 和 SCM 为中心的过程，可以从少参量 CM 开始，循环迭代不断修正获得满意解，是一个务实的验证搜索方法。但是这些都是获得个人满意解或集体协调一致解的必要条件，而不是充分条件。所以，结论是虽然三大支撑技术 CMMS、XML、XMSF 为保证 SBA 开发和行使三全管理提供了强有力的计算技术支持，但目前最需要的支持还是对决策者认知过程和创新过程的智力支持。

"模型—试验—模型"就是将（推演）仿真模型与使用试验结合使用。在"模型—试验—模型"过程中，开发一种模型，进行一定轮次的使用试验，并通过调整参数来修改模型，使其更加符合使用试验的结果。以实际使用为基础的这种外部确认，在为用来增强使用而使用的仿真模型提供信息方面是极为重要的。然而，在使用试验结果比较仿真输出和使用试验结果来调整仿真之间，却有一个重要的区别。许多复杂的仿真都涉及到大量的"自由"参数——运行仿真的分析人员可以将这些参数设定为不同的数值。在"模型—试验—模型"的过程中，有些参数能够加以调整，以便改进仿真输出与其正在比较的具体使用试验结果的对应性。如果相对于可用的使用试验数据量而言，自由参数的数量很大时，即使"经过调节的"仿真与使用试验结果之间具有密切的对应性，也并不意味着仿真在这些经过调节的场景之外的任何场景下，都能够很好地进行预测。

1.6.3　技术开发阶段的试验与评价

新版的采办管理流程中,强调项目评估和评审,以便降低项目风险。除了"初步设计评审"成为重大的项目决策点,要求采用更频繁、有效的项目评审以评估项目进展并设置两项关键的工程评审:初步设计评审(PDR)和关键设计评审(CDR)。此外,还用关键设计评审后(Post – CDR)评估取代了设计就绪评审,将其作为一个关键的项目决策点更便于 MDA 评估项目的进展。新版本将有效的技术评审作为技术评估过程的一个关键部分。PDR 一般在里程碑 B 之前进行;对于在里程碑 B 启动的项目以及其他在技术开发阶段可能经历重大设计更改的项目,在里程碑 B 之后可要求进行另外一系列技术评审(系统要求评审 SRR、系统验证评审 SVR 和 PDR)。在这种情况下,PDR 后评估将成为关键的决策点。

新版本要求项目实施竞争性采办策略,在技术开发阶段包括对系统或关键系统部件的竞争原型机的强制性要求。即要求技术开发策略(TDS)和相关的投资应考虑两家甚至更多竞争团队,并在里程碑 B 之前或里程碑 B 时制造系统和(或)关键系统部件的原型机,从而在启动工程研制之前利用原型机系统或适当的部件级原型对技术进行验证和证实,从而降低技术风险、确认设计和费用估算结果以及评价制造过程和改进要求。在采办策略上,除坚持原有成功的策略外,还增加了一些新的策略,如挣值管理、数据管理、全寿命周期持续保障、腐蚀防护、军事装备评估等。最值得关注的是新版对渐进式采办方式的改革。渐进式采办是美国国防部为用户快速采办成熟技术的首选策略。旧版采办管理流程规定的渐进式采办方法主要包括两种类型:螺旋式发展和递增式发展。其中,螺旋式发展是指为实现逐步增强的能力而进行的反复迭代开发的过程。在螺旋式发展中,所期望的能力已经确定,但在项目开始时并不知道最终的能力需求。在递增式发展中,所期望的能力已经确定,最终的能力要求也已知道,而且这种要求在一定的时间内可通过多次能力递增来满足,每次递增都取决于现有的成熟技术。新版取消了螺旋式发展方法,只采用递增式发展方法,在渐进式采办上更加依赖于现有成熟技术,强调实现最终的能力要求,进一步规避了风险。

1.6.4　工程和制造研制阶段的试验与评价

进入 EMD 阶段后,MDA 根据项目主任(PM)提供的 CDR 后报告进行 CDR 后评估。CDR 后报告评估设计的成熟度,总结问题并提出 PM 拟采取的解决措施,提供满足 EMD 阶段结束准则的风险评估,以及可能导致违背采办项目基线(APB)的潜在问题。MDA 审查 PM 的报告,并决定项目是否做好进入 EMD 的准备以及是否发布采办决策备忘录(ADM)。在技术开发和 EMD 阶段,都必须进行独立的技术就绪评估以鉴定技术的成熟度。

系统研制的最终阶段恢复以前的名称"工程与制造研制"（EMD），旨在强调将最终通向初始生产的高费用阶段的重点放在 EMD 上。在技术开发阶段之初应完成技术开发和基本的系统设计工作，而在 EMD 阶段应更加重视系统工程和技术评审。2003 年版中 SDD 阶段的"系统设计"和"系统验证"，分别重新命名为"一体化系统设计"和"系统能力与制造工艺验证"（SCMPD）。其中，"一体化系统设计"包括为所有技术状态项目建立产品基线；SCMPD 则应有效验证制造过程并在预定的环境中验证生产代表性试件，以及借助试验与评价（T&E）来评估对基于用户需求的任务能力和使用保障的改进。相对于旧版来说，新版将"方案改进阶段"改为"装备方案分析阶段"；将"系统开发和演示验证阶段"改为"工程和制造研制阶段"。

工程和制造研制阶段并不是旧版"系统开发和演示验证阶段"的简单复制，强调了将最终的、通向初始生产的高费用阶段的重点放在工程与制造研制方面。在里程碑决策点上，里程碑 A 控制进入技术开发阶段；里程碑 B 控制进入工程与制造研制阶段；里程碑 C 控制进入生产与部署阶段。从采办阶段的新划分上看，最大的变化还是体现在里程碑 B 上。按上一版的采办流程，只要完成"系统要求评审"，即可由里程碑 B 进入"系统开发和演示验证阶段"。但在新版中，在里程碑 B 之前，不但要完成"系统要求评审"，更要完成原先在项目启动之后才完成的"系统功能评审"和"初步设计评审"。初步设计评审成为重大的项目决策点。当然，新版本中，还保留了在工程与制造研制阶段进行初步设计评审的程序。但是，如果将初步设计评审置于里程碑 B 之后进行，则里程碑决策者必须对项目经理的初步设计评审报告进行评估。需要指出的是，新版的工程和制造研制阶段也不等同于旧版本的"工程和制造研制阶段"，二者名称虽然一样，但旧版本的"工程和制造研制阶段"的技术活动中已包含了小批量生产，其结束标志是批准投入大批量生产。

作战使用试验与评价在工程研制阶段中的作用旨在强调将最终通向初始生产的高费用阶段的重点放在 EMD 上。在方案阶段之初应完成技术开发和基本的系统设计工作，而在 EMD 阶段应更加重视系统工程和技术评审。在里程碑决策点上，里程碑 A 控制进入方案阶段；里程碑 B 控制进入工程研制阶段；里程碑 C 控制进入定型阶段。在里程碑 B 之前，不但要完成"系统要求评审"，更要完成原先在项目启动之后才完成的"系统功能评审"和"初步设计评审"。初步设计评审成为重大的项目决策点。在工程研制阶段也应进行初步设计评审的程序。但是，如果将初步设计评审置于里程碑 B 之后进行，则里程碑决策者必须对项目经理的初步设计评审报告进行评估。

将最终的、通向初始生产的高费用阶段的重点放在工程研制方面的具体表现：一是在该阶段前期就要进行关键设计评审；二是强调在该阶段要生产出"生产代表型产品"（Production Representative Articles），从而进一步接近小批量初始生产。该阶段含有两项重要技术活动,分别对应两个子阶段,如图1.14所示。第一阶段是集成系统设计,即对所有技术状态条目建立生产基线;第二阶段是系统能力与制造过程验证,即制造程序得以有效验证,并且"生产代表型产品"能在预期的环境中得以验证。集成系统设计完成后,进行"关键设计评审后评估"(由里程碑决策者对项目经理的关键设计评审报告进行评估),通过后方可进入"系统能力与制造过程验证"阶段。

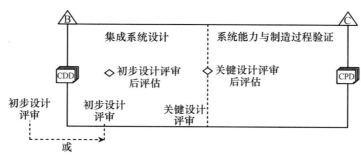

图1.14　工程研制阶段的两项主要活动

1.6.5　生产和部署阶段的试验与评价

有些采办策略在新版采办流程中力行推广,如在技术开发阶段的技术开发合同中、在工程与制造研制阶段的工程与制造研制合同中、在生产与部署阶段中的初始小批量生产合同中、在使用与保障的生产合同中都强调了对挣值管理的监督。项目经理要确保在生产的产品上进行T&E,验证该产品是否满足采办合同规定的基于性能的要求。典型试验包括:首件试验(FAT);抽样验收试验(LAT);预生产鉴定试验(PPQT);生产鉴定试验(PQT)以及生产验收试验与评价(PAT&E)。

1.6.6　使用与保障中的试验与评价

1996年版采办文件中提出:"保障性是项目性能规范的一个组成要素,但是保障要求不作为一个明确的后勤要素规定,而是作为与系统作战效能、作战适用性和寿命周期费用降低有关的性能要求来规定"。为提高装备保障性和作战适用性,美国国防部在1999年提出了一种创新性的后勤概念——"基于性能的后勤"(PBL),并从2002年开始全面推行,F/A-18E/F现在就是全面遵循PBL框架的国防采办项目之一。2001年版采办文件强调了互用性。它将互用性定义为:"系统、单位或部队向其他系统、单位或部队提供数据、信息、装备和服务,以及从它们那里获得这些东西并利用如此交换的这些数据、信息、装备和服务,使之能共同有效地运行的能力"。该文件还明确要求,互用性是美军所用防务系统都必须圆满解决的一个关键目标,体现出美军对联合作战、协同作战和体系作战能力的高度重视。2003年版采办文件在互用性条目中进一步提出,应"采用联合方案和一体化结构来表征"各主体之间的互用性关系。

美国国防部在2003年2月发布的临时指南《国防部武器系统的保障性设计与评估》中,将PBL定义为"武器系统产品保障的一种策略,它将保障作为一个综合的、可承受的性能包来购买,以便优化系统的战备完好性。它通过以具有清晰的权力和责任界线的长期性能协议为基础的保障结构来实现武器系统的性能目标"。即,PBL向后勤保障提供方购买的是性能,而不是其产品(零备件等)或服务(维护活动等)。有关PBL的考虑已写入了2003年版采办文件:"项目经理应制订和实施以性能为基础的后勤策略,使整个系统的可用性最高,同时又使费用最低和后勤补给线最短……持续保障策略应包括根据法律要求,借助政府/工业部门合作伙伴关系,最好地利用公共和私营部门的能力"。

新版本增加的"附件12 系统工程"一节将最近3年美国国防部提出的系统工程政策备忘录内容加以制度化,要求将带有强制性技术评审的系统工程更坚实地贯穿于所有采办阶段。此外,还重新重视了可靠性工作并提出在美国国防部采办过程中应使可靠性增长和可靠性最佳惯例制度化,并将使用与保障阶段的"持续保障"修改为"寿命周期持续保障",将基于性能的寿命周期产品保障(同基于性能的后勤(PBL))策略作为武器装备首选的寿命周期保障策略,加强系统工程和可靠性增长工作并推行寿命周期持续保障工作。

1.7　综合试验与评价的应用及效益

IT&E在美军武器装备研制中已获得大量应用。美国空军的阿诺德工程发展中心(AEDC)、美国海军空战中心等都采用了这种综合试验与评价方法,支持F-15、F-16、B-1B、联合直接攻击弹药(JDAM)、F/A-18、F/A-22、F-35(JSF)等各种航空武器系统的开发和改进工作。近些年来,AEDC的航空发动机组利用改进的IT&E过程支持JSF和F-22/F119项目的研制工作。他们借助于建模、仿真和分析(MS&A)优化试验矩阵和设计试验支持软件,为IT&E提供有力的支持。例如,采用计算流体动力学(CFD)、计算结构动力学(IDC)方法和各学科间的计算(IDC)及工程模型等各种计算方法来支持基于知识的试验、评价和分析方法,并不断改进和简化计算编码,以便为更复杂的航空发动机问题提供更快速的解决方案。随着航空发动机建模能力的不断提高,可以更好地应对发动机的动态属性如喘振、旋转失速和进气道气流畸变,以及传统的瞬态和稳态属性。此外,发动机基于模型的数据验证方法已在F414和F119发动机试验项目中进行了演示验证。在空气动力学领域,通过定义一种涡轮发动机气动建模与发动机结构建模相耦合的补充路线图来改进知识中心路线图。AEDC与美国空军研究实验室的这种联合努力提供了一种解决发动机高周疲劳的通盘方法。

这些新的涡轮发动机工具与传统的计算流体动力学工具一起来增强 AEDC 的 IT&E 能力。另外,AEDC 在 F/A－22 外挂物分离试验与评价中也应用了 IT&E 方法,取得了非常好的效果。F/A－22 项目在管理和实施中非常重视集中管理、综合协调和信息的集成与利用,并取得了很好的效果。

2004 年,F/A－22 完成作战评估,以其优异性能获得很高的评价。F－22 和 F/A－18E/F 分别是美国空军和美国海军率先实施 IPT 管理构架的试点采办项目。为了实施 IPT,美国空军在 ATF 项目进入 D/V 阶段前就围绕政府部门—工业团队 IPT 重组了项目管理办公室,并给予了相互竞争的承包商小组对该阶段工作安排相当大的控制权。这种管理创新是造成 ATF 项目这一阶段的进度向后推迟两年(进入 EMD 阶段的决策节点由原定的 1988 年 12 月推迟到 1990 年 12 月)的原因之一。

从总体上看,F－22 项目在 EMD 阶段的工作是成功的,其成功的经验主要有:

(1)一开始就有在多年论证分析的基础上,所形成的明确技术特性要求;面对巨大的技术挑战,以系统性能为最终指标,而不是硬性要求每个技术指标都能达到;在要求制订和更改的过程中,项目管理方、用户和承包商之间有着良好沟通。

(2)关键技术有较充分的储备,并做到了领先平台发展。尤其是发动机,由于技术储备充分,其研制比机体要快一个阶段。例如机体开始方案探索研究时发动机已开始方案验证与确认,在整个项目过程中,发动机的研制进度始终明显领先于机体,而且,发动机的研制费用最后也仅超支 3% 左右。

(3)通过组队,主要的承包商发挥了各自优势。洛克希德与波音和通用动力的组队被认为是 F－22 赢得 ATF EMD 阶段合同的关键,他们成功克服了组队面临的法律、组织、经济和项目管理等方面的问题。

(4)重视集中管理、综合协调和信息集成及利用,由 SPO 全面负责项目管理,在各领域各层次组建 IPT,组建 CTF,实现全部的管理和技术信息共享,重要数据实现了实时共享。

(5)局部引入了新的采办观念。例如,机载软件采用"递增式研制"方式,分 4 个批次逐步实现预期的能力。第 1 批次软件仅提供了基本飞行所需功能和主要的雷达功能,而第 4 批可以满足 IOT&E 的需要。

(6)采用新技术来支持采办。例如,该项目利用建模与仿真技术来解决短寿问题。

第2章　雷达装备的试验与评价

2.1　我国雷达装备采办发展过程

我国项目管理的发展经历了三个阶段:项目管理的萌芽阶段、项目管理的发展阶段和项目管理的完善阶段。

1. 项目管理的萌芽阶段

项目管理萌芽应该是华罗庚先生提出的运筹法和优选法,随后,钱学森先生提出要用复杂巨系统的思想来考察国家和国防经济建设的问题,推广系统工程的理论和方法,重视重大科技工程的项目管理,这是我国学者对项目管理思想的最早贡献。在20世纪60年代的研制项目中,引进了国外的网络评审技术、规划计划预算系统、工作分解结构等项目管理计划,形成了一套具有我国特色的项目组织管理理论。70年代中,我国的项目管理中陆续引入了全寿命管理、一体化后勤管理等方法,并在一些大型工程中使用系统工程管理方法。但是,在这个阶段,所有的国防项目都是计划任务,由工业主管部门对项目进行全面管理,这种高度的计划性在保证对项目实施有效的行政管理的同时,整个项目管理主要是围绕项目生产过程的技术管理进行,但由于经验不足,没有对整个项目的过程进行全面的质量控制,忽略了对项目成本、进度的管理,表现出系统性、全面性不足。

2. 项目管理的发展阶段

在项目管理的发展时期,普遍实行指令性计划下的合同制,对进度、成本和质量的要求促使国防项目管理进入了多维管理的阶段,为在时间进度、保障条件、资金运筹等方面进行及时有效的协调平衡,在国防项目的研制过程中全面引入了项目管理的方法。在一些航空项目中推行系统工程,实行矩阵式管理,并引进了国外项目管理方法,制定了项目的研制程序,将整个研制过程分为若干个阶段,通过分阶段管理,确保项目低风险、有计划、按步骤地从一个阶段过渡到另一个阶段,从而使项目沿着高效、经济、快速的轨道运行。

3. 项目管理的完善阶段

随着装备建设发展的需要和市场经济环境的逐步建立,越来越多的科学管理方式被引入到武器装备建设的管理中,其中项目管理作为一种按工期、预算和要求去优质完成任务的技术与方法,对于具有投入大、难度高、周期长等特点的武器装备采办项目是非常合适的。通过国外的先进管理思想,实行全系统全寿命管理,加强对装备的研制和生产的全寿命管理,并在实践中不断完善。项目涉及到了航空、航天、电子和兵器等行业,这些行业中的企业在项目实施过程中,对项目管理也进行了不少的探索,总结出了不少有益的经验,有力地促进了项目的顺利进行,归纳起来,主要有以下几点:①实行了"三坐标"论证、"四坐标"管理;②开展了矩阵管理;③建立了总体设计部;④在型号研制中创立了"三结合";⑤按项目的研制程序,实行分阶段管理。研制程序将整个研制过程分为7个阶段:论证阶段、方案阶段、工程研制阶段、设计定型阶段、生产阶段、使用与保障阶段和退役处理阶段。每一个阶段结束后,要经过严格的评审,只有评审通过后,才能进入下一阶段。

2.2　我国装备采办阶段的划分特点

我国国防项目全寿命周期过程一般可分为论证阶段、方案阶段、工程研制阶段、定型阶段、生产阶段、使用与保障阶段、退役处理阶段等7个阶段,如图2.1所示。

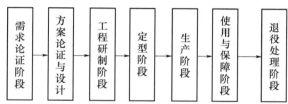

图 2.1　我国装备采办阶段划分

2.2.1　需求论证阶段

论证阶段的主要任务是进行战术技术指标和总体方案论证,为研制新型装备提供技术支撑。这一阶段主要的工作依据是:国家军事需求、批准的武器装备研制中长期计划、军方作战需求及型号论证任务、装备预先研究成果等。论证阶段的工作主要由军兵种装备部、总部分管有关装备的部门组织。

论证阶段的主要工作包括:通过论证与试验,分析型号指标及要求的合理性、可能性、经济性、实施步骤、研制周期等;提出型号的作战使用要求、战术技术指标;提出总体技术方案,对拟采取的技术途径进行论证;提出大型试验方案并进行论证;对关键技术、新工艺、新材料和新型元器件等开展论证;对所需的新设施、新设备和重大技术改造项目进行论证;提出初步的经费预算、研制周期、保障资源和条件要求;进行装备订购价格与数量的预测;提出装备命名建议;提出研制分工建议。论证阶段的工作应符合 GJB 4054—2000《武器装备论证手册编写规则》的要求。本阶段结束的主要标志是报请上级机关批准了《立项论证报告》。

2.2.2 方案阶段

方案阶段的主要任务是通过对多种方案和技术途径的论证和分析,确定总体和分系统方案,完成模样研制,拟订大型试验的初步方案。这一阶段开展工作的主要依据是经批复的《立项论证报告》等相关文件。这一阶段的主要工作包括以下方面。

2.2.2.1 方案论证

优选总体方案和确定各系统方案,就先进性、继承性、可靠性、维修性、保障性、安全性、经济性、配套性、研制周期等进行多方案对比分析;估算战术技术指标;协调各分系统指标要求;协调试验要求;提出全武器系统研制计划;规划大型地面试验和飞行试验初步方案;拟制可靠性设计准则和标准化要求。

2.2.2.2 方案设计

设计、协调总体方案,提出各分系统技术状态要求;确定总体方案,计算与分配战术技术指标要求;提出方案设计任务书;制订质量与可靠性保证大纲,进行可靠性设计和可靠性指标分配,制定电磁兼容性大纲、标准化大纲、安全性大纲、维修性和保障性大纲、软件质量保证大纲;完成型号方案设计;拟制各研制阶段大型试验项目和初步方案,编制靶场建设要求和测控要求等文件;完成配套特种车辆及大型地面设备的选型;进行方案的原理性试验,确认总体方案设计;组织进行关键技术、关键工艺、检测计量技术攻关;提出关键设备、原材料、元器件项目并落实解决途径;初步确定主要产品试制生产单位;确定型号研制必须进行的技术改造,技术措施项目;组织进行总体方案评审。

2.2.2.3 样机研制

这一阶段的主要工作是:进行模样产品的设计和试制,完成全尺寸模样机设计、生产和总装。方案阶段结束的主要标志是涉及型号方案的关键技术问题已得以解决,设计方案经模样验证正确,设计方案通过评审,编写完成并上报《研制总要求》。

2.2.3 工程研制阶段

工程研制阶段的主要工作是根据批准的《研制任务书》和与军方签订的《研制合同》进行型号的设计、试制与试验工作。工程研制阶段通常分为初样与试样两个阶段。

2.2.3.1 初样阶段

初样主要是指可以进行地面试验的工程样机。初样阶段的主要任务是将各分系统方案变为实际的样机,通过一系列的试验验证设计方案的正确性,并且突破关键技术,对方案设计进行补充,为试样提供设计依据。初样阶段的主要工作包括初样设计、初样生产、初样试验等。初样阶段一般是用工程样机进行试验，完善总体和分系统方案，为试样研制提供数据。对初样阶段暴露的问题加以解决或提出了可行的解决措施后，经过初样评审后，才能转入试样阶段。完成初样阶段的主要标志是完成了系统、分系统的设计及地面试验，并通过转入阶段评审。

2.2.3.2 试样阶段

试样阶段是型号研制的关键阶段，其目的是在初样研制与试验的基础上，进行协调设计，完成准确的总体设计，通过大型地面试验与飞行试验，全面检验武器系统设计方案的正确性、协调性、可靠性、评价战术技术指标。试样阶段主要包括试样设计、试样研制、试样试验等工作。

2.2.4 定型阶段

2.2.4.1 定型的概念及要求

装备定型是装备定型管理机构按照法定权限和程序，对新研、改进、改型、技术革新的武器装备进行全面考核，确认其达到研制要求和规定标准，并按照规定办理法定手续的工作。装备定型制度是具有我军特色的装备质量保证和采办管理制度，是装备采购和配发部队的前提。我军装备的发展历史表明，装备定型工作对保证装备质量具有重要的作用。装备定型阶段的主要任务是对装备进行系统全面的考核，确定其设计是否达到《研制总要求》规定的战术技术指标和使用要求。装备定型分为设计定型和生产定型。

2.2.4.2 设计定型

装备的设计定型主要是通过装备设计定型试验考核装备的战术技术指标和作战使用性能。根据设计定型试验结果，由装备定型管理机构组织进行装备设计定型审查，通过设计审查并经过定型管理机构批准后，设计定型阶段才能结束。雷达系统设计定型试验的主要内容有：飞行试验，可靠性、维修性试验，机动性试验，使用环境试验，发射能力试验，野战条件待机试验，运输试验等。

2.2.4.3 生产定型

生产定型是对已通过设计定型的装备，在其批生产前进行的试验与评价活动。生产定型主要考核装备的质量稳定性和成套、批量生产条件，确认其是否符合批量生产的标准。我国装备发展的实践表明，装备如果没有经过生产定型就批量生产交付部队，由于工艺和批生产质量不稳定，极易出现质量问题，给国家和军队造成巨大损失，因此，对于拟批量生产的装备必须进行生产定型考核。需要生产定型的装备在小批量试生产后要组织部队试用，必要时装备定型管理机构还需组织进行生产定型试验，试用品从合格的试生产产品中抽取。对于小批量的新研装备，通常只需进行设计定型。

定型阶段的主要工作，一方面，是工业部门对项目批量生产条件进行全面建设,以确认其符合批量生产的标准,稳定质量,提高可靠性;另一方面,是军方使用部门对装备进行适应性试用,检验装备的作战使用和维修性能是否达到战术技术指标的要求,能否好用、顶用、管用。定型试用阶段的主要工作是对国防项目性能进行全面考核,以确认其达到《研制任务书》和《研制合同》的要求。

2.2.5 生产阶段

装备生产定型后,按装备订货进行批量生产。但由于原材料、元器件的供应和质量,生产人员、设备状况等原因,产品(装备)的质量状况也会发生变化。在生产阶段,军方还要对生产过程进行监控,对产品(装备)实施检验验收,对其质量状况进行分析。

2.2.6 使用与保障阶段

装备使用通常是装备寿命周期中持续时间最长的阶段,包含装备配发,投入使用后,各种训练、作战或执勤、储存、维修及改进等活动。装备在这些活动中的"表现"将产生各种使用操作、储存、维修数据,反映着装备的质量(包含战术性能、可靠性、维修性、保障性、安全性、经济性、人机环境适应性等)。所以,这个阶段也是产生装备信息最多最重要的阶段。从这个阶段获得的这些信息,不但是合理使用、改进或处理本型装备的出发点或依据,而且也是研究新型装备或改型装备的出发点或依据。使用和维修保障阶段的主要任务是保持项目的适度规模和良好技术状态,高效保障军队作战、训练和其他各项任务的顺利完成。

2.2.7 退役处理阶段

退役处理是寿命周期最后的阶段,但如果从再制造工程来说,退役也是新寿命循环的开始。这个阶段,主要是由装备管理部门收集、统计、分析装备的相关信息并归档。为新装备论证、研制和装备再制造决策提供依据。退役和后评价阶段的主要任务是装备到使用寿命期退役或在使用过程中进行质的改进而产生新的型号。后评价是对该装备进行全面的总结评价。

2.3 传统雷达装备试验与评价体系的缺陷

现代雷达系统正在向功能综合化、装备智能化和数字化方向发展。系统的功能提升使得整个系统越来越复杂,指标要求也越来越高。对于这类系统,设计人员往往会采用图2.2所示的自顶向下的设计流程。

在这种由多个设计小组共同参与的项目中,层次化、模块化的设计流程可以大大方便项目管理,使各个项目开发小组的设计目标清晰,进而缩短产品的开发周期。但是在这种情形下,如何保证系统的性能满足指标要求,如何权衡多种因

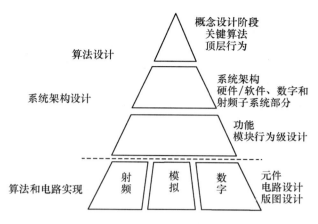

图 2.2　传统的自顶向下的设计流程

素合理地进行子系统指标分配,如何高效地进行子系统设计,在系统设计完成后,如何对整个系统和系统部件进行全面的测试,这都是各级设计师所面临的问题。不同的设计小组使用不同的设计工具和设计平台,这使得各个小组件进行设计交换变得异常困难。在设计流程中,使用统一的研发设计和测试平台,将有助于减少不同设计平台间的数据转换,权衡不同系统之间的设计指标,降低系统实现难度,提高系统设计效率。

2.3.1　传统研发方式和流程的缺陷

传统的基于经验式的研发方式整体规划手段较弱,对于新问题、新现象估计不足,前期仿真预测能力不强,很难适应雷达研制型号多、难度高的现状,致使系统联调测试问题层出不穷,总体设计人员纷纷忙于测试,疏于本职,从而导致恶性循环,缺乏一体化的设计和测试平台,以及相应的系统化的研发流程。

基于该研发方式的研发流程同样为传统的研发流程,如图 2.3 所示。

由于该设计方式没有经过严格的科学的论证和流程分析,因此存在以下巨大的局限性。

（1）系统性方面。

长期以来,雷达系统的开发基本上没有统一的研发平台和流程,这是在过去设计手段落后、设计软件技术落后以及测试手段落后的情况下形成的,但是随着本世纪以来设计软件的快速进步,尤其是通信技术的蓬勃发展,仿真软件和测试仪器已经能够通过精确建模,配合流程化的二次开发,建立完整的建模仿真和设计验证平台,并且已经在国外雷达系统、射频综合机等系统研发中得到广泛的应用。但由于过去思维的局限性,在选择和采购设计仿真软件以及仪器时,往往仅考虑软件工具的功能,而非进行通盘考虑和系统性的建设,因而现有的研发平台严重缺乏系统性,造成建模仿真和设计验证严重缺乏,严重限制了新一代系统以

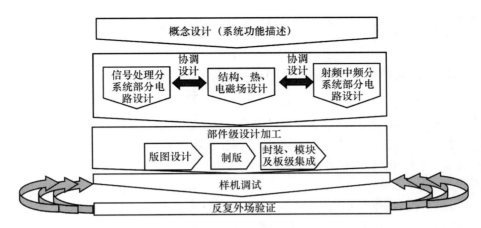

图 2.3　传统的研发流程

及新一代技术的快速开发。

（2）先进性方面。

新技术的出现使传统的研发手段及流程不再适应,系统的复杂性大大增加,导致依靠经验的开发模式的落后。传统的设计平台不能适应对各种新技术的评估验证。

（3）一体化仿真方面。

过去的设计软件及测试设备往往缺乏彼此之间的协同能力,因此,在进行数字化的仿真时,这些平台之间互相割裂,往往需要在加工成为样机后,才能够进入外场进行试验,试验不成功也缺乏侦错能力,也缺乏数字化样机的开发手段,造成研发效率比较低下。

（4）测试的完备性方面。

现有的测试手段不够高效,测试方式不够先进,往往能够通过先进的测试仪表得到精确的测试数据,但由于方式的问题,缺乏有效的侦错能力,往往陷入只知表象、不明究理的迷雾。究其原因,是测试平台与设计平台割裂,前期设计不能为测试给出指导意义,从而增大了测试的盲目性,浪费大量的人力物力和时间。测试的侦错多靠经验和定性分析,无法给出定量的结论。另外,缺乏目前国际流行的半实物测试手段,雷达系统的研制周期比较长,传统的测试条件需要等待所有系统开发出来后才能进行系统验证测试,这样的流程造成时间的浪费,并缺乏科学的解决问题的能力。因此,迫切需要半实物的验证测试能力。

（5）继承性方面。

由于缺乏系统的数据管理和项目管理,而且已有的设计经验没有固化在设计平台和设计流程中,因此往往由于人员的流失造成经验难以继承,而由于没有系统化的数据管理能力,整个研发平台的积累能力非常薄弱。

总之,传统的研发方式及研发流程严重落后于国外同类研究单位的研发技术,同时新的雷达系统验证方法会更加复杂和困难,因此需要更先进的研发平台及更先进的研发流程来支撑。

2.3.2 没有有效利用建模与仿真

传统的雷达研制没有充分地利用建模与仿真,试验鉴定主要采取分别试验方式,即承包商和作战试验鉴定部队各自根据自己的试验目的和要求,分别制定各自的试验鉴定计划,分别进行试验,这种试验模式有较多的时间进行验证和改进试验,并采用严格的模块试验方法,但费用高、消耗大,研制试验与作战试验联系很少。

建模与仿真作为系统研制的一部分,在许多行业得到了实际应用,以帮助了解系统的性能。建模与仿真当前被用在许多应用中,特别是训练新系统的用户,并帮助支持备选方案分析(以前的"成本与使用效能分析")中提出的论据,以便说明系统继续研制的合理性。为了确保建模与仿真所提供的信息是有用的,必须特别小心,因为不假思索地使用建模与仿真有可能导致将无效或者不可靠的系统推入全速生产,或者使好的系统延迟或将其退回研制。随着仿真的用途从训练扩大到试验设计,又扩大到试验评价,要求对仿真进行评价的呼声越来越高。遗憾的是,现在还难以综合确定评价是否"足够",因为系统的种类、仿真的类型以及仿真可以应用的系统集合体的目的和层次都非常多。

仿真有三种类型:现实、虚拟和推演。现实仿真只是一种使用试验,在试验中使用真实的部队和真实的装备,并配有传感器来鉴别什么系统被仿真的火力所损伤。这是最接近真实使用的演习。虚拟仿真("硬件在回路中")利用计算机生成的或者人工生成的激励因素,来试验一个完整的系统样机。这类试验是研制试验的典型代表。推演仿真则是一种对一个或多个系统的纯计算机表述。

因此,仿真的范围可从使用试验本身一直到一种完全由计算机生成的、对一个系统针对不同的输入如何反应的表述(也就是说,不涉及系统的部件。仿真可以应用于各种不同其他部件的相互作用),到建立一个完整样机的模型,一直到建立多系统互动的模型等。

建模与仿真在(研制和)使用试验中的应用,既是有效的,也是无效的,因此,问题的关键在于如何找出能够安全地用来增强使用试验经验的模型与仿真;如何进行模型的确认;以及如何增强等。

鉴于在当前多数研制试验中都缺乏使用条件下的逼真度,在进行非常逼真的全系统试验之前,系统的某些不足本身将不会暴露。因此,不进行使用试验会造成对效能的错误评估,或造成故障模式的遗漏,并(可能)对系统的使用效能和适用性产生乐观的估计。

所以,应增加对建模与仿真的使用,以帮助制定使用试验的计划。这种试验的结果又应当被用来校核和确认所有有关的模型和仿真。整个系统研制中,应当将仿真作为在研系统过去和当前性能的积累信息库使用,以便跟踪系统满足各项要求的程度。该信息库应当包括来自所有相关信息源的数据的使用,包括类似系统的经验、研制试验、早期使用评估、使用试验、训练演习和现场使用等。

2.3.3 研制试验与使用试验脱节

传统试验模式是研制性试验与靶场鉴定试验独立进行。长期以来,由于装备采办风险分析的方法和手段研究相对薄弱,不能及时对装备采办过程中的风险进行有效辨识、评估和控制,致使装备采办常出现"拖进度、降指标、涨经费"的现象。如何降低装备采办风险,充分发挥装备经费的使用效益,走一条投入较少、效益较高的装备发展路子,是各级装备采办部门非常关心的问题。

传统雷达试验与评价模式的缺陷是使用试验与研制试验脱节。当前,使用试验是系统研制中最后一个集体性事件。由于许多设计上的缺陷只有在实际使用中才显露出来,因此有必要尽早开展带有部分实际使用意义的试验。这种花费少、规模小、有侧重的初期试验,有助于在设计定型之前发现问题。这类试验还有可能发现在哪些场景下,当前的设计不能有效发挥作用,并判定哪些系统性能应当成为后续试验的重点。目前通常不使用研制试验数据来扩充使用试验的数据。造成这种情况的部分原因是没有正确理解研制试验数据与系统使用性能评估的相关性,另一部分原因是缺乏如何使用信息的统计知识以及接触这种信息的机会。因此,当前的使用试验模式限制了统计技术的应用,妨碍了所有可用的相关信息在试验计划的制定和执行,以及生产决策中的应用,因而降低了使用这些统计方法的潜在好处。

此外,采购的动机也使得各主要参与者有了强烈的、常常是不同的甚至对立的观点。这些复杂动态因素影响着试验与评价程序的方方面面——预算、进度、试验要求、试验规模,因为可能的试验异常而应当排除在外的试验事件,甚至判定某一试验事件为"失败"的规则等。理解参与者的各种意见,并在试验设计和试验评价的决策过程中考虑这些意见,是十分重要的;再者,对于大多数复杂系统的使用试验来说,如果使支持重大试验所需的试样量达到正常的统计置信水平,在经济上是负担不起的。因此,采办界中、高管理机构存在一个共识,即设计和实施"统计上能够成立的"试验,在经济上是承担不起的。产生这种印象的部分原因在于试验、采办和统计界在如何将统计理论和方法用于复杂问题方面缺乏沟通。例如,统计方法的有效利用并不限于确定相应的试样量,以便使试验在要求的统计置信水平上获得区间估计值。倘若试验预算固定,最好设计一种试验,从产生的试验数据中得到最大量的信息,使得系统性能的说明有根有据。如果不能使用这样的试验,就意味着使用超出需要的试验案例,或者在试验后又丢掉来自试验案例的信息。

综合试验与评价模式,拓宽了使用试验的目标,以加强其对采办程序的促进作用,将使用试验纳入到整个系统研制过程中,尽快提供尽量多的使用效能和适用性信息。这样,就能够及时并以高效费比的方式做出系统改进以及系统继续研制或者转入大批量生产的决策。

2.3.4 没有充分利用现代统计方法

传统的雷达试验与评价没有充分利用现代统计方法,具体体现在以下方面:
（1）没有制定综合性试验计划。
（2）没有进行不确定性的估算。
（3）没有使用现代试验设计法。
（4）没有适当地使用统计模型。
（5）软件密集型系统的使用试验没有基于应用的观点。

2.3.5 没有在全寿命周期进行试验与评价

传统试验过程中,使用部门参与时间较晚,没有进行全寿命周期阶段的试验与评价,没有进行在里程碑 A 和在里程碑 B 阶段的前期阶段试验与评价。综合试验模式是指在系统级试验阶段,由承包商、政府和作战试验鉴定部队三者共同制定一个试验鉴定计划,进行综合试验。这种试验模式的核心理念是:军方早期参与试验;有效利用建模与仿真;可能的情况下合并某些试验;在可能的地方综合考虑试验与训练设施的合理使用;应用先期概念;在可能的地方综合考虑试验与训练设施的合理使用;应用先期概念和技术验证。实施综合试验鉴定,成立综合试验工作组,统一协调试验工作;减少重复试验、强调技术试验的综合试验工作组,统一协调试验工作;减少重复试验、强调技术试验的综合性;尽量将技术试验与部队试验结合进行;试验数据共享,考虑研制试验与使用试验所需数据,避免了武器研制阶段进行重复性试验。

2.4　雷达装备试验与评价策略

2.4.1　进行基于联合能力的需求论证与需求管理评价

基于联合能力的需求论证与需求管理评价(JCIDS)的分析过程如图 2.4 所示,具体分析步骤如下。

　1. 功能域分析(FAA)

功能域分析以国家战略、联合作战概念、联合功能概念、一体化体系结构以及通用联合任务清单为输入,它的输出是将在后续功能需求分析中重要审查的任务。功能域分析包括确认作战任务、条件和标准过程中的跨能力分析和跨系统分析。

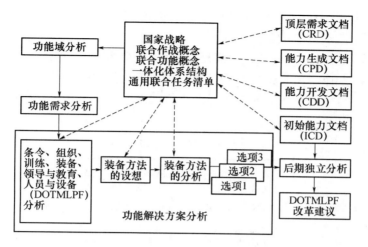

图2.4　联合能力集成与开发分析流程

2. 功能需求分析(FNA)

功能需求分析评估当前的和计划中的联合能力在全谱作战条件下,按照指定的标准,完成功能域分析所确认的作战任务的能力。功能需求分析使用功能域分析中确认的任务作为输入,输出是一张要提供解决方案的能力缝隙的列表清单,并指出在哪个时间段需要这些解决方案。同时,功能需求分析也对表现效率低下的能力冗余予以确认。

功能需求分析应该完成以下工作:

(1)使用作战术语或广义的基于效果的术语,描述能力缝隙、重叠或问题;

(2)描述问题或解决方法可能涉及的其他功能域;

(3)依据目的、任务和条件描述能够解决问题的一个能力或多个能力的关键特征;

(4)确认联合需求监督委员会批准的功能域效能度量,它由一体化体系结构(如果有)导出,包括对所建议能力的改善和降级倡议。

3. 功能解决方案分析(FsA)

功能需求分析中确定的功能需求是功能解决方案分析的输入,功能解决方案分析的输出是针对功能需求的解决方案,按照重要程度优先顺序排序。

4. 后期独立分析

综合考虑各种因素,提出建议:能力需求。

JCIDS文档处理过程是从向知识管理/决策支持(KM/DS)工具递交文档开始,监督员根据文档的内容指定标识——"联合需求监督委员会尤其关注的"、"以紧密方式联合的"、"以集成方式联合的"或"独立的",直至被标识的需求文档被确认/批准,最终存入统一的数据库。JCIDS综合应用了系统科学、软件需求工程、体系结构等领域的成果,关注系统族(FoS)、多系统之大系统(SoS)的需

43

求,从系统哲学、复杂性科学的层面对待军事需求问题,从源头改变了各军兵种各提各的需求、各建各的系统的局面。

需求开发是体系结构设计的前提,而且体系结构开发与需求开发之间的界限不是十分清晰。IEEESTD830 中,归纳了 7 种有代表性的具有实践意义的需求建模技术,其中 5 种建模技术最为典型。目前这 5 种典型需求建模技术发展状况如表 2.1 所列。

表 2.1 典型需求建模技术

	特点	方法及简介	备注
结构化技术	使用自顶向下,逐层分解来定义需求,强调功能聚集及耦合原则,较成熟、完善;但开发周期长,可维护性和跟踪性差	结构化分析(SA),美国 Yourdan 公司提出的,适用于分析大型数据处理系统,以结构化方式进行系统定义的分析方法	目前已有数据流建模工具、IDEFX 系列工具等
		结构化分析和设计技术(SADT),Sofrcch 公司开发的一种系统分析和设计技术,SADT 的基本思想与 SA 很接近,但它用方框图的形式描述需求	
		以用户为中心的需求分析(UCRA)方法,Yourdan/Dc-Marco 以及 Ganc/Sarson 的基于数据流图的处理模型合并而来,需求是面向最终用户的,能被最终用户理解和评价	
面向对象技术	从系统组成上进行问题分解,模块性、可重用性和可维护性较好,但缺乏层次	面向对象分析方法(OOA),由 Goad 和 Yourdan 提出,OOA 主要考虑与一个特定应用有关的对象以及对象之间在结构与相互作用上的关系	与国际流行的 UML 配套的工具有 Rational Rose、Telelogic TAU 等
		面向对象模型化技术(OMT),美通用电气公司采用面向对象技术开发实践的基础上提出的一套开发方法学,通过构造一组相关模型(对象模型、动态模型和功能模型)全面认识问题	
场景驱动技术	从用户设想和期望的特定目标来理解、分析和描述系统	UCM(Uce Case Maps)方法,加拿大卡莱顿大学 R. J. A. Bubr 教授的研究小组提出的一种旨在方便人们在较高抽象层次上理解系统行为的可视化表示方法。UCM 在消息层次之上表示场景,基本的 UCM 图由三个基本元素组成,即路径、责任和组件	近几年来兴起的较有应用前景的方法
面向目标技术	不仅回答"What"和"How",而且回答"Why",避免过早涉及实现细节	KAOS(Knowledge Acquisition in Automated Specification)方法,20 世纪 90 年代初提出,采用目标和 Agent 等概念,是一种从系统级目标和组织环境目标来获取需求规约说明的方法	相比 OOA 更接近现实,与目标和功能更加密切相关
		I'(Distributed Intention)框架,是一种根据策略依赖关系及其原理来理解和重新设计业务处理过程的面向目标建模方法	

44

（续）

	特 点	方 法 及 简 介	备 注
基于形式化的技术	基于数学方法描述目标系统性质,用数学符号、法则对目标软件系统结构与行为进行结合、分析和推理	与结构方法的结合,从结构化方法所得的规约说明向形式化规约说明转换。结构化方法为形式化方法的基础,并且使得形式化方法更易于掌握,同时也有助于控制规约说明的复杂性	通过与非形式化方法趋于集成,形式化方法工业化应用已取得很大成功
		与面向对象的方法结合,目前有两个分支:一是使用形式化方法来分析面向对象的语义或提高这些记号法的表达对象概念的能力;二是使用面向对象结构来提高形式记号法的形式表达能力	

　　需求评价技术主要包括需求文档评价技术、形式化需求评价技术和原型法评价技术,如表2.2所列。

表2.2　典型需求评价技术

	特 点	方 法 及 简 介	备 注
文档评价技术	验证需求文档的有效性	ARM（Automated Requirements Measurement）软件,由SATC（Software Assurance Technology Center）开发,ARM通过对需求文档的多次扫描,找出文档中不符合标准的用词,并提出相应的修改意见,通过许多实际应用,ARM已被证明是一种有效的需求验证工具,但它只适用于用英语编写的需求文档	目前仍然主要依靠人工审查验证需求文档的正确性
形式化需求评价技术	当需求是用形式化语言书写时,可以用相应的工具对其进行验证,形式化评价技术在一定程度上解决了需求的二义性问题	PSL/PSA系统,是计算机辅助设计和规格说明分析工具（CAD-SAT）的一部分,其中PSL是用来描述系统的形式语言,PSA是用来处理PSL描述的分析程序。用PSL描述的系统属性放在一个数据库中,一旦建立起数据库之后即可增加信息、删除信息或修改信息,并且保持信息的一致性;PSA对数据库进行处理以产生各种报告,测试不一致性或遗漏,生成文档资料	目前,形式化方法还不能完全支持需求验证及评价的全过程,而且目前还没有需求一致性检查工具
		VDM语言,是一种功能构造性规格说明技术。应用VDM进行系统开发是在形式化规格说明、程序实现和程序正确性证明的三部曲中不断进行的	
原型法评价技术	通过使用原型,评价目标系统的需求是否满足其特性,以便确定需求	比较著名的原型开发方法有以下两种:一是Boehm提出的螺旋模型;二是Gilb提出的渐增模型,利用原型法对需求进行评价,主要是评价过程内涵,以及评价与软件或系统的开发过程。原型法评价并不是一个独立的过程,并且评价的范围比较狭窄,不能够对需求进行全方位的分析与评价,这些不足也使得它在实际应用中受到极大的限制	通过原型使人们更清楚认识需求;该方法能用于需求评价

45

2.4.2 实行基于仿真的采办

基于仿真的采办(SBA)中提出了一个重要的研究领域"国防采办中建模与仿真的分析应用(MS&A)",包括:①国防规划指南(DPG)想定要求;②评价指标体系;③"从策略到任务"的方法论;④模型层次结构及数据流;⑤对仿真结果数据的统计分析。

美国 RAND 公司在研究国防规划与装备体系论证问题时提出了探索性分析的理论方法,它与"情景空间分析"和"探索性建模"关系密切。其基本思路是考察大量不确定条件下各种方案的不同后果,以追求方案的灵活性、适应性与稳健性。为实现对多维不确定性空间的有效探索,一般采用必要的试验设计来减少对空间的采样。探索性分析要求对模型变量和结果度量指标进行合理的选取。模型变量有两种类型,一种是可控的数量变量,另一种是表示不确定的风险变量。探索性分析要求细节不要多。因为细节越多,问题空间的维数将增加,每个案例运行时间也将延长,这有可能导致维数灾。模型简化会增加分析的灵活性,改变假设条件、运行模型和解释模型比较容易。

实现基于仿真的采办,需要研究相关的技术领域。这主要包括 4 个方面:从军事到装备的需求分析;武器装备论证评价指标体系;建模仿真的层次结构及数据流;建模仿真结果的数据分析。

1. 从军事到装备的需求分析

基于仿真的装备论证中比较突出的问题是无法将所要分析的论证问题转换为建模仿真的需求。建模仿真的需求不清造成了所开发的仿真系统和模型无法满足武器装备论证的需要。因此,需求分析是建模仿真开发过程中的重要环节。要分析的武器装备论证问题是一种定性的表述,如何将所要论证问题转换为仿真的想定。实际上是如何获取国防系统分析人员的原始需求,如何建立仿真系统的军事概念模型,如何设计仿真系统的想定。从军事到装备的需求分析,是将武器的军事需求转变为武器的技术要求,体现"从军事策略到装备作战任务"的分析方法论,在这一过程中,应用不同层次和分辨率的仿真系统进行分析和验证,是武器论证对建模仿真提出需求和应用的结合。需求分析所用的模型和仿真涉及各种想定、系统和战术,并在建模层次结构的各个层次上用于分析工作。

2. 武器装备论证评价指标体系

武器装备论证的需求是多样的,对其定义应是分层的。需求定义过程是:首先,定义一个对达成任务目标有意义的某一方面的属性;然后,定义一个指标(变量)衡量此需求;通过定义一个量度(依赖于一些参数公式或算法)来量化这个指标。因此,利用指标体系对武器装备系统进行描述。建立论证评估指标体系的过程,实现上是对论证评估问题逐层分解的过程。指标体系应呈现出较好的层次性,一个问题由若干定性和定量子问题组成,一个指标也同样由下一层次的若干定量定性指标组成。通过建立指标体系,将复杂问题分解成若干定性或定量子问题,以利于利用仿真系统的求解和结果归并。武器装备论证所涉及的指标体系层次结构主要包括:

(1)系统性能指标(Measures of Performance,MOPs),衡量系统行为属性的量度),如:雷达探测范围、丢失距离、距离、有效功率和转速等。

(2)系统效能指标(Measures of System Effectiveness,MOSEs),美国工业界武器系统效能咨询委员会(WSEIAC)对系统效能的定义:"系统效能是预期一个系统能满足一组特定任务要求的程度的度量,是系统的有效性、可信性和能力的函数"。系统效能一般用于描述系统完成其任务的总体能力。

(3)系统作战效能指标(Measures of Force Effectiveness,MOFEs),即指使用系统的部队在作战环境中完成任务程度的量度。

系统效能度量依赖于系统性能指标兵力因素,体现系统与其他系统和人的因素结合后所具有能力的度量。而系统作战效能度量依赖于系统效能量度和环境因素,体现系统与其他系统和人结合后在实际的作战环境中完成任务程度的度量。

3. 建模仿真的层次结构及数据流

对于大多数系统,原则上可以物理定律为基础,应用数学解析方法建立数学模型。模型的有效性一般也能通过实际系统的试验得到检验。然而,对于武器装备论证这样大规模复杂系统行为问题就远非这样简单。这类系统一般都含有众多相互作用的单元,系统状态需要成百上千个状态变量描述;系统处于与外界环境相互作用的开放状态;系统对外界作用的反应除受系统内外各种确定性因素和随机因素制约外,还取决于在系统中起重要作用的人的决策和行为过程;系统整体追求的是多个互不相同甚至互相矛盾的目标;系统动态过程错综复杂,过程时间尺度相差很大,这些特点给建模带来巨大困难。因此系统应当从不同层次加以描述,建立不同层次的模型。每一层次的系统效能都来自下层系统,而每一下层的系统都可能对上层系统贡献效能。并且,某一层次效能的变化对其上层各层次的效能都会产生影响,当然,这影响一般是逐层减弱的。系统的层次结构决定了不同层次之间系统效能参数的相互联系。这种建模仿真的层次结构有助于在武器装备论证分析中突出需要研究的核心问题而减少非重要细节的干扰。同时高层次的模型是以低层次高逼真度的武器装备系统建模为基础的。

在装备论证过程中,依据模型仿真的详细程度、规模大小可划分为战役/战区体系层、任务/战斗体系层、交战系统层、分系统/设备层。

分系统/设备层仿真武器装备系统的组成部件、子系统、系统的实际性能,提供子系统和组成单元设计的基础。分系统/设备层仿真用于确定所模拟系统的组成部件、子系统、系统的实际性能,如对系统及其子系统的技术方案的权衡等方面。

交战层仿真同种类武器装备之间的交战,如一对一交战,多对多交战。模拟多个系统组成的武器平台和目标在战场上对抗产生的结果。这层仿真评估单一平台及武器系统对特定目标或敌方威胁的系统效能。确定在有限交战或有限任务中系统的效能。对本层次仿真模型,其输入来自于分系统/设备层仿真的武器装备的系统性能。输出是武器装备的系统效能。通过参数敏感性分析,生成各种性能指标与效能之间趋势曲线和函数关系。仿真完成特定战斗任务目标的多平台兵力群的能力,例如空中拦截、对目标的空袭打击等作战任务。

任务/战斗层仿真系统主要用于对武器装备的作战需求和任务需求;对于费用与作战效能分析(COEA)不同方案的作战效能分析。

战区/战役层仿真系统是仿真联合战役作战或军兵种战役作战,用于评估和论证战役级的作战结果。战区/战役层次的模型与仿真在装备采办中的应用是:评估武器装备体系的作战效能,武器装备体系支持费用与作战效能分析,评估有关新武器装备系统或新的作战样式的效能。

战区/战役层次的模型与仿真需要较低层次的模型与仿真的输出结果作为输入,以生成合成兵力级的能力。不同层次的建模仿真的输出和作用如图 2.5 所示。

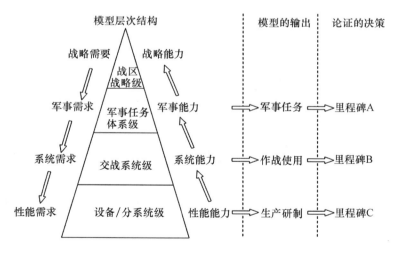

图 2.5 不同层次的建模仿真的输出和作用

一般而言,较低层次的模型可以采用模拟仿真的方法,中间层次的模型可以采用解析仿真的方法,而较高层次的模型可以采用定性仿真的方法。低层次仿真用于确定武器装备的工程设计。较高层次用于建立趋势,确定主要影响因素并得到要分析的系统或系统组之间的军事行动的相互比较。

4. 建模仿真结果的数据分析

模型和仿真的结果数据是不能直接为武器装备论证服务,如何将模型和仿真的运行结果数据转换为武器装备论证的决策知识是基于建模仿真的武器装备论证研究的另一个重要问题。建模仿真结果的显著性分析以论证数据和仿真数据为基础,辅助决策人员面向决策层关心的应用问题完成相关数据统计、分析、抽取及表现功能,从不同角度对武器装备数据进行整理分析。

对仿真结果数据的分析方式包括联机分析、数据挖掘、数据可视化。联机分析根据分析人员的要求,迅速、灵活地对大量武器装备论证数据以及仿真过程及结果进行复杂的查询处理,并且以直观的形式将查询结果提供给研究人员,使之掌握武器装备体系的内在规律,并得出研究结论。

数据挖掘是从大量的武器装备论证和仿真结果数据集中识别有效的、新颖的、潜在有用的,以及最终可理解的模式。服务于武器装备论证评估的数据挖掘可分为分类模型、预测模型、数据聚类、关联规则发现、序列模式发现、依赖关系或依赖模型发现、异常和趋势发现等类别。数据可视化利用计算机图形学和图像处理技术,将数据转换成图形或图像在屏幕上显示出来,并进行交互处理。

5. 多层次作战仿真系统

建模与仿真系统分为四个层次,即工程级、交战级、任务级、战区/战役级的仿真系统,如图2.6所示。

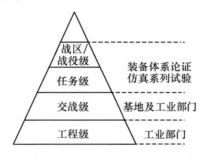

图2.6　建模与仿真层次划分

工程级的建模与仿真使用部件级的模型,检查单个部件或子系统的技术性能是否符合设计意图。

交战级的建模与仿真使用武器系统级的模型,在某个仿真的剧情下某个武器综合系统与单个(一对一)或多个(一对多)敌方威胁(如地空导弹系统)交战,以评价武器系统的作战效能,包括与之相关的战术和条令(表2.3)。

在任务级的建模与仿真中,多个武器系统级模型(具有可变的详细程度)组合形成一个仿真的任务,用于分析任务的效能和友方的、多平台组合的兵力对抗大量威胁(体系对抗)的情况下兵力的存活能力。任务级的模型经常包括敌方的指挥与控制能力对输出结果的影响。

表 2.3　四个层次建模与仿真的典型特性

M&S 的层次结构	工程级	交战级	任务级	战区/战役级
仿真战情	单一武器系统 子系统 部件	一对一 一对多 多对多	多作战平台、多兵力组成	战区作战 联合作战
仿真运行时间	$T <$ 秒	秒 $< T <$ 分	分 $< T <$ 时	天 $< T <$ 星期
产生的结果	性能指标、成本、可支援性、可行性	系统效益（杀伤概率/存活率/易损性、战斗伤亡）	任务效益（损失转换率、交战概率）	战役结果（空中优势、兵力损耗、地面部队移动）
适用情况	系统设计、分系统性能取舍、确定规范需求、成本分析、可支援性、可行性分析、研发试验	成本效益分析、作战任务需求、系统效益取舍、作战试验与鉴定、战术评估、交战准则确定、试验支援、训练支援	成本效益分析、作战任务需求、部署、武器整合、兼容性、作战战术、训练与演练	演练、成本效益分析、作战任务需求、战术/部署、武器整合、兼容性、作战人员训练、后勤维持

战役级的仿真也是一个"体系对抗"的仿真，但它包括由于任务必须持续更长时间所产生的各种影响。除此以外，战役级与任务级仿真类似。它评估作战效能和友方的、多平台组合的兵力对抗大量威胁情况下的兵力存活能力，但还包括与人的因素、后勤和损耗相关的问题。

战区级的仿真加入了 C^4I 在联合军种（如陆军—空军—海军）和盟军兵力作战对抗联合威胁兵力（兵力对兵力）中的作用。它将各种任务综合到区域性、不分昼夜的联合作战中，以评估感兴趣的输入（如电子战）对兵力效能的影响。

在这样一个层次结构下，可以用低层仿真的结果作为高层仿真的数据输入，有助于提高仿真可信度。工程级仿真的权威数据用于编队级仿真系统对抗仿真，用于评价某类武器平台防空体系的作战效能，取得了良好效果，有效地提高了仿真的可信度。

为了对"基于仿真的采办"提供支持，多层次作战仿真系统的建设中应注意加强以下几方面的工作。

（1）标准化建设。在模型标准方面，包括任务空间功能模型、概念模型等的描述标准及数据标准（模型、仿真和 C^4I 系统中数据标准的表达）等。

（2）建立作战仿真支撑平台。作战实验室建设过程中有许多共性问题需要解决，包括：

① 以 HLA/RTI 为核心的仿真支撑平台的研制；

② 战场环境模型的建立；

③ 计算机生成兵力生成框架，战场态势与场景显示；

④ 公共资源和公用数据库建设；

⑤ 仿真系统的总体技术和集成技术等。

上述支撑平台应先于或与作战仿真实验室同步建设，以对作战仿真应用提供支持。

（3）加强复杂巨系统仿真应用研究和建模、仿真 VV&A 研究。系统仿真应用的基础是仿真的可信度，而复杂巨系统建模与仿真的 VV&A 十分复杂，应从以下几方面加强研究：

① 加强战斗作战建模与仿真的校核与验证，建立若干战斗作战实验室，通过仿真—实验—仿真……多次反复得到可信度较高的战斗作战模型；

② 建立任务空间功能模型库作为模型验证依据；

③ 建立多层次的作战仿真系统；

④ 建立权威数据库，将实际作战与演习的、经过校核的数据作为建模依据；

⑤ 特别加强应用研究，使系统从应用中得到提高、完善，并从应用中提高可信度，而后得到认可。

（4）加强网络中心战的仿真研究。网络中心战简要地说就是要求战场实体（包括单兵）数字化；在此基础上安全可靠的网络化；全球作战空间态势共享（为此美国提出全球信息栅格计划）；联合交互计划和协同步作战；精确远程打击；等等。这就对战场感知、情报处理、数据通信、指挥控制、火力打击等所有装备都提出了革命性的要求，利用仿真技术提出、验证并确定这些要求是最好的办法。

"基于仿真的采办"（SBA）已具备相当好的技术基础和文化氛围。但是，仿真技术在装备采办中的应用深度和广度还远未达到 SBA 的要求，特别是在 SBA 相关过程的规范和 SBA 相关标准的制定和执行等方面还有很多工作要做。

2.4.3 采用先进的现代雷达装备研发平台和研发流程

传统的系统开发能力落后于国外同类研发技术，而由于新一代的军用电子系统尤其复杂，因此需要更先进的研发平台及更先进的研发流程来支撑。建设新的技术开发平台，并以此为基础确立更为先进的研发流程，就是针对现在技术开发中的突出问题，采用新的技术方法来适应新技术、新任务的要求。在建设新的技术开发平台的过程中，主要是着眼以下几方面来加强和实施。

2.4.3.1 系统级雷达的设计和仿真验证能力

雷达技术涉及决策理论、电磁学以及集成电子学等许多领域。目前在其中诸多领域需要创新技能与思考，包括雷达结构与射频子系统、电磁波的传播与天线、信号处理与数据融合、雷达新体制等。系统级电子系统的设计能力是指具备以下几个具体方面：

（1）具备电子系统整机技术性能参数的完整建模和描述能力。能够通过软件来建立雷达系统的数字虚拟样机，能够对电子系统的天线、射频微波电路、数模混合电路、DSP信号处理电路进行协同仿真,具备对数字样机的系统指标的定义和评估能力。

（2）具备电子分系统到模块的功能分解能力。对分析系统的功能定义和参数定义,随着微波射频电路和数字电路技术的发展,功能性电路模块的功能越来越强,分系统和电路模块的界限定义也会不断变化。

（3）具备系统指标到分系统指标的分解和规划能力。根据系统性能要求来定义分系统功能和接口参数是非常重要的。

（4）完全数字域的仿真对于工程项目的实际意义还是不足的,对于仿真的数字结果需要和通用仪表设备或现有成熟的产品来进行连接,通过这些通用的硬件设备来对仿真结果进行快速验证和修正,使仿真的结果更接近实际和更有工程指导价值。

2.4.3.2　关键电路的设计测试能力

电子系统是包含天线、射频微波、数模电路、DSP处理、FPGA电路等部分的复杂系统。在这些电路模块的实现过程中,需要具备仿真设计、分析判断、测试验证等方面的技术保证手段,这就需要通过配置相应的仿真设计软件和测试仪表来实现。

2.4.3.3　作战电磁环境模拟技术

现在整机全系统性能的验证往往是依靠外场试验来完成的。通过最终联试来暴露系统问题是效率非常低的方法。试验过程会占用大量工程技术人员的人力,耗费大量的时间和物力。单元电路往往会影响全系统交付的进度。需要建立尽量接近实际战场的实验室环境模拟系统。在实验室条件下模拟出战场出现的对抗、恶劣工作环境、设备维修等实际场景。降低对试验场测试的依赖,提高测试验收的效率。

2.4.3.4　技术资源管理

随着系统越来越复杂,各个部件的协同调配越来越频繁,研制单位对于其核心设计技术的汇总调配管理是十分必要的。通过规范的设计库方式来管理完成的技术工作是保护这些技术资源最可靠的方法,不会受到人员变化等因素的影响。

设计库的资源包含从系统结构,系统到分系统分解处理算法,关键单元设计库等方面。对这些技术资源需要在统一的技术平台下进行管理,让这些不同专业领域的技术资源能建立规范的接口和调用方法,这个统一的技术平台就是设计库的建立。在数字仿真阶段、仿真快速验证阶段、产品实施阶段、产品试验测试阶段的结果数据不断在修正和丰富这些设计库。由于基于统一的研发平台库,因而能够完善地管理和维护各个部分的模型库。这些设计库是研制单位核心技术的汇总和开发资源。

现代雷达系统设计开发与验证平台关键的组成部分包含以下部分:

（1）以仿真设计软件为核心的电子系统仿真设计验证平台。仿真软件可以完成对电子系统的结构搭建,系统级别性能评估,全系统到分系统的指标规划和优化。对全电子系统中的关键部件同样能完成建模和仿真,如天线、微波电路、数字/模拟电路、数字信号处理电路等。通过这些纯软件仿真可以输出电子系统数字模型库文件,如系统结构、微波放大器模型库等。这些数字模型库主要为新技术验证和系统实现提供参考和依据。

（2）综合仿真设计软件和通用设备的虚拟样机快速验证平台。在具体型号实现前,需要通过硬件来对纯软件仿真的结果进行验证并搭建半实物的虚拟设备样机。尽量降低型号设备实现时的风险。在半实物虚拟样机实现依托的硬件包含通用的仪表设备及成熟的产品。例如:多通道大带宽 ADC/DAC 电路模块、宽带微波混频器、大规模 FPGA 电路等。通过增加硬件的半实物仿真可以对纯软件仿真的模型进行修正和完善,使建立的模型对型号的实现更具有真实的指导价值。

（3）针对各个专业技术领域的设计测试评估平台。对电子系统每个关键模块电路实现时,需要相应的设计技术手段和测试仪表。这些设计手段和测试设备应能针对从微波射频到数字电路独立的分析测试能力,满足不同被测件的测试要求,提供完整和精确的测试能力,当被测件存在问题时,测试设备应能提供相应的分析判断能力。另外,这些设计手段和测试方法应该和仿真设计时采用的方法尽量一致,这样可以在仿真设计和实物设计测试时使用相通的平台和方法,使仿真设计和实物测试的联系更加紧密。

（4）全系统工作环境模拟平台。在实验室尽量真实地模拟电子系统的真实使用环境。这需要对使用环境的无线信道、干扰模式等进行建模,然后利用先进的仪表设备来模拟这些环境状态。针对从系统设计、天线系统、射频微波系统、数字电路、信号处理等关键技术。把仿真设计、具体实施、测试验收、库文件建立和修正相关的部分综合起来就是该项核心关键技术的开发平台。这个平台可以保证该项技术从概念规划,到仿真设计、具体实现、分析判断、验收测试各个环节都能得到很好的连接和管理。

基于该平台的研发流程如图 2.7 所示。

由研发流程图可见,由于其仿真平台的优秀能力,可以很好地实现一体化设计的思想:利用软件仿真完成虚拟样机的建模和指标分析,从而能更加科学地实现方案选择和指标分配。同时,在同一界面下,根据分配的指标实现各分机具体设计(包括射频中频数字系统),并完成自底向上的系统级验证,将主要设计反复和测试侦错任务在软件仿真阶段完成,尽可能地规避设计风险。同时,半实物性质的系统级测试验证进一步分析各部件的系统性能,将风险降至最低。按照这样的流程和方法来完成技术设计和型号任务实现,可以具有以下优点:

（1）管理规范。测试平台包含的设计软件和测试设备能完整地包含从系统

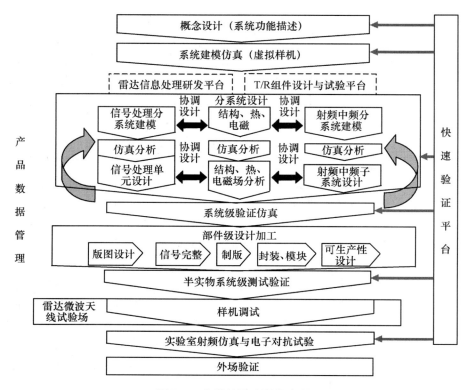

图 2.7　先进的雷达研发流程

体制到单元电路的技术方面,无论是在技术的研究阶段,还是产品开发阶段,新的技术平台都能提供系统集成单位和最终用户,系统集成单位与单元设备提供单位的技术交流接口。

（2）技术开发效率高。每个关键技术的实现包含规划、仿真设计、半实物验证、实物验证、模型建立等技术支撑点。建立适合军用电子系统应用的系统到电路模块的设计库。具备调用、修整、增加等能力。

（3）技术资源保护。所有通过仿真和实际型号实现的结果都以库文件方式来归档和管理。先进的设计和电路不会随着人员变化而受影响。具备很强的继承性和扩展性。

由此可见,以 ADS 为基础的一体化的设计平台和测试平台,由于其完备的雷达系统建模,具体电路的精确分析,以及半实物测试功能等特点,使其在设计阶段即可对系统进行精确的测试验证分析,确保了雷达系统设计的高效和稳定。而其半实物特点不仅将设计平台和测试平台有机地结合,还极大地提高了测试的效率,增强了测试的方向性。

在雷达系统总体设计阶段,用 ADS 设计平台对信号处理算法、微波射频系统、中频系统、A/D 变换等部分完备且准确的系统行为级模型(提供完善的微波器件非线性行为级模型），以完成雷达波形的仿真、目标模型仿真、微波射频仿真、信号算法处理仿真，从而实现雷达接收机、模拟源、频综，乃至完整雷达系统的精确的行为级建模分析。这样总体工程师便可通过软件快速完成雷达系统更为精确的框架设计（包括对于微波链路的精确分析），实现对于各种体制、各种模式、各种类型的雷达系统的定量分析和指标评估，从而确定最终方案并进一步完成各分机指标分配。

在雷达研制或采购计划的早期阶段，必须利用分析技术在理论上进行评估。必备的分析可以从雷达性能的基础理论模型起步，或是从为满足新要求而改造或改进的相近雷达设备的有效测试数据起步。雷达性能的某些方面非常容易理解，系统性能可通过已知的雷达指标和雷达将要工作的外界环境模型来精确计算。在另一些方面，雷达性能精确估测的理论准备尚未完备，需要模拟或外场测试。甚至在理论发展较完备的领域，仍存在许多不确定性，所以模型的有效性常常表示了目标和环境的影响。关键部分的性能必须测试验证。需要全面的分析法评估，但是为解决不确定性，验证重要方面的测试仍是十分必要的。测试前的分析法评估，是以有限的、便利的测试资源和大多数雷达性能测量的统计特性为基础的。如果测试资源分散到所有可能的雷达工作条件中，那么在某一领域有足够的数据点从而得出统计意义上有效结论的可能性极小。如果正确运用，分析法能够验证最重要的领域。这个领域中，允许雷达设计的勉强合格或分析模型的不充分；也允许在很宽范围内雷达性能具有高可信度。这些领域中，重复进行相对很少的测试，从而获得有效的性能统计测量值，用于修正或验证分析和模拟模型的不确定性边界，并为外推到其他情况而提供可信度。测试目的是解决不确定性。

该阶段传统上是由研制方单独完成，综合试验与评价要求该阶段研制方项目经理应与用户以及试验和评价机构一起，将研制试验和评价（DT&E）、使用试验和评价（OT&E）、实弹试验和评价（LFT&E）、系统族互用性试验以及建模和仿真（M&S）活动协调成为有效的连续体，并与要求定义以及系统设计和研制紧密结合。通过提供标准的建模与仿真体系结构，可以在项目中最佳地利用不同来源的模型，可以使建模与仿真、地面试验和飞行试验实现最佳协作。以这种方式可以识别出最灵验的地面试验和飞行试验，来填补模型的缺陷。而且，用来支持T&E过程的任何模型都对系统研制本身具有持续的使用价值。因此，重要的是在整个T&E过程中识别和构建这些模型。

雷达及微波射频综合设计平台，是针对雷达系统及射频综合系统的技术要求而开发的。其以ADS软件为核心基础，融合射频设计软件、信号处理设计软件、算法开发软件，以及配备其他辅助软件可靠接口，集成为一体化的雷达系统设计验证平台。同时，在其基础上的安捷伦各类仪表与软件互联的半实物测试，进一步完善了测试的系统性，从而建立了一体化的测试平台，因此可以突破过去不能够依靠科学手段进行性能预测和风险降低的困境。

2.4.4 有效利用建模与仿真

建模和仿真的使用应在采办过程的方案探索阶段于始,直至系统的整个寿命周期。

2.4.4.1 在雷达系统总体设计阶段

在雷达系统总体设计阶段,ADS 设计平台提供针对信号处理算法、微波射频系统、中频系统、A/D 变换等部分完备且准确的系统行为级模型(提供完善的微波器件非线性行为级模型),以完成雷达波形的仿真、目标模型仿真、微波射频仿真、信号算法处理仿真,从而实现雷达接收机、模拟源、频综,乃至完整雷达系统的精确的行为级建模分析。这样总体工程师便可通过软件快速完成雷达系统更为精确的框架设计(包括对于微波链路的精确分析),实现对于各种体制、各种模式、各种类型的雷达系统的定量分析和指标评估,从而确定最终方案并进一步完成各分机指标分配。

2.4.4.2 在雷达系统的各个分机设计阶段

在雷达系统的各个分机设计阶段,ADS 设计平台可完成模拟、中频、射频微波电路的具体设计,提供超过 13 万芯片模型,以及线性、非线性、三维电磁场等仿真手段,从而实现对于具体电路的时域、频域、物理域的仿真分析。同时,在数字处理方面,支持 VHDL、Verilog、C 等语言的协同仿真。这样就实现了对雷达系统各个具体模块乃至各个分机的软件级验证。

2.4.4.3 快速原型验证

ADS 平台提供快速的原型验证。一体化设计平台的主旨不仅在于总体工程师和分系统工程师可以在同一个开发平台上进行设计从而实现有效的沟通,而且 ADS 平台提供真正意义上的自底向上的验证功能——分系统工程师将一个或多个具体分机设计模块嵌入统一界面下的雷达系统总体框架,以验证该部分在系统下的工作状态以及对于整个系统性能的影响。这样在研发初期便可及时侦错,从而大幅降低设计风险,加速研发周期,提高设计质量。

2.4.4.4 新型半实物仿真测试

在雷达系统的各个分机实现阶段,ADS 设计平台支持与安捷伦各种测试仪表互联,实现半实物的仿真和测试,从而改变了设计阶段与测试阶段完全割裂的状态。也建立起新型的系统化的测试平台。通过互联,ADS 平台可将仪表测试数据导入,也可将计算数据导进仪表产生测试信号。这样,各个功能模块或分机便可完成类似于软件级原型验证那样,测试其在仿真系统下的工作状态以及进一步预测其对于整个系统性能的影响,从而实现进一步侦错和故障预测。

半实物仿真填补了全数字/混合仿真与实际外场试验之间的空档。数字仿真虽然效费比较高,在实际硬件制造之前可以模拟武器系统的性能,但其置信度不高,因为许多数学模型是理想化的(如导引头的数学模型),且诸多子系统之间的相互作用难以预测和建模。而半实物仿真,把导弹的导引头等主要部件置于回路中对系统进行仿真,避开了数学建模的复杂性和不确定性,提高了仿真的精度和结果的可靠性。另一方面,在半实物仿真中,可重复的仿真条件还可以验证数据的可靠性、可用性和可维护性。美国国防部公布的资料表明,建模与仿真的投资回报为:1 美元投资,回报在 20 美元～30 美元。例如,美国舰载导弹模拟仿真的投资回报率为 1∶38。截至 1995 年,海军在导弹开发中利用仿真技术共节约了 3.2 亿美元。

2.4.5　采用综合试验与评价模式

"基于能力"的试验鉴定是指将试验鉴定目标、措施和问题同作战、保障和其他使能方案联系起来,要以系统是否达到要求的作战能力,是否具备完成相应作战任务的能力为准则进行试验鉴定。其要义是将武器装备的试验鉴定强调基于能力的需求,而不是以往单纯地通过试验数据来评定通过或者不通过的试验。"基于能力"的试验鉴定要确保试验鉴定达到来源于经过确认的使用能力要求所规定的使用环境和功能,需要制定有效的试验鉴定计划来评定是否能够达到武器装备的某种能力。这种能力的提出对传统的用武器装备战术技术数据为分析考量依据的试验鉴定理论无疑是巨大的挑战,也是巨大的飞跃。

21 世纪,新的军事变革随着科学技术的发展而发展,"网络中心战"思想强调新的作战能力构筑在网络的基础上,各种作战力量要形成以网络为基础的作战体系。网络化的作战体系初见端倪,以体系试验为核心的试验鉴定理论随之应运而生。该理论强调的是,试验鉴定的主要项目和考核的主要内容集中在网络化作战体系的互联互操作性能,作战体系或平台中武器系统的战术技术指标和使用性能,平台作战系统的战术技术指标、使用性能和效能,网络化作战体系的可用性、可塑性、可重组性和作战效能。为完成上述各工作,必须加强试验网络的互通互联,在整个系统体系中所有平台不能全部进入试验场进行试验的情况下,注重在虚拟试验平台的模拟和参试的真实试验平台的结合。体系试验的核心理论是以往先进试验鉴定理论的升华,独具前瞻性,复杂性也很高,但是无疑对指导试验鉴定理论与模式的发展具有重大意义。根据我国装备采办发展的实际情况,应夯实综合试验与评价模式的基础,顺应国际装备试验发展趋势,逐步向体系化试验鉴定模式发展。

现代雷达综合试验与评价方法,要求在雷达系统整个采办过程中,项目经理应与用户以及试验和评价机构一起,将研制试验和评价(DT&E)、使用试验和评价(OT&E)、实弹试验和评价(LFT&E)、系统族互用性试验以及建模和仿真(M&S)活动协调成为有效的连续体,并与要求定义以及系统设计和研制紧密结合。随着建模与仿真技术、计算机技术、网络技术、虚拟现实技术和人工智能技术等高新技术的飞速发展,预计综合试验与评价技术在国防领域将会有更广阔的应用前景。例如,IT&E方案中的T&E建模与仿真知识库对教育、训练和虚拟战争也具有广阔的应用前景。美军有关专家认为,IT&E方案作为系统族(System of Systems)可以突破传统的T&E小环境,拓展为国防部整个功能谱的系统族方案。

现代雷达综合试验与评价(IT&E),从内容上讲,是一种基于知识的雷达系统研制途径,它综合协同地利用地面试验和分析,数学建模、仿真和分析,飞行试验和分析等多种试验分析方法,以建模与仿真作为试验与评价知识库以及各种地面试验和飞行试验之间反馈的一种工具,使结构仿真、虚拟仿真和实况仿真有机结合,为雷达研制试验与评价(DT&E)和使用试验与评价(OT&E)的更经济有效的综合提供方法和途径。该技术是从传统的试验—改进—试验方法,向建模与仿真—虚拟试验—改进模型的迭代过程的转变。

综合试验方法是指综合利用计算机建模与仿真设施、测量设施、硬件在回路设施、装机系统试验设施和外场等对系统进行综合试验。计算机建模与仿真和硬件在回路设施可以提供有效的试验手段。计算机模型可以用来模拟多种不同的试验事件,协助试验人员评估重要的试验问题(即易损性分析),得出各种预测结果。由于数字仿真模型是经过先验数据验证过的模型,这些模型可以用于在更密集和更复杂的威胁环境中以及预期的作战规模下对被试系统进行评估。另外,外场试验结果可以用于对模型进行鉴定,而模型又可以用于验证外场试验,因此,这两种结果的可信度更高。硬件在回路设施,可以提供针对新威胁的试验能力。采用硬件在回路设施进行试验要比外场试验成本低,而且更安全。当需要在有飞机和地面威胁系统参与,体现各方交互反应情况的环境下对系统进行试验时,则需要进行外场试验。这样,通过利用所有试验手段和工具,便可以完成系统的全部试验。

为了适应电子战技术的发展,更好地对雷达装备进行试验与鉴定,必须制定一套全面、规范并切实可行的试验与鉴定程序(图2.8)。可参考美国国防部于1996年制定的雷达电子战试验与鉴定程序。

系统试验与鉴定程序包括可交互进行的5个步骤。

第一步是确认决策者所需要的试验鉴定信息,即明确试验需求;

第二步是试验前分析,即对系统性能进行预测;

第三步是试验进程和数据管理,即在逐步更加严格的地面和飞行试验环境中进行试验,并对试验数据进行处理;

第四步是试验后综合分析与评估,即评估系统的作战效能和适用性。

第五步是决策者结合其他信息对试验鉴定信息进行权衡以制订相应的操作规程。

(1)初始建模阶段:易损性分析与试验计划的拟定;

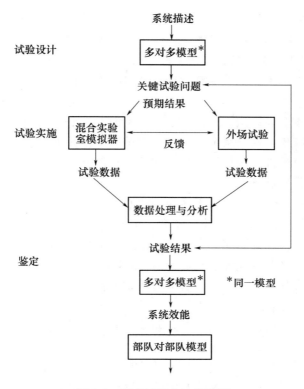

系统描述

试验设计　　　多对多模型*

关键试验问题
预期结果

试验实施　　混合实验　　　反馈　　　外场试验
室模拟器

试验数据　　　　　　　　　试验数据

数据处理与分析

试验结果

鉴定　　　多对多模型*　　*同一模型

系统效能

部队对部队模型

图 2.8　综合试验方法流程图

（2）主动试验阶段：通过混合实验室模拟器和外场进行试验；

（3）试验数据处理与分析阶段：对试验数据进行处理与分析；

（4）试验后建模阶段：重复（1），利用试验数据进行外推；

（5）部队作战能力建模与分析阶段：量化新系统对整个部队作战能力的提高程度。

综合试验与评价应充分利用现代统计方法所能够带来的好处，因此我们提出如下对策：

（1）制定综合性试验计划。在制定综合性试验计划时，要收集有关试验目的、试验因素以及在试验设计中如何对其进行处理的方法、试验环境及有关约束条件，以及有关系统性能的初始数据（如同一试验场景和不同试验场景之间的系统变化的比较），以便确定试验应当有多大规模，以及应当使用什么样的试验场景（按什么顺序）来达到试验目标。它还被用来解决诸如试验数据的记录方法和内容等问题。正确制定试验计划，能够避免试验设计中出现错误，并有助于确定以较少的费用获取更多信息的设计。

（2）不确定性的估算。根据使用试验得出的对系统性能的所有估算，都应当伴随对不确定性的说明。这些说明应当确定与试验结果相符的是什么水平的

59

系统性能,以便使决策者清楚试验所提供信息的范围。为了做出大批量生产的决策,在估算不确定性时,有可能综合使用与系统性能有关的所有信息。如果需要补充试验,对不确定性的说明通常会明确这一点。还应当提供系统性能在重要的个别场景下的不确定性估算,对使用建模与仿真所获得的信息也要提供近似的不确定性估算。

（3）现代试验设计法。在设计使用试验时,应当使用现代试验设计法。现代试验设计能够包含在与系统研制有关的试验中出现的各种复杂程度,特别是各种各样的约束条件。例行使用这种试验设计能产生更加有效的试验,并有助于高效地利用使用试验经费。

（4）适当的统计模型。在系统可靠性（以及系统效能）的试验设计与评价中,应当使用基于经验假设的统计模型。军方试验部门在可靠性设计与评价中通常要使用第一次失效时间的专用模型（指数模型）。使用这种模型不当时,会造成试验规模不必要的庞大以及重大试验的结果不当。

（5）软件密集型系统。软件密集型系统的使用试验应当基于应用的观点,以便证明该系统适合于其预期用途。当试验进度和预算紧张时,基于应用的试验方法获得的实际可靠性最高,因为,如果被确认失效,它们可能就是高频率的失效。

总之,通过使用试验成为武器系统研制的一个更加有用的、一体化的组成部分,采用现代的统计方法,以及改变国防系统研制中使用试验与评价的模式,军用系统的采办将变得更加有效,并能够从系统寿命周期费用的节省中得到益处。

2.4.6　制订综合试验规划

综合试验与评价策略是一种虚实结合的系统开发途径。重点是推进从传统的"实物试验—改进实物—再试验"的实物验证模式向"试验建模—仿真与虚拟试验—改进模型—实物验证"的"虚实结合"模式转变。IT&E 的主要优势是能在项目研制的初期,及时发现缺陷和问题,从而显著缩短产品研制周期、降低研制费用和减少项目风险。综合试验规划强调试验方的早期参与;综合试验组（ITT）的组成;渐进式采办（EA）的试验与评价;试验人员在需求确定过程中的作用;试验人员的作用和职责。

2.4.6.1　试验与评价的目的

尽可能地在早期使系统设计成熟、管理风险、确定和帮助解决各种缺陷,并确保系统使用的有效性和适用性。①在更快速、更经济有效地研制和部署更好的系统的过程中,与发起单位和系统研制单位进行协调。②为决策者提供及时、精确及经济可行的信息,以确定系统或战斗能力是否被生产或部署。③通过在系统全寿命周期中精确地确定系统的技术和使用性能来帮助在工程、采办、部署和持续保障阶段管理风险。④帮助采办和持续保障单位在系统全寿命周期中为使用部门采办和维护高效、适用和能生存的系统。⑤为使用方提供必需的信息，以评估任务影响、制定条例、改进要求及改进战术技术及规程(TTP)。

2.4.6.2　进行无缝验证

无缝验证概念有助于试验方构建 T&E，以更有效地保障要求和采办过程。无缝验证通过实施综合的试验技术与规程将承包商、研制方和使用试验方之间联系变得更加紧密。来自各渠道的关键相关方必须能够综合他们的工作、制定有效计划、排除困难、在开放的 T&E 数据库中共享所有的信息，在早期确定问题，使承包商尽快地弥补不足，确保系统使用试验更好地达到预期效果。无缝验证是一种综合试验概念，且符合原则：①提供新的 T&E 结构来支持渐进式采办(EA)及采用单一研制阶段项目。②将装备解决方案的 T&E 再次强调基于能力的需求，而不是传统的按照规范的要求测量通过或不通过的试验。基于能力的试验确保 T&E 策略、计划来源于经确认的使用能力要求所规定的使用环境和功能。它要求了解系统在使用环境中如何使用，并需要制定 T&E 战略及计划来确定某种能力方案是否能够实施。③通过综合试验组(ITT)尽可能实现各种类型的 T&E 无缝集成。

2.4.6.3　成立综合试验组

综合试验组(ITT)应在方案阶段建立，以在每一个项目的寿命期内制定和管理 T&E 战略。通常，建立 ITT 应正式指示在每一个新项目的首个采办决策备忘录中提出，它对执行无缝验证和取代旧试验规划组至关重要。ITT 的成员包括试验的机构、使用试验机构、参与试验的机构、系统承包商及采办和要求方。ITT 对项目经理负责并应用通用 T&E 原则。

2.4.6.4　通用 T&E 原则

要求所有的试验方都最大程度地进行协调，以确保系统更完善而不考虑哪个机构来做试验。综合试验是在法令、规章及良好的工程原理范围内组织所有 T&E 工作、资源和信息的首选方法。

（1）剪裁。所有的 T&E 策略和计划都必须灵活地适应采办项目需求，这些采办项目要符合系统工程技术惯例、常规、法令和规章，以及时效性很强的使用方需求。而且，所有的 T&E 策略和计划都必须根据实际情况进行剪裁。

（2）试验单位的早期参与。早期的 T&E 专家鉴定与使用监督，特别是在方案阶段之前，对于新项目的正确开始实施非常重要。

（3）早期缺陷处理。必须尽可能地在早期确定缺陷并采取措施解决，以使系统以最少的费用求得最快的改进。

（4）事件驱动的进度安排及退出准则。ITT 需要尽可能地在早期对所有 T&E 工作规划足够的时间和资源。T&E 工作必须验证系统满足已确定的工程技术目标、使用要求及在转入下一研制阶段前的退出准则。项目经理必须确保系统在授权实施专门的使用试验前已达到稳定和成熟状态。

2.4.6.5 遵循适用性原则

为规划和实施 T&E 工作,试验机构要建立规范的过程,采办项目应遵循下列原则:

(1)适当层次的使用试验将支撑采办和部署决策。

(2)T&E 策略和计划要根据项目或工程计划进行剪裁。

(3)早期保障对于确保有效的综合 T&E 规划及实施是必需的。

(4)最大程度地共享 T&E 数据。

2.4.6.6 规范试验与评价过程

试验与评价过程以科学方法和"预测—试验—比较"的原则为基础。采办和试验部门要在系统采办过程中运用试验与评价过程来发现并纠正缺陷,并验证系统的效能和适用性。试验的核心要素如下:

(1)科学的方法。试验与评价过程利用科学方法建立实验或试验,其过程是:形成模型或假设,作为对性能的预计;进行实验或试验;分析数据,并与原来的模型、假设或预计值进行比较。如果识别的风险是可以接受的,实验或试验就完成了;如果不能接受,就对下列方面的一项或几项进行修正:系统的设计、系统的使用方案、试验的设计,或原来的预计值。然后重新进行试验。

(2)预计。试验与评价过程中的这一部分由建模和仿真工具和以往试验的结果予以支持。建模与仿真工具用于帮助制订试验与评价方案,并在试验之前预计结果。可以预测和探索被试验系统的模型与环境模型、威胁模型或其他武器系统模型相互作用,在不同的逼真度下,估计和预测系统的性能。

(3)试验。通过试验来获得或验证数据,以确定系统满足规定要求的程度。这一步由试验设施、M&S、外场试验和试验场的仪器设备予以支持。这些设备用于从试验中产生和记录数据。

(4)比较。试验与评价过程中的这一步是将测得的试验数据与预测的数据进行比较,然后对发现的差异进行评价。当这些差异减少时,就提高了对模型设计和性能的置信度。

2.4.6.7 试验能力和设施

试验与评价过程中使用的能力、设施和仪器设备如图 2.9 所示。系统设计从低费用并能多次重复的计算机模型和仿真开始,经过费用和复杂程度较高但重复次数较少的综合设施,最后以选择性很强的室外真实环境下的试验而结束。系统设计中的每一步都在预测下一步的结果,并减少项目后期的不必要且费用越来越高的试验。

(1)建模与仿真。试验与评价过程在进行试验之前要采用计算机辅助仿真和分析来帮助设计试验和预计试验结果,并在试验之后将试验结果外推到其他条件下。要用建模和仿真来为系统研制和改进不断提供反馈信息。建模和仿真的使用应在采办过程的方案探索阶段开始,直至系统的整个寿命周期。建模与

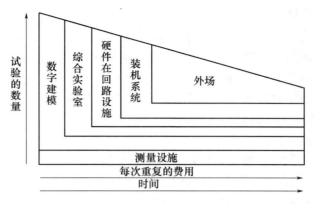

图 2.9　T&E 能力、设施和测量仪器的层次

仿真的使用应与批准的基础设施创新计划和系统结构相一致。

（2）数据测量设施。测量设施用于将系统、分系统和技术的能力和限制条件量化。它们能为计算机仿真提供所需的输入,探索和评价先进技术,确认设计能力,发现设计上的问题,并确定使用备用方案。

（3）系统综合实验室。系统综合实验室是用于试验部件、分系统和系统在与其他系统或功能综合的情况下的互用性和兼容性的设施。这种试验用来评价单个硬件和软件的相互作用,有时还涉及整个系统。各种计算机仿真和试验设备用于生成供进行性能、可靠性和安全性试验的战术背景和环境。

（4）闭合回路中的硬件。这类设施包括能提供安全的环境,针对模拟的敌方武器系统硬件或真实的敌方武器系统硬件来对各种手段或硬件进行试验的专用室内设施。它们用于确定威胁系统的敏感性和效能,以及评价系统的性能和技术。这些设施是在现实的模拟环境下试验尚未安装的系统部件的首选设施。

（5）安装后的系统试验设施。这类设施为评价装在主平台上或与主平台交联的系统提供了一个安全的手段。用威胁信号发生器将被试系统激励,对其产生的响应进行评价,以提供关键的综合系统性能信息。其主要目的是评价在装机状态下的综合系统,对完整的全尺寸的武器系统的具体功能进行试验。

（6）室外试验场。室外试验场用于在真实背景下和在有干扰、噪声的动态环境条件下对系统进行评价。这些资源通常分为试验场和空中试验平台等。室外试验的主要目的是在真实的、有代表性的环境和使用条件下对系统进行评价。通过室外试验,能以高的置信水平来确认系统的性能和效能。如果设置得当,则可以用室外试验来验证和校验地面试验设施和模型。

2.4.7　在全寿命周期进行雷达使用试验与评价

传统雷达试验只在装备研制完成后才进行研制性试验和使用试验。现代雷达综合试验与评价,从试验程序上讲,即由传统的研制性试验与靶场鉴定试验独立进行改为合并进行;军方早期参与试验;有效利用建模与仿真;综合考虑试验与训练设施的合理使用;应用先期概念和技术验证。实施综合试验与评价,成立综合试验工作组,由使用部门(靶场)和研制单位双方参加,统一协调试验工作、强调技术试验的综合性;有效地应用综合试验与评价技术,将能在研制项目早期当问题更容易改进且改进费用更低时就识别问题,能最大程度地减少接受一个有缺陷产品的风险,并促进对缺陷的纠正,因此能够缩短产品研制周期、降低研制费用和减少技术风险。

在采办各阶段进行综合试验与评价(OT&E)应和美国 2008 新版的采办思想接轨:一是在工程研制阶段前期就要进行关键设计评审,二是在工程研制阶段含有两项重要技术活动,分别对应两个子阶段。第一子阶段是集成系统设计,即对所有技术状态条目建立生产基线;第二子阶段是系统能力与制造过程验证,即制造程序得以有效验证,并且"生产代表型产品"能在预期的环境中得以验证。集成系统设计完成后,进行"关键设计评审后评估",通过后方可进入"系统能力与制造过程验证"阶段。

为有效地进行雷达综合试验与评价,应将在逼真的环境中试验的需求制度化。具体体现在:①在战场综合实验室、硬件在回路仿真(半实物仿真)、研制试验设施和实际使用部队的设备之间建立一种稳固的连通性。②利用这种稳固的连通性实现实体、虚拟、结构联合任务环境,用于联合实验、研制、试验、及训练。以上两点提出了试验鉴定思想理论上的变化,这些变化将要求"如同作战那样进行试验"进行准备以及为以网络为中心的研制和试验提供关键的先决条件。有效地应用综合试验鉴定模式,将能在研制过程中,当问题更容易改进且改进费用更低时就识别问题,能减少产品缺陷的风险,并促进对缺陷的纠正,能够缩短产品研制周期、降低研制费用。

2.4.7.1　研制性试验与使用试验的区别

在采办过程中有两大试验类型的试验与评价:研制性试验与评价(DT&E)和使用试验与评价(OT&E),可行的情况下要将 DT&E 和 OT&E 合并进行,但通常需要一个专门阶段的 OT&E。研制试验与使用试验的主要区别见表 2.4。

表 2.4　研制试验与使用试验的主要区别

研制试验与评价	使用试验与评价
满足技术规范	完成实际的作战功能
由研制机构策划和监督	由独立的作战机构进行
受控的试验环境	接近真实的作战环境
训练有素的技术人员	舰队类型的操作人员
具体的性能测量	作战效能和作战适应性测量
一项一项技术性能试验	一个一个任务试验

研制试验要贯穿于采办和持续保障的全过程,以有助于工程设计和研制,并验证是否达到关键技术参数(CTP)。在大批量生产(FRP)或部署决策前,研制试验与评价能够支持新装备或作战能力的采办。在 FRP 或部署决策后,研制试验与评价支持系统的持续保障,以保持它们现有或延长使用寿命、性能和能力。在不损害工程完整性、安全性和保密性的情况下,应尽可能多地进行试验工作。系统专门的使用试验与评价的战备完好性合格验证、研制试验支持验证系统已准备好进行专门的使用试验完好决策。此外,研制试验还可以完成以下任务:

(1)为费用—进度—性能权衡分析提供经验性数据;

(2)评估和应用建模与仿真技术和数字系统模型(DSM),并通过实际试验数据进行验证和确认;

(3)尽可能早地确认并解决缺陷问题;

(4)验证设计风险最小化的程度;

(5)验证与规范、标准和合同的一致性;

(6)系统性能、军事用途并确定系统安全性;

(7)量化合同技术性能及制造质量;

(8)确保已部署系统在更改使用要求和威胁时所必需的工作;

(9)确保系统在改进和升级中考虑使用安全性、适用性和效能;

(10)支持老龄化和监督计划,价值工程项目,生产性、可靠性、可用性和维修性项目,技术插入以及其他的改进工作。

作战使用试验与评价是作战试验机构为确定武器系统的军事用途、作战效能和作战适用性而在尽可能接近真实作战使用条件下对系统或在系统进行试验与鉴定的一种活动过程。从定义上可以看出,作战试验与鉴定包括两个不同的部分,即作战试验部分和作战鉴定部分,这两部分既密切相关,又各有各的内容。

作战使用试验通常包括以下两个方面的内容:①武器系统要在尽可能接近预想的作战使用环境下进行试验。试验时敌对双方都使用真正的战术,有对抗的目标,试验系统应有代表性的试生产系统,且安装在预定要装备的作战平台上,由舰队类型的人员操作维修。②试验期间要记录足够的数据,并以文件的形式说明系统各个方面的作战特性,包括作战效能和作战适用性的所有要素。这一点十分重要。如果记录数据不准确或不充分,就会使试验工作在某种程度上失败,影响鉴定结果的可信度,造成重大决策上的失误。

作战鉴定是从作战的观点出发,对各种数据源(如文件资料、研制试验与鉴定、建模与仿真、实际试验等)的数据进行分析整理,以定量和定性的方法预测系统的作战效能和作战适用性。作战鉴定是针对整个系统而言,这一点必须明确,因为对于部件或子系统,不存在作战效能和作战适用性问题。作战试验与鉴定对支持武器系统的采办决策、减少风险、保证适用有效的武器系统交付部队使用十分重要,同时对于战斗组织、作战原则、战术研究等方面也很有价值。从这两个方面的意义上说,作战试验与鉴定是风险管理控制和作战研究的有效手段。

作战试验与鉴定的目的同研制试验与鉴定不同,研制试验与鉴定主要用来衡量工程项目的进展;验证系统所达到的研制目标;确定理论上、技术上和物质上的可行性;证实设计的完善性、可靠性和与技术规格书的一致性。而作战试验与鉴定则主要用来评定武器系统满足用户的作战要求,保证唯一有效适用的武器系统提供用户使用。它强调的是武器系统作战特性和作战能力的试验与鉴定,其主要目的是:

（1）评估新武器系统的军事用途、作战效能和适用性;

（2）判定其是否符合需要及作战效益与费用比;

（3）回答没能解决的关键作战使用问题;

（4）判定和揭示系统作战使用方面的问题;

（5）确定系统所需的修改或改进;

（6）证实系统在战术、作战原则、战斗组织、操作技术、使用训练、维修和后勤保障等方面的充分性;

（7）评定系统在对抗环境中的生存能力;

（8）确定技术文件资料和支援设备的充分性。

以上各方面是针对使用试验与评价的总目的而言。不同的系统有不同的具体作战试验与鉴定目的,同一系统,在不同的采办阶段也有不同的、特定的使用试验与评价目的。

使用试验确定是否满足要求,并评估系统平时和战时的使用效果。它尽可能早地确定并帮助解决缺陷、确定改进及发现影响系统性能的技术状态变更。使用试验包括确定在全部军事行动中部署和使用影响。使用试验可能还考虑条例、使用方案、系统性能、规程、策略、训练、机构、人员、后勤保障要素、系统互用性及装备问题。

"评价"按照规定的标准工程上精确地收集、分析及报告数据,并用于支持FRP或部署决策。"评估"工程上不需要很精确地收集和分析数据,不需要按规定的标准进行报告,也不必作为FRP或部署决策的唯一 T&E 数据来源。所有FRP或部署决策的项目需要一些类型的使用试验具有充分的独立评定来支持决策。使用试验必须以已核准的要求文件为基础,这些要求文件专门介绍了部署能力。使用试验方将评估与使用试验风险和支持决策的类型相关的计划。

使用试验与评价按其生产决策前后可分成初始使用试验与鉴定（IOT&E）和后期使用试验与鉴定（FOT&E）两大阶段。但按其在采办过程各阶段的先后次序又可分成作战试验一阶段（OT－1）、作战试验二阶段（OT－2）、作战试验三阶段（OT－3）、作战试验四阶段（OT－4）和作战试验五阶段（OT－5）。对于大型复杂的工程项目,还可以分成多个子阶段,如 OT－2A、OT－2B 或 OT－3A、

OT−3B。图2.10给出了作战试验与鉴定以及采办各个阶段决策点之间的关系。

试验与评估活动贯穿于武器采办的各个阶段。一方面用以降低技术风险和采办费用,另一方面为阶段决策提供依据。

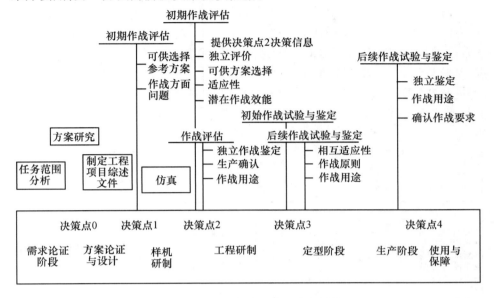

图2.10 采办各阶段的试验与评价

2.4.7.2 需求论证阶段

试验与评价(OT&E)贯穿着整个武器系统的采办过程。在装备需求论证期间,主要技术活动是评估潜在的装备解决方案,更加强调备选方案分析。试验机构的主要活动是进行初期作战评估,调研在使命范围分析期间所判定的有关作战方面不足的问题。作战试验人员参与这一阶段的早期作战评估是为了确认今后作战试验与鉴定的要求,判定需要通过作战试验与鉴定解决哪些关键问题,以便着手制定早期的试验资源计划。该阶段的试验与鉴定的目的是评价解决使命范围存在的问题而提出的各种选择方案,并评估系统的作战效能。此外,这种早期评估还提供保障工程项目进入方案阶段的决策信息。因此该阶段的试验与评价工作主要是:

(1)评估所提出系统的军事基础;

(2)证实新系统良好的物理基础;

(3)根据已证实的物理现象,分析各方案满足军事要求的程度;

(4)估计系统的经济承受能力及寿命周期费用;

(5)确定对现有系统改装来满足所需作战能力的可靠性;

(6)评估作战使用价值;

（7）评估系统对兵力结构的影响。

在装备需求论证 阶段,试验人员通常还没有获得硬件。因此,此时的鉴定主要通过替代物试验、实验室模型试验、仿真试验等手段进行。图 2.11 给出了初期作战试验与评价的数据源。

要进行装备需求论证阶段的初期作战试验与评价比较困难,在某些方面的评估还不够深入,但这种评估能提供系统有关潜在作战用途方面的重要信息。该阶段试验与评价得出的结果包括:决策机构所需的信息、进一步评估所用数据、试验与鉴定主计划和初期作战试验与鉴定计划制定的输入信息。因此特殊后勤保障问题、工程项目指标、工程项目计划、性能参数、采办策略等,对该阶段的作战试验人员十分重要,必须小心进行评估,以预测系统的作战效能与适用性。

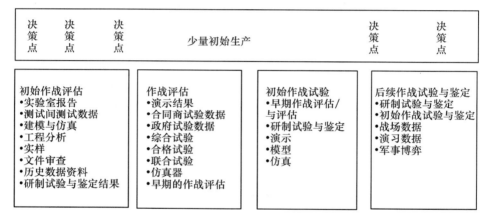

图 2.11　作战试验与评价鉴定数据源

2.4.7.3　方案阶段

该阶段主要技术活动是在原型机上验证关键技术,完成初步设计,要求有两家或更多竞争团队制造系统或关键部件的原型机,实现在启动工程研制之前对技术进行演示验证。在技术开发阶段之初应完成技术开发和基本的系统设计工作。

在方案阶段,作战使用试验与鉴定活动仍然是进行初期作战评估,或是开展研制试验与使用试验的联合试验。目的是保障系统准备进入工程研制阶段的决策(决策点 2 的决策)。在任何情况下,该阶段都必须进行适当的作战试验与鉴定活动,以便在投入更多资源之前提供有关判定风险的数据。在适合时,有可能要提出少量初始生产数目,以验证生产能力并提供相互适应性试验、实弹试验和使用试验所需的资源。该阶段的初期评估目的与论证阶段的不同,它主要是确定最佳设计;指出该研制阶段系统性能的风险程度;检验系统研制的作战使用方面问题和潜在作战效能与适应性;分析从研制阶段过渡到生产阶段的计划。因此该阶段的初期作战评估的目的是：

（1）对照现有系统的能力,评估新系统的潜在能力。

（2）评估系统的作战效能与适应性。根据工程项目的费用和军事用途的对比情况确定系统的经济承受能力。

（3）评估所采用的方案在使用、后勤保障性、战斗组织、作战原则、战术、训练要求及关键问题等方面的充分性。

（4）根据系统军事用途,在考虑到威胁和系统更新的情况下,评估对所选定系统的需要性。

（5）评估系统作战方案的有效性。

（6）说明主要风险程度和进入工程与制造研制阶段前需解决的重大作战问题。

（7）确定在大量生产开始之前保障初始作战试验与鉴定实施使用的少量初始生产试验样品的需要量。

（8）提供保障工程和制造研制阶段制订作战试验计划所需的数据。

在方案阶段中,应使用试验样机或先期研制样机进行作战试验与鉴定。此时作战试验人员可以进行专门的试验来获得所需的数据。但是作战试验还要使用其他许多辅助数据源如创新性试验、作战可行性试验、方案评定试验、供应源选择试验等。该阶段试验分析和评价的结果要在工程项目综述报告中说明。这些数据资料对该阶段决策的性能审查十分重要。

2.4.7.4　工程研制阶段

在工程研制阶段中,作战试验与鉴定的主要活动是进行作战评估和初始作战试验与鉴定。作战评估是在初期作战评估基础上的进一步评估,它发生在工程研制阶段的初期。初始作战试验与鉴定则是系统研制阶段最后的作战试验与鉴定,它发生在工程研制阶段的后期,为系统进入大量生产决策提供所需信息。因此,在工程研制阶段中,作战评估和初始作战试验与鉴定的目的是：

（1）评定作战效能与适用性；

（2）评定系统的生存能力；

（3）评定系统的可靠性、维修性和综合后勤保障计划；

（4）评定人力、训练和安全要求；

（5）确认系统的战斗组织和部署方案；

（6）确认训练与后勤要求方面的不足；

（7）确认系统进入批量生产的准备程度。

在工程研制阶段,主要用于工程研制样机进行作战试验与鉴定。此时作战试验与鉴定机构需要进行专门的试验来确定系统是否满足最低的作战门限。特别是在将要进入批量生产阶段之前,所进行的初始作战试验与鉴定必须用有代表性的生产系统在接近真实的环境下进行。

2.4.7.5 定型阶段

在定型阶段,使用试验机构和用户可以进行后续使用试验与鉴定,来进一步补充和完善以前使用试验与鉴定对系统作战效能与适用性方面所作出的评价结果。此时作战试验与鉴定的重点转入到生产采购、硬件缺陷修理和综合后勤保障等方面。在系统开始部署时,使用试验机构和用户可以进行后续使用试验与鉴定来进一步补充和完善以前使用试验与鉴定对系统作战效能与适用性方面所作出的评价结果。

后续使用试验与鉴定是用生产系统在使用组织中进行的。它使用的资金是系统使用和维护费用而不是研制费用。

定型阶段的主要目的:

(1)保证生产系统工程要像生产决策评审报告所述的那样好;

(2)证明系统达到了预定性能,并改进了可靠性;

(3)保证纠正了以前试验中所发现的系统缺陷;

(4)评定在初始作战试验与鉴定阶段中尚没有试验的系统性能;

(5)确认已改型系统的作战效能与适用性;

(6)证实系统在新的作战平台、新的战术环境和新的威胁情况下的应用。

2.4.7.6 生产阶段

生产阶段的主要目的:

(1)评价系统的后勤战备程度和持续能力;

(2)确定武器系统的后勤保障目标;

(3)评定综合后勤保障计划的执行情况;

(4)评定后勤保障机构的能力;

(5)确定被更替武器系统的销毁和处理能力;

(6)评定系统的可承受性和寿命周期费用。

2.4.7.7 使用与保障阶段

使用和维修保障阶段的主要任务是保持项目的适度规模和良好技术状态,高效保障军队作战、训练和其他各项任务的顺利完成。

2.4.7.8 退役处理阶段

退役处理阶段的主要任务是装备到使用寿命期退役或在使用过程中进行质的改进而产生新的型号,是对该装备进行全面的总结评价。

2.4.8 实施雷达综合试验与评价需解决的关键问题

使用试验与评价包括初始使用评估、使用评估、初始使用试验与评价和后续使用试验与评价。它们分别发生在采办过程的各个阶段上。其目的主要是评价系统的作战效能与适用性,确定所需的修改,并提供战术、作战原则、战斗编制、人员要求的信息和评定系统的综合后勤保障能力。实施综合试验与评价策略需解决的关键问题有：

（1）如何让承包商和试验人员更早地参与项目。这一问题的解决方案是：在研制试验活动中吸收军方使用人员参加；在"征求意见书"或"工作说明"发布之前制定试验与评价策略；采办策略中包含试验与评价策略；在采办合同中规定政府与承包商相互参与对方的试验与评价活动，允许公开访问所有试验与评价数据。

（2）如何使研制试验与使用试验（DT/OT）与装备未来使用更好地结合起来。这一问题的解决方案是：

① 使研制试验与装备使用密切关联，并有针对性地解决关键的装备使用问题。

② 在研制试验中采用典型的使用环境，以确保在开展使用试验与评价时能够充分利用研制试验结果。

③ 综合试验与评价的证据要纳入采办策略、试验与评价策略、试验与评价主计划和合同文件中。

④ 综合试验与评价策略/试验与评价主计划的变更检查。

⑤ 多安排由承包商承担的试验与评价，减少由政府承担的试验与评价工作。

（3）如何确保装备的适用性。适用性是系统可以被满意地部署和使用的程度，其影响因素包括：可用性、兼容性、运输性、互用性、可靠性、战时利用率、维修性、安全性、人员因素、人力保障性、后勤保障性、自然环境影响、训练要求等。这个问题包括：

① 确保装备的适用性成为试验与评价工作的关注内容。

② 将可靠性、维修性和保障性作为试验与评价的关键指标。

③ 在采办文件和试验计划里增加适用性度量和适用性等级等内容。

第 3 章　雷达建模与仿真及其 VV&A

3.1　建模与仿真的基本概念

建模和仿真的使用应在采办过程的需求论证阶段开始,直至系统的整个寿命周期。建模与仿真的使用应与批准的基础设施创新计划和系统结构相一致。试验与评价过程在进行试验之前要采用计算机辅助仿真和分析来帮助设计试验和预计试验结果,并在试验之后将试验结果外推到其他条件下。要用建模和仿真来为系统研制和改进不断提供反馈信息。

3.1.1　建模与仿真的定义

模型(Model)是对系统、实体(Entity)、现象(Phenomenon)或过程(Process)的物理的、数学的和其他的逻辑表示。物理模型是指具有某种实物物理特征的模型,如风洞试验的各种缩比模型、各种物理效应模型。数学模型是指采用数学符号对系统或实体的内在规律以及与外部的相互关系进行的抽象描述,例如:传感器的响应模型、装甲车的三维计算机辅助设计模型等。概念模型(Conceptual Model)是对实际系统的解释和说明,是针对某一具体研究目的而做出的数学的、逻辑的或自然语言的表述。

建模(Modelling)是指建立模型的过程。仿真(Simulation)是指模型在时间上的实现(Implementation)。仿真实现模型是指概念模型的实现,如将数学模型编写为计算机可执行的程序代码或各种物理效应模型等。仿真器(Simulator)是指模拟真实系统动态行为的装置。

雷达建模与仿真作为雷达系统研制的一部分,在许多行业得到了实际应用,以帮助了解系统的性能。建模与仿真当前被用在国防部门的许多应用中,特别是训练新系统的用户,并帮助支持备选方案分析(以前的“成本与使用效能分析”)中提出的论据,以便说明系统继续研制的合理性。美国国防部官员强烈要求使用仿真来加强使用试验的设计与评价。但是,仿真具体能够对不同的目的有多大程度的支持,却不清楚。例如,辅助使用试验设计,或补充使用试验评价的信息。为了确保建模与仿真所提供的信息是有用的,必须特别小心,因为不加思索地使用建模与仿真有可能导致将无效或者不可靠的系统推入全速生产,或者使好的系统延迟或者将其退回研制。随着仿真的用途从训练扩大到试验设计,又扩大到试验评价,要求对仿真进行评价的呼声越来越高。遗憾的是,现在还难以综合确定评价是否"足够",因为系统的种类、仿真的类型以及仿真可以应用的系统集合体的目的和层次都非常多。

模型的用途包括试验设计、研制和使用试验评价,以及各种不同层次的系统集成,从建立一个系统中的单个部件的模型(例如,系统软件或者雷达的部件,经常忽略这些部件与系统)。建模与仿真的应用有效与否,关键在于如何找出能够安全地用来增强使用试验经验的模型与仿真,如何进行模型的确认,以及如何增强等。鉴于在当前多数研制试验中都缺乏使用条件下的逼真度,在进行非常逼真的全系统试验之前,系统的某些不足本身将不会暴露。因此,不进行使用试验会造成对效能的错误评估,或造成故障模式的遗漏,并(可能)对系统的使用效能和适用性产生乐观的估计。使用少量的作战演习帮助校核仿真也具有潜在的价值,并且值得进一步研究。

3.1.2　仿真的类型

仿真有三种类型:结构仿真(Constructive Simulation)、虚拟仿真(Virtual Simulation)和实况仿真(Live Simulation)。

结构仿真是一种对一个或多个系统的纯计算机表述,严格采用数学模型代表系统,不运用任何硬件,部队、装备、环境均用仿真模型进行。在仿真中的某些决策点,可以由决策者注入决策。

虚拟仿真包括了部分系统的实际硬件,而其他部分则可能是计算机仿真模型形式。装备系统的使用环境可能是用物理仿真或计算机仿真生成的。随着系统研制的进展,可以加入越来越多的硬件子系统。这类仿真一般用于系统研制的中间阶段。硬件在回路中、人在回路中的系统仿真器均为此类仿真。系统原型(System Prototype)是一种在装备系统试验与评价中常用的虚拟仿真。但是,与系统试验不同,系统原型全部由物理子系统构成。因此,系统原型更为接近真实系统。运用系统原型进行使用试验与评价,将为系统研制决策提供更多的信息。系统原型可为部队研制具有使命训练能力的训练装备奠定基础。

实况仿真主要是指部队人员运用装备在实际环境中进行实兵实装的试验或演习。实况仿真可以提供系统硬件、软件和人员在一定强度的压力条件下表现出的性能。这类仿真的数据可用于系统采办中模型与仿真的验证。

以上三种仿真系统中,实况仿真的可信度最高,结构仿真的可信度较低。虚拟仿真("硬件在回路中")利用计算机生成的或者人工生成的激励因素,来试验一个完整的系统样机。而实况仿真试验是研制试验的典型代表。因此,仿真的范围可从使用试验本身一直到一种完全由计算机生成的、对一个系统将对不同的输入如何反应的表述(也就是说,不涉及系统的部件)。仿真可以应用于各种不同其他部件的相互作用),到建立一个完整样机的模型,一直到建立多系统互动的模型等。

3.1.3 试验设计中的建模与仿真

建模与仿真(M&S)对使用试验的最大贡献是改进使用试验的设计。推演仿真模型至少能发挥以下四个关键作用：

（1）进行系统效能评估或适用性评估。如果仿真模型正确采用了估计的系统性能非均匀性(系统性能是作为试验场景的各种特征的函数)，以及系统性能可变性中剩余不明分量的规模，则有助于确定系统效能评估或适用性评估所用的任何显著性试验的误差概率。为此，(在各种有关假设的基础上)可以对性能度量与环境以及场景的其他特征之间的仿真关系进行编程，同时描述试验场景的数量和特点，并且用表格的形式列出结果，就像使用试验中一样。这种仿真可以反复进行，以便跟踪系统通过试验的概率。对于非标准的显著性试验，这个方法可以成为一种计算误差概率或者使用试验特征的宝贵工具。

（2）帮助选择试验场景。仿真模型能够在确定试验场景时，帮助了解哪些因素需要控制，哪些能够安全地忽略掉，并且它们有助于确定各个因素的适当程度。它们还能用来选择场景，最大限度地把新式系统和基线系统区别开。这要求基线系统有一个仿真模型，并假定这种仿真模型已经存档。对于旨在确定最困难场景下的系统性能的试验，仿真模型能够帮助选择最困难的场景。作为一种反馈工具，假设信息要从并非最困难的场景中采集，根据来自仿真模型的性能对场景排队，可以与根据来自使用试验的性能对场景的排队进行对比，从而为建模程序提供反馈信息，帮助确认模型并发现其不足。

（3）作为系统使用性能的信息库。将仿真模型作为系统使用性能的信息库使用有一定的优点。这个信息库可用于制定试验计划，以图表形式说明研制工作的进展，因为在"使用要求文件"中，每个重要的性能或效能量度都有一个目标值，还有在各个时间点上的估计值，估计值是使用早期的使用评估或研制试验的结果(没有重要的使用因素)估计的。

（4）为确认模型提供机会。使用试验设计中所用的仿真模型的每一个例子及随后进行的试验，都为确认模型提供了一个机会。然后可以对照试验的经历，对仿真模型使用的假设进行检查。这种分析将改进有关的仿真模型。仿真模型将用于进一步的使用试验，或者在采用下一个新式系统时用来评估基线传统的性能，这是一个必要的步骤。这类反馈信息还向模型开发商提供了判断技术是否可行的一般经验。

最后要注意的是，试验设计的确认虽然必要，但并不需要像仿真确认那样面面俱到，后者是用来加强使用试验评价的。即使不太了解系统是如何工作的，也能为该系统设计一个有效的试验。例如，在不知道最困难的环境对系统性能产生什么确切影响的情况下，也能用仿真来确定最困难的环境。

3.1.4 试验评价中的建模与仿真

M&S 可以支持试验与评价的计划过程,以减少试验费用。例如,M&S 可用于试验场景开发(Scenario Development)、试验事件时间确定、试验目标确定、试验控制变量识别、试验数据收集与分析处理等方面。通过运用 M&S,试验设计人员可以对系统的灵敏度进行分析,确定关键的试验变量及其在靶场试验时的取值范围,预期试验中可能出现的问题,提高实际试验的效率。M&S 还可用于部队试验计划,确定关键的试验事件。M&S 还可以对难以进行实际试验的场景或事件进行仿真。由于安全、试验费用或其他方面的原因,有时进行实际试验是十分困难的。对于大规模的试验,如电子对抗、电子反对抗试验等,利用 M&S 可以进行多次仿真,不受费用、环境影响等方面的限制。

在系统研制早期,由于缺少充分的实物原型,也必须应用计算机仿真进行试验与评价。有时在试验与评价中,可能会使用模拟器代替敌方装置。这时,可用 M&S 对使用代替品得到的结果进行修正。试验结束后,可通过数据处理与分析技术对试验结果进行外推及统计分析,也可利用 M&S 进行试验结果的灵敏度分析,确定试验结果的稳健性。在分析试验结果时,可以将仿真得到的数据与实际试验数据相对比,这样就可以对仿真系统进行验证,同时仿真系统也对试验结果进行了验证。

试验评价中的建模与仿真用来对试验的形势或场景进行外推或内推。

建模与仿真支持的内推法和外推法一般包括:

(1)水平外推法。按照这种方法,首先在若干场景(气候、昼间或夜间、战术、地形等的组合)下估计系统的使用性能。然后使用仿真预测该系统在未经试验的场景下的性能。未经试验的场景和经过试验的场景的相关程度一般决定着仿真对性能的预测程度。这种外推法意味着,应当对经过试验的场景进行选择,以便使被模拟的有关场景具有与经过试验的场景共同的特点。确保这个共同性的一种方法是使用各个因素的程度来定义被模拟的场景,而各个因素的程度不如在经过试验的场景下使用的该因素的程度那么极端。也就是说,在环境完全不同时使用外推法会有风险,就像一个类似环境的外推法一样,但是,外推的程度实际上是更极端的程度。

(2)垂直外推法。垂直外推法,即要么根据某个系统的性能来推论一组系统中的多个系统的性能,要么根据个别子系统部件的性能推论整个系统的性能。第一种垂直外推法涉及一个经验问题:仿真中是否能够使用某个系统的估计使用性能来提供多系统交战下的性能。应当在能够进行多系统交战试验情况下进行试验,看这种外推法是否有保证。这种外推法常常是成功的,并且鉴于多系统交战所导致的安全、费用和环保等问题,这种外推法通常也是必要的。第二种垂直外推法取决于部件性能信息是否足够了解整个系统的性能。有些系统,可以通过对其组成部分的试验,例如,通过使用"硬件在回路"仿真,得到对其使用的大量了解。这又是一个经验问题,并且可以进行试验,以帮助确定这种外推法在什么时候是有保证的。这个问题是在试系统的专业问题,而不是统计问题。第一种外推法比第二种外推法要求有更多的理由证明,在这种情况下,通过选择试验场景,将真实外推的程度控制在最低限度,可能是有帮助的。

（3）时间外推法。最好的例子是可靠性增长试验。

在所有其他条件都一样的情况下,从最佳到最差的仿真优选顺序应当是实况仿真、虚拟仿真、推演仿真。对于推演仿真和虚拟仿真的软件方面,以实际为基础的程度越高越好。对于建模与仿真在试验中的应用来说,如果单纯为了好理解、好确认而使用计算机辅助设计和计算机辅助制造来表示一个系统,显然是值得进一步探讨的。然而,综合模型确认和来自实际经验的反馈将指出在给定情况下,哪些方法可行,哪些方法不可行。

3.2　模型的校核、验证与确认(VV&A)

3.2.1　VV&A 的概念

校核(Verification)是确定模型与仿真系统是否准确地代表了研制者的概念描述(Conceptual Description)和设计规范(Specification)的过程(Process)。因此,校验主要是回答模型与仿真是否正确反映了研制者的意图或设计规范。校验的内容包括:①模型与仿真系统的设计(Design Verification),评价系统的设计是否全面、正确地反映了系统的设计规范。②模型与方真系统的开发(Implementation Verification),评价系统的开发是否全面、正确和完全地实现了系统的设计规范。

验证(Validation)是从模型与仿真系统的最终应用目的出发,确定模型与仿真系统代表真实世界(Real World)的准确程度的过程。验证主要包括两个方面的内容:①概念验证(Conceptual Validation),指对模型与仿真概念的真实性进行评估。②结果验证(Result Validation),指将模型与仿真的结果与参考基准(Reference)进行对比分析,验证其能否支持预期的用途。

确认(Accreditation)是对仿真系统可用于特定应用目的一种官方认可(Official Certification)。确认主要回答仿真系统是否可用的问题。确认一般由对应用仿真结果负责的单位进行。

建模与仿真的校核、验证与确认(VV&A)主要是为了保证模型与仿真在应用中的可信度(Credibility)。校核、验证(V&V)过程针对的是 M&S 过程的产品,而确认(A)则是针对 V&V 过程的产品。M&S 在国防采办中的应用已日趋广泛,基本上贯穿了武器装备的全寿命周期。例如,用于装备论证与效能分析、装备研制设计、装备试验与评价、装备训练等。但是,如果 M&S 的可信性得不到保证,就会影响 M&S 应用质量。VV&A 是建立军用软件可信性的重要途径。通过 VV&A,可以评价 M&S 系统对于设计规范与真实世界的符合程度。VV&A 过程应贯穿于 M&S 的全过程。在建模与仿真过程的早期就应当开展 VV&A,以减少 M&S 过程的风险,尽早发现问题,减少开发费用与周期。

3.2.2 校核、验证(V&V)

在进行 V&V 计划时,应重点关注以下问题:每一个可接受性准则是如何被考虑的? 是否建立了需求跟踪矩阵? M&S 的重要输入与输出是什么? M&S 的哪部分对于结果最为关键? 如何确定算法和数据的可信度? 是否组织领域专家(SME)进行评审? 是否有充分的 M&S 文档? 如果没有,是否需要重新编制? 是否有针对 M&S 的测试计划和测试过程? M&S 的需求是否在测试计划中得到充分的体现? 是否应用了配置管理技术进行版本控制? 是否有足够的时间和资源完成所需的任务并提供可信的结果? 如果不能完成全部的 V&V 任务,产生的影响如何?

V&V 活动共包括 5 个方面:数据 V&V(Data V&V)、概念模型验证(Conceptual Model Validation)、设计校核(Design Verification)、实现校核(Implementation Verification)、结果验证(Results Validation)。

(1)数据 V&V。在 M&S 中应用的各种数据将影响 M&S 结果的准确性和可信性,因此应当对数据进行 V&V。数据的可信度取决于数据的来源、维护和处理过程。数据的校核用于保证所选数据是合适的,并且得到了正确的处理。数据的验证用于保证数据准确地反映了真实世界的情况。

(2)概念模型验证。概念模型是连接 M&S 需求和设计之间的桥梁,说明了 M&S 应当做什么和需要什么样的输入数据。对于概念模型验证的目的主要是:验证 M&S 的功能元素是否准确完整地反映了 M&S 的需求、识别 M&S 的假设、局限性和体系结构对 M&S 预期应用的影响。此外,还应校核概念模型与需求之间的可追溯性。验证的结果应当被记录到 V&V 报告中。概念模型验证是 M&S 开始时就应当进行的工作。对于新的 M&S,概念模型验证有助于较早地发现 M&S 的缺陷。

(3)设计校核。设计校核主要是用于确保系统的规范、功能设计与经过验证的概念模型保持一致。通过设计校核,保证概念模型中表述的所有功能、行为、算法、界面等都已完全正确地反映到系统规范和设计文件中。

(4)实现校核。M&S 的设计是通过软件或硬件实现的,在实现过程中,需要经过部件试验并集成为整个系统。实现校核(Implementation Verification)主要是确保集成的 M&S 系统准确地反映了概念模型和 M&S 的需求。实现校核是一种正式的试验与评价过程,一般包括代码校核、硬件校核和集成系统校核。如果在 M&S 中进行了充分的测试,则在 M&S 实现校核中可以考虑不再进行重复的测试。

(5)结果验证。结果验证(Results Validation)主要用于保证 M&S 响应的准确性。具体是指根据已知的或期望的行动,比较 M&S 做出的响应,以确定其准确性。因此,结果验证是针对 M&S 的应用,对于其性能与真实世界相比较而进行的严格测试。在结果验证时,一般应用具有权威性的参考数据(Authoritative Reference Data)对期望的 M&S 结果与实际的 M&S 结果进行比较。当实际数据难以获得时,可以依靠领域专家(SME)对 M&S 结果的可信性评估,进行结果验证。也可以用经过验证的类似 M&S 结果进行比较评估。

3.2.3 模型的确认

模型确认包括理论模型有效性确认、数据有效性确认、运行有效性确认。

1.理论模型有效性确认

理论模型有效性确认是对理论模型中采用的理论依据和假设条件的正确性以及理论模型对问题实体描述的合理性加以证实的过程,理论模型有效性确认包括两项内容。

(1)检验模型的理论依据及假设条件的正确性。它具有两个含义:一是检验理论依据的应用条件如线性、正态性、独立性、静态性等是否满足要求,检验过程可以利用统计学进行;二是检验各种理论的应用是否正确。

(2)子模型的划分及其与总模型的关系是否合理。即分析模型的结构是否正确,子模型间的数学/逻辑关系是否与问题实体相符。理论模型经确认有效后,才能对其进行试运行,最后根据输出结果评估模型的精度。若理论模型无效,应重复分析、建立及确认的过程。

2.数据有效性确认

数据有效性确认用于保证模型建立、评估、检验和试验所用的数据的充分和正确性。在模型开发过程中,数据用于模型的建立、校验和运行,充分、正确、精确的数据是建立模型的基础。

(1)对模型中相关变量、相关参数及随机变量的确认。

(2)对运行有效性确认时所使用的参数和初始值等数据的确认。

运行有效性确认是指针对模型开发目的或用途,模型在其预期应用范围内的输出行为是否有足够的精度。运行有效性确认的目的是对模型输出结果的精度进行计算和评估。其前提是实际系统及其可比系统的数据均可获取。第一,通过比较模型和实际系统在相同初始条件下的输出数据,对模型有效性进行定量分析;第二,与实际系统相类似的系统、确认为有效的解析模型、工程计算模型以及经过确认的仿真模型的可比系统。

理论模型确认、数据有效性确认及模型验证是运行有效性确认的前提。经运行有效性确认被认为有效的模型,即可作为正式模型投入运行,以利用它进行实际问题的研究。若模型在运行有效性确认时被确认为无效,其原因可能是理论模型不正确或计算机模型不正确,也可能是数据无效,具体原因的查明需从分析与建模阶段开始,重复模型的构造过程。若实际系统及其可比系统不存在或完全不可观测,则模型与系统的输出数据无法进行比较。在这种情况下,一般只能通过模型验证和理论模型确认。

3.2.4 VV&A 过程

VV&A 过程分为如下 8 个步骤,在应用时可以根据实际情况进行适当的裁剪。

（1）定义需求及优先级。包括:模型或仿真的功能需求、逼真度需求、运行环境需求、数据需求等。

（2）定义应用的影响水平。根据模型或仿真对应用的重要性定义其影响水平,一般可分为高、中、低 3 级。

（3）剪裁应用需求。根据上述分析得到的需求及影响水平,对进行 V&V 的需求进行裁剪。对于需求优先级高且处于高影响水平的需求应优先进行 V&V。

（4）定义确认需求。根据裁剪后的需求,定义模型或仿真的可接受性准则。当进行确认需求定义时,应当考虑确认的详细程度。可以从 3 个维度进行模型或仿真的可信度评估:①概念/形式/技术:概念是对概念的模型表述。形式是对真实世界的形式化表述。技术是对模型的实现,包括硬件、软件和网络等。②静态描述/动态行为:静态描述是指模型的规范说明,动态行为则是表述模型的输入如何影响模型的输出。③层次分解:对模型或仿真进行逐层分解。

（5）定义客观性水平。M&S 应用的总体可信度受到确认过程客观性水平的影响。V&V 的实施者包括个人、小组、组织内部的 V&V 代理,独立的 V&V 代理等。按照客观性水平,独立的 V&V 代理客观性水平最高,个人或小组的最低。不同的 VV&A 方法具有不同的客观性。根据应用的影响水平,应分别选择不同的客观性水平,从而选择不同的 V&V 实施技术。如前所述,有许多 V&V 技术可以应用,因此应当根据不同的情况从中选择合适的技术。

（6）校核与验证(V&V)的计划、实施与报告。在选定技术后,就应当制定 V&V 计划并进行实施,最后编写 V&V 报告。

（7）评估可信性。根据 V&V 报告提供的证据,对 M&S 的可信性进行评估。

（8）针对具体的应用对 M&S 进行确认。如果经过前面的步骤有充分的证据表明 M&S 对指定的应用是可信的,就可以确认 M&S 可用于该用途。

3.2.5 建模与仿真的 VV&A 技术

由于仿真技术具有可操作性、可重复性、灵活性、安全性、经济性等优点,且不受环境条件和空域场地的限制,其应用越来越广泛,同时本身的准确性和置信度也越来越引起人们的广泛重视。建模与仿真的校核、验证与确认技术正是在这种背景下被提出来的。VV&A 技术的应用能提高和保证仿真置信度,降低由于仿真系统在实际应用中的模型不准确和仿真置信度低所引起的风险。

3.2.5.1 影响模型有效性的主要因素

影响模型有效性的主要因素包括:

(1)建模的原理和方法不准确,或原理方法正确但建模时的假设条件、模型参数选取或模型简化方法不准确;

(2)RCS 模型、地杂波、气象杂波及模型参数的选取;

(3)建模过程中忽略了部分次要因素,有些因素对系统的影响比较复杂,甚至是非线性的,常用一个损耗因子来代替和表示;

(4)随机变量的概率分布类型确定或参数选取有误。

3.2.5.2 校核、验证与确认的目的

校核的目的和任务是验证模型从一种形式转换成另一种形式的过程具有足够的精确度;验证是从预期应用的角度来确定模型表达实际系统的准确程度,其目的和任务是根据建模和仿真的目的和目标,考察模型在其作用域内是否准确地代表了实际系统;确认是一项相信并接受某一模型的权威性决定,它表明官方或决策部门已确认模型适用于某一特定的目的。

3.2.5.3 模型校验主要方法

(1)专家判断法。对实际过程和仿真输出进行比较。

(2)图表比较法。将仿真数据与真实数据采用一一对应的形式列成数表或绘制均值、标准偏差等特性曲线图,如图 3.1 所示。

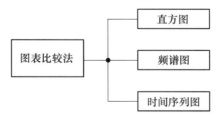

图 3.1 图表比较法示意图

(3)客观分析法。分为定性和定量两种方法。

定性方法通过计算某个性能指标值来考核仿真输出与实际系统输出之间的一致性,只能给出定性结论。

定量方法具有严格的理论基础,具有定量标准,所作出的判断应该更具有有效性和说服力,但对采样数据的性质有严格要求,比如平稳性、独立性、样本容量大小、先验信息表达的准确性等。

定量方法先进行数据预处理,再进行分布检验,最后进行数据检验。数据预处理包括零均化处理、标准化处理、误差处理、独立性检验和剔除野点;分布检验包括正态检验、平稳检验、画直方图、零均值检验;数据检验包括静态数据检验、动态数据检验和其他方法等,如图 3.2 和图 3.3 所示。

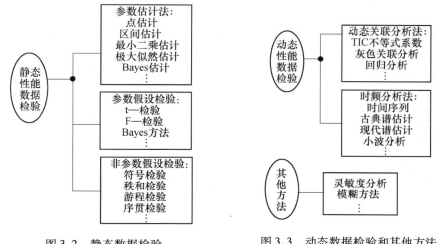

图 3.2　静态数据检验　　　　　图 3.3　动态数据检验和其他方法

3.3　雷达建模与仿真

现代雷达在复杂电磁环境下作战,因此在设计阶段就要考虑电子战背景进行综合设计。在雷达研制或采购计划的早期阶段,必须利用分析技术在理论上进行评估。必备的分析可以从雷达性能的基础理论模型起步,或是从为满足新要求而改造或改进的相近雷达设备的有效测试数据起步。雷达性能的某些方面非常容易理解,系统性能可通过已知的雷达指标和外界环境模型来精确计算。另一些方面,雷达性能精确估测的理论准备尚未完备,需要模拟或外场测试。甚至在理论发展较完备的领域,仍存在许多不确定性,所以模型的有效性常常表示了目标和环境的影响。关键部分的性能需测试验证,需要全面的分析法评估,但是为解决不确定性,验证重要方面的测试仍是十分必要的。测试前的分析法评估,是以有限的、便利的测试资源和大多数雷达性能测量的统计特性为基础的。如果测试资源分散到所有可能的雷达工作条件中,那么在某一领域有足够的数据点从而得出统计意义上有效结论的可能性极小。如果正确运用,则分析法能够验证最重要的领域。这个领域中,允许雷达设计得勉强合格或分析模型的不充分,也允许在很宽范围内雷达性能具有高可信度。这些领域中,重复进行相对很少的测试,从而获得有效的性能统计测量值,用于修正或验证分析和模拟模型的不确定性边界,并为外推到其他情况而提供可信度。测试目的是解决不确

81

定性。

  雷达建模与仿真阶段传统上是由雷达研制方单独完成,雷达综合试验与评价要求该阶段研制方项目经理应与用户以及试验与评价机构一起,将研制试验和评价(DT&E)、使用试验和评价(OT&E)、实弹试验和评价(LFT&E)、系统族互用性试验,以及建模和仿真(M&S)活动协调成为有效的连续体,并与要求定义以及系统设计和研制紧密结合。通过提供标准的建模与仿真体系结构,可以在项目中最佳地利用不同来源的模型,可以使建模与仿真、地面试验和飞行试验实现最佳协作。以这种方式可以识别出最灵验的地面试验和飞行试验,来填补模型的缺陷。而且,用来支持T&E过程的任何模型都对系统研制本身具有持续的使用价值。因此,重要的是在整个T&E过程中识别和构建这些模型。

3.3.1 雷达系统快速原型验证平台

  快速原型验证平台(图3.4)的主旨不仅在于总体工程师和分系统工程师可以在同一个开发平台上进行设计从而实现有效的沟通,而且该平台提供真正意义上的自底向上的验证功能——分系统工程师将一个或多个具体分机设计模块嵌入统一界面下的雷达系统总体框架,以验证该部分在系统下的工作状态以及对于整个系统性能的影响。这样在研发初期便可及时侦错,从而大幅降低设计风险,加速研发进程,提高设计质量。

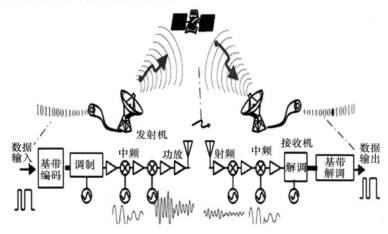

图3.4 快速原型验证平台

  在雷达系统的各个分机设计阶段,平台可完成模拟、中频、射频微波电路的具体设计,提供超过13万芯片模型,以及线性、非线性、三维电磁场等仿真手段,从而实现对于具体电路的时域、频域、物理域的仿真分析。同时,在数字处理方面,支持VHDL、Verilog、C等语言的协同仿真。这样就实现了对于雷达系统各个具体模块乃至各个分机的软件级验证。

采用 ADS 仿真软件可针对雷达系统进行全系统仿真设计,将雷达的数字处理部分,模拟、微波部分统一仿真,从而完成雷达总体的数字化仿真,精确划分指标,如图 3.5 所示。

在 ADS 仿真软件中利用软件提供的模型库以及用户在 ADS 软件以及其他 EDA 工具中二次开发的模型库可以建立完整雷达系统仿真链路,包括:

(1) 发射信号波形库;

(2) 发射机/接收机射频微波电路模型库;

(3) 天线与电磁环境模型库;

(4) 目标特性模型库(可在 ADS 软件环境中建立特定模型,部分与 AMDS 软件互联);

(5) 高速数字电路库(ADS 软件提供,部分与 HDL 联合仿真);

(6) 信号处理算法库。

使用 ADS 软件仿真平台以及以上的 ADS 软件所提供的模型库,可以在雷达设计之初准确地分析系统性能,确定系统架构,合理地分配指标。

在 ADS 雷达系统总体设计仿真平台上,可实现发射接收系统建模仿真、信号处理系统建模仿真、天线系统建模仿真以及目标特性模型库的建立以及回波模拟。利用该系统设计仿真平台,可以建立完整的雷达数字样机从而整体评估雷达性能指标,及早发现系统缺陷并及时修正。另外,随着雷达研制工作的延续,还可将具体的微波器件电路或数字电路代码替代平台中原有的行为级模型,进而更为精确地评估所设计的系统性能。

以 ADS 为基础的一体化平台集系统设计、原型验证、半实物仿真等多种功能于一体。其完备的雷达系统建模,具体电路的精确分析,以及半实物测试功能等特点,使其在设计阶段即可对系统进行精确的测试验证分析,确保了雷达系统设计的高效和稳定。而其半实物特点不仅将设计平台和测试平台有机地结合,还极大地提高了测试的效率,增强了测试的方向性。

使用一体化系统设计平台软件,可以按照自顶向下的设计流程,在统一的设计环境中进行系统级设计分析,子系统的设计分析,同时软件平台提供模拟射频和数字基带的共仿真。

在雷达系统的各个分机实现阶段,ADS 设计平台支持与安捷伦各种测试仪表互联,实现半实物的仿真和测试,从而改变了设计阶段与测试阶段完全割裂的状态,也建立起新型的系统化的测试平台。通过互联,ADS 平台可将仪表测试数据导入,也可将计算数据导进仪表产生测试信号。这样,各个功能模块或分机便可完成类似于软件级原型验证那样,测试其在仿真系统下的工作状态以及进一步预测其对于整个系统性能的影响,从而实现进一步侦错和故障预测。

雷达系统是包含射频和信号处理等部分的综合系统。ADS 软件的系统仿真提供了雷达系统的自顶向下设计和自底向上的验证能力,可以在 ADS 软件中

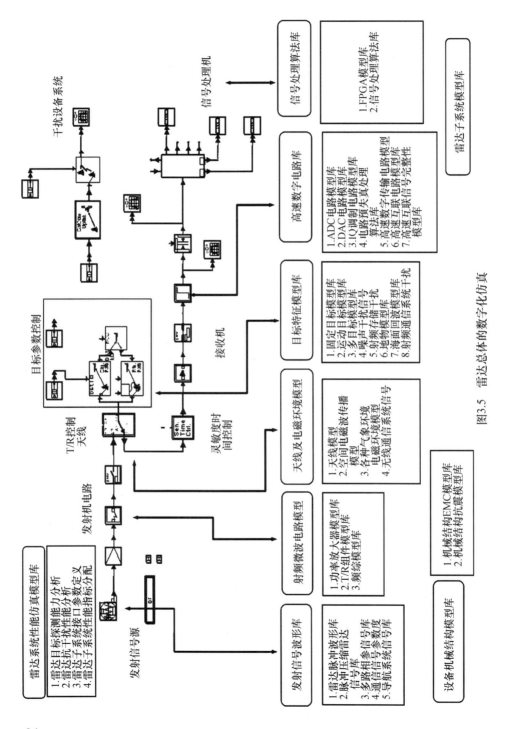

图3.5 雷达总体的数字化仿真

进行 DSP、模拟、射频、目标、信号路径的单独建模仿真或进行不同部分的协同仿真,帮助设计师及早完成系统架构设计,验证系统性能。在 ADS 软件设计环境中,包含了用于雷达系统的射频微波器件模型和数字信号处理算法模型。

雷达系统仿真模型包括雷达激励调制源模块、用于自定义波形的基本模块、与安捷伦公司仪表连接的仪表接口模块、天线模型、通道路径、目标模型、有关 DSP 算法开发的模块、雷达系统中射频子系统模块、行为级滤波器模型。

(1)雷达激励调制源模块:连续波高频微波信号源模块、脉冲高频微波信号源模块、线性调频信号源模块、相位编码脉冲信号源模块以及基本数字调制信号源及噪声源,如:BPSK、QPSK、DQPSK、8PSK、16QAM、256QAM、MSK、GMSK、FM、PM、AM。

(2)用于自定义波形的基本模块:正旋波、方波、常数源、步进源、伪随机码、由外部文件定义的波形。

(3)天线模型:基于数据的天线模型、单脉冲雷达系统中的和差信号天线、移动天线模型、行为级天线模型、天线阵模型。

(4)通道路径、目标模型:单脉冲雷达单目标模型、线性调频雷达的双目标模型、多径衰落模型、用户自定义通道模型。

(5)有关 DSP 算法开发的模块:雷达线性调频脉冲压缩算法模块、相关滤波器模型、目标捕获概率算法模块、快速傅里叶变换(FFT)模块、数字滤波器模型(FIR、IIR)以及综合工具。

(6)雷达系统中射频子系统模块:发射机模块、接收机模块、混频器模型、放大器模型、锁相器模型、压控振荡器模型、AGC 模型、限幅器模型、A/D 和 D/A 模块。

(7)行为级滤波器模型:巴特沃斯滤波器、切比雪夫滤波器、贝塞尔滤波器、椭圆滤波器、高斯滤波器、升余旋滤波器、奈奎斯特滤波器。

典型雷达系统仿真模板:

(1)连续波雷达发射接收系统仿真模板;

(2)线性调频脉冲压缩发射接收系统仿真模板;

(3)线性调频脉冲压缩系统与射频电路的协同仿真模板;

(4)线性调频脉冲压缩接收系统仿真模板;

(5)线性调频信号定点实现模板;

(6)线性调频脉冲信号生成模板;

(7)目标角度跟踪仿真模板;

(8)天线测量模型仿真模板、二维天线辐射图仿真模板;

(9)单脉冲雷达系统发射接收系统仿真模板;

(10)单脉冲雷达系统射频前端仿真模板;

(11)单脉冲雷达系统射频系统仿真模板;

（12）巴克码脉压模板、压缩相关器模板、雷达跟踪中的和差信号仿真模板；

（13）瞬时频率测量系统中仿真模板。

3.3.2 从全系统到分系统的指标规划分配

雷达系统是包含天线到信号处理的复杂电子系统,每个部分的不同电路性能对全系统的影响敏感程度是不一样的。在系统设计中很重要的一个方面就是科学合理地对每个分系统进行性能指标划分。ADS 软件包含专门的系统指标预算仿真器,可以定量地评估单元电路对全系统的影响程度,从而对单元电路的指标下达提供依据(图 3.6)。这样在系统设计中,既能方便地明确全系统对每个单元电路的性能要求,另外也能知道单元电路对全系统性能参数的影响。雷达系统是包含射频和信号处理等部分的综合系统。ADS 软件的系统仿真提供了雷达系统的自顶向下设计和自底向上的验证能力,可以在 ADS 软件中进行 DSP 模拟,射频的单独仿真或进行不同部分的协同仿真,帮助设计师及早完成系统设计。

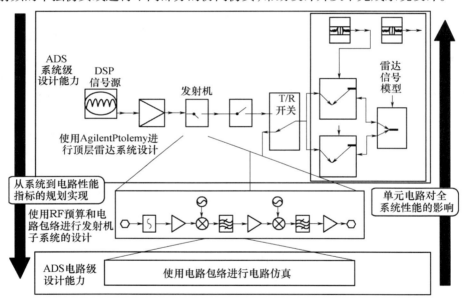

图 3.6　单元电路和系统设计的关系

使用 ADS 软件的射频子系统仿真与指标规划工具,完成对雷达组件性能指标的规划。组件性能指标的定义主要基于两个方面的考虑。第一是整个雷达系统对微波收发信道电路的指标要求,如增益、噪声系数、动态范围等。第二是微波电路内部各单元部分间指标的分配,如各级电路的增益、端口匹配、功率压缩点、稳定性等。射频子系统仿真环境中包含多个系统行为级模型库:放大器、混频器、无源网络、滤波器工具包等。使用 SpectraSys 进行系统级仿真,可以仿真链路中任何一个节点上的频谱,同时给出杂波频谱产生的路径。

3.3.3　提供开放的接口,与其他软件联合仿真

　　ADS 软件提供的模型开发工具可以非常方便地将 C 或者 C++源代码转入到 ADS 软件平台中,利用 ADS 软件的仿真器对其进行仿真分析。同样在 ADS 软件中提供与 Matlab 以及 SPW 的接口,进行与 Matlab 或 SPW 的联合仿真。ADS 软件和 Matlab 代码、VHDL 代码进行协同仿真。

3.3.4　系统中关键部件的仿真验证

3.3.4.1　射频部件仿真测试

　　对于雷达系统中各个关键射频部件,如频综、功放、滤波器、振荡器、混频器等电路,可用安捷伦相应的软硬件完成设计测试。安捷伦微波电路设计软件能提供无源电路设计指导的电路综合器,帮助设计人员快速地完成匹配电路、滤波器等级间电路的设计,保证外购模块很好地嵌入到自己的产品中。此时还可以通过安捷伦的软件/仪表相连接的方法,将外购的硬件模块电路连接到软件仿真环境中,验证所采用的模块电路是否满足要求,这也相当于在软件中建立了该模块电路的模型。

　　安捷伦微波电路设计软件拥有 12 万种有源/无源器件模型,ADS 提供的各种仿真器支持电路设计。ADS 提供的仿真器工具包括:直流分析(进行有源电路的偏置电路的设计优化及功耗分析优化等)、S 参量分析(完成小信号线性频域分析优化)、谐波平衡分析(完成大信号非线性频域优化)、高频 SPICE 及卷积分析(完成时域分析和优化)、电路包络仿真(可同时进行时域频域分析和优化,可进行 AGC、PLL 及矢量信号的分析)。以上提供的仿真器还都可进行噪声分析及产量分析。在电路设计中,安捷伦 ADS 软件提供不同的设计指导模块作为嵌入的专家系统引导设计人员使用 ADS 完成例如功放、滤波器、振荡器、混频器等电路。

3.3.4.2　天线的仿真测试

　　对于雷达系统中天线的仿真测试,可应用安捷伦 EMPro 三维电磁场仿真软件完成天线的方向图等指标的分析,并可将仿真结果直接导入 ADS,完成天线的系统级验证。

3.3.4.3　数字电路信号完整性的仿真测试

　　由于雷达系统的带宽越来越宽,系统需要处理的算法越来越复杂,数字电路的数据速率也相应变得越来越高。高速数字电路的信号完整性问题已经成为影响数字系统性能的一个关键因素。安捷伦信号完整性仿真软件为高速数字电路提供了优秀的设计环境、电路模型和先进的仿真技术。基于实际设计的需要,设计师可以在时域仿真器(瞬态仿真)、频域仿真器(线性、非线性/混合信号仿真)、电磁场仿真器(全波三维电磁场,三维平面电磁场)和许多其他仿真技术中挑选、组合来实现最高效最准确的时频域仿真。

3.3.4.4 数字算法实现

雷达系统中,最终的处理算法,会编译成 HDL 语言下载到 FPGA 芯片中。这时,可通过 SYSTEMVUE 软件自动完成算法语言到 HDL 语言的快速编译,极大加速设计过程。

3.3.4.5 部件的系统级分析

软件平台可以综合系统仿真和电路设计。例如,仿真中可将一个设计完成的微波放大器电路放入系统框架中完成电路与系统共仿真。软件在完成系统和微波电路的仿真不是孤立完成的,是在统一的平台上进行。各个仿真过程可以互相嵌套,可以从系统的角度确定微波分系统的性能指标,再将这些性能指标要求分解到各单元电路中。这个仿真的过程可以是闭环的。软件平台还可以用具体设计的功率放大器或实际放大器的测试数据来替代上一级仿真环境中的电路模型。这样的设计流程可大大提高系统设计的技术能力。

3.3.5 软件仪表互联半实物验证平台

纯软件的仿真结果只能输出数字的雷达样机模型。这样的仿真结果对实际型号设备的实现能提供参考指导价值。但如果模型参数不准确或不完善,仿真结果的准确性就会大大受到影响。所以将仿真结果应用到实际设备型号之前,最好在硬件实物上进行验证和进一步修正。以最大限度地降低实际设备型号实现的技术风险。综合仿真设计结果和通用的仪表设备来完成半实物的雷达系统仿真是突破传统仿真设计的新方法。通过这种方法可以在最短的时间内建立起雷达的半实物样机,最快地验证设计方案的实际可行性和性能指标。现在先进的测试仪表发展使这种设想变为现实。图 3.7 所示为综合仿真软件和测试仪表的半实物快速验证平台。快速验证平台的硬件会包含通用测试仪表或现有的成熟设备。通过将实物的仪表和成熟设备替代纯数学仿真的电路模块,马上就能在与仿真界面相同的环境下验证系统的性能。

利用 ADS 软件中已有的各种调制信号、无线通信设计库以及雷达系统库,可以很容易地搭建干扰和噪声信号系统,利用所设计系统与这些干扰信号的联合仿真,可以有效评估干扰信号下雷达系统的威力、信噪比以及其他系统特性。

3.3.6 复杂电磁环境仿真验证平台

复杂电磁环境,是指在一定的战场空间内,由空域、时域、频域、能量上分布的数量繁多、样式复杂、密集重叠、动态交叠的电磁信号构成的电磁环境。从它的定义可以看出,复杂电磁环境是战场电磁环境复杂化在空域、时域、频域和能量上的表现形式。同时,除了环境复杂之外,还存在复杂的对抗干扰信号影响雷达的工作特性。可应用安捷伦系统仿真软件提供的干扰源在系统设计阶段分析雷达系统的抗干扰性能,如图 3.8 所示。

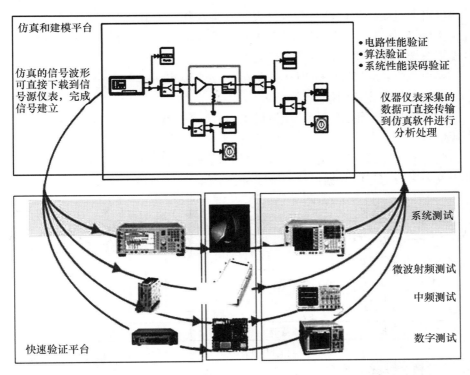

图 3.7　综合仿真软件和测试仪表的半实物快速验证平台

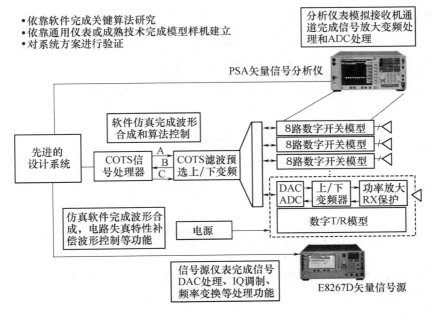

图 3.8　数字相控阵的半实物样机实现

也可通过安捷伦软件与测试仪表互联半实物的方式,定制测试雷达系统的抗干扰性能,如图3.9所示。图3.9为基于 Agilent ADS 为仿真平台的复杂信号模拟系统的组成框图。该基本功能如下:

频率范围:250kHz ~ 40GHz;功率范围: − 130dBm ~ 20dBm。

最大信号带宽:1GHz。

输出信号接口形式:射频,微波模拟信号,模拟 IQ 信号,数字 IQ 信号,数字中频信号。

信号模型库:任意定义的数字调制信号、雷达信号、跳频信号、噪声信号等。分析仪表采集信号的数据接口,Matlab 仿真设计的嵌入接口等。

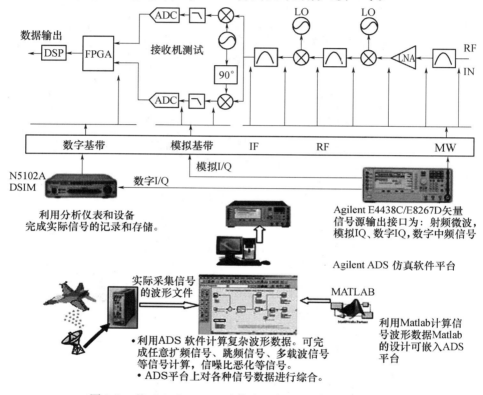

图3.9 基于 Agilent ADS 为仿真平台的复杂信号模拟系统

3.4 雷达对抗仿真系统模型的 VV&A 案例

随着信息技术的不断发展,系统仿真技术已广泛应用于各种工程领域,在雷达等电子设备的鉴定评估过程中,仿真技术研究方面做了大量工作。从某种意义上来说只有保证了系统仿真的正确性和可信度,最终得到的仿真结果才有实

90

际应用的价值和意义,仿真系统才真正具有生命力,尤其是对被试雷达等电子装备进行仿真鉴定考核试验时,仿真模型的校核验证确认(VV&A)以及仿真结果的可信度(Credibility)分析和评估就显得更为重要。如何评估仿真的正确性和可信度,一直是仿真系统研制和试验过程中需要重视和研究的主要问题,国内对仿真试验系统可信度如何评价?仿真模型的 VV&A 方法等问题的研究尚处于起步阶段,甚至对仿真可信度的概念和一般方法论还没有统一的认识,国外在这方面已有较成熟的规范和标准。美国计算机仿真学会于 20 世纪 70 年代中期成立了模型可信度技术委员会(TCMC),任务是建立与模型可信度相关的概念术语和规范,这是仿真可信度研究的一个重要里程碑。美国国防部为加强建模与仿真的正确性和仿真结果的可信性,于 1991 年成立国防部建模与仿真办公室(DMSO),制定了关于仿真 VV&A 的指南,美各军兵种都先后制定了适合各自实际要求的 VV&A 细则。国内广大工程技术人员在系统仿真可信性研究方面也做了大量工作。将仿真理论应用于雷达对抗仿真试验系统,分析其可信度的要求和 VV&A 的方法,能对此类仿真系统的建设和评估提供有益的参考。

雷达对抗仿真试验系统主要用于研究和考核雷达、雷达侦察及雷达对抗设备的性能,又可分为雷达抗干扰仿真试验系统、雷达侦察和干扰仿真试验系统,两者各有侧重,互为补充。

下面以雷达抗干扰复杂试验系统为例进行分析。

在雷达对抗仿真试验系统的研制和检验过程中,其仿真结果的正确性是最重要的问题。理论上,只要保证了仿真模型的可信度,仿真结果的正确性就有了保证,但在实际中还存在这样的问题:半实物仿真系统中被试品是部分还是全部实物参与试验回路,被试品的哪部分可用模型代替?各种仿真模型的可信度要求是否相同?各仿真模型的校核和验证是否同等重要?是否应采用同样的建模方法?数学仿真模型与物理效应设备的可信度要求如何协调?等等。以上问题从仿真试验系统的总体筹划和设计开始就必须充分研究,具体模型还需进行具体分析。

雷达对抗仿真试验系统,从仿真学角度划分主要包括以下部分:主仿真计算机、雷达信号环境仿真设备、被试雷达,如图 3.10 所示。

图 3.10　雷达对抗仿真试验系统构成

雷达信号环境仿真设备是一种物理效应设备,该设备还包括雷达目标模拟、杂波模拟、干扰模拟、信号变换等设备。雷达目标模拟设备用于模拟雷达接收的目标回波信号;杂波模拟设备可模拟雷达所处地理环境产生的各种地物杂波、气象杂波等信号;干扰模拟设备可模拟各种假想的敌方干扰信号;信号变换设备用于将模拟的环境信号按一定的时空关系进行合成,并仿真被试雷达的天线方向图对信号的调制过程,其输出的信号可直接注入被试雷达接收机;根据需要设备也可以包含次级仿真计算机用于计算较低层次的仿真模型,以仿真被试雷达所处电磁环境。

系统中主仿真计算机是仿真系统的指挥中心,它完成系统工作时序调度和试验战情解算,各分系统在它的控制下有条不紊地进行工作。

仿真试验时被试雷达除天线外在主仿真计算机调度下正常工作对接收到的的信号进行变换和处理得到工作报告,最后根据试验战情和工作报告可对被试雷达的抗干扰性能作出评估。

系统主要包括的仿真模型有:试验战情生成模型、目标位置姿态模型、平台位置姿态模型、干扰机位置姿态模型、雷达天线伺服系统模型、干扰机天线伺服系统模型、坐标转换模型、雷达目标信号模型、杂波信号模型、雷达干扰信号模型、试验结果评估模型等。以上模型可能又包括更多的较低层次的模型。这些模型从原理上讲,都可以在主仿真计算机上运行,但也可以在次级仿真计算机上运行,然后将运算结果转换为指令以控制物理效应设备的工作,次级仿真计算机可以兼做物理效应设备的控制计算机。

模型是仿真系统的灵魂,从系统论证设计的开始,就必须开展对模型的VV&A 工作。同样,在半实物仿真系统中,对实现仿真模型的物理效应设备也存在 VV&A 的工作。根据工程实际中采用 VV&A 寿命周期,物理效应设备的VV&A 过程与此相同。

3.4.1　天线模型

天线模型反映被试雷达的天线性能,雷达天线性能是反映雷达的威力和抗干扰能力的一项重要技术指标,该模型必须经过校核和验证,必须具有较高的可信度。

通常天线方向图模型的建立有两种方法。

(1)理论计算的方法。采用传输线法、矩量法、有限元法和时域有限差分法(FD – TD)根据天线的电磁结构计算天线的远区辐射场,这些方法可以得到天线远区辐射场的近似解析解,因计算量大,目前主要应用于较简单的天线形式,如偶极子天线。对于复杂的阵列天线等,只能对天线形式进行简化和分解,利用叠加原理来计算。工程中往往也采用一种简化的经验公式,如对于单脉冲雷达天线主瓣区的和方向图,通常可用

$$f_{\Sigma}(\Delta\theta/\theta_{B}) = \cos^2(1.1437\Delta\theta/\theta_{B}),\ \text{当} \mid \Delta\theta \mid\ < 1.373\theta_{B}$$

对于差分方向图的主瓣区,可用

$$f_{\Delta}(\Delta\theta/\theta_{B}) = 0.707\sin(2.221\Delta\theta/\theta_{B}),\ \text{当} \mid \Delta\theta \mid\ < 1.414\theta_{B}$$

以模拟归一化误差斜率为1.57的典型单脉冲天线的角误差斜率。其中,$\Delta\theta$为偏离天线轴角度,θ_B为主瓣宽度对于副瓣区天线方向图,可以建立一个以第一副瓣电平和平均副瓣电平为参数的副瓣电平表。具体调用时根据模拟战情,计算目标相对于天线位置的偏角,应用角度来查询其增益值。

(2) 根据天线方向图的近场或远场测试数据,利用非线性系统辨识方法(如多项式逼近法)来建模。这种方法逼真度高,但由于真实的雷达天线方向图是三维立体的,而且天线具有一定频率响应特性和极化特性,要建立任一空间角度和任一频点、任一极化形式的天线方向性系数模型,完全利用外场测试数据建模不现实,需要在空域或频域利用内插、拟合等建模方法来修正补充模型。

不同模型逼真度有所不同。建模方法的选择依据,首先是试验目的和试验需求对模型V&V的要求,同时也要考虑费效比。第一种利用电磁场理论解Maxwell方程建立模型的方法在条件具备时是一种较理想的方法,但对复杂天线还很难工程应用,因此多用在方案的初期论证设计过程中。第二种方法建立的模型逼真度高,但天线测量工作量大、要求高,考虑到对天线仿真的高可信度要求,采用此方法是较好的选择。简化天线模型的方法也可在一些要求不高的场合得到应用。

无论采用哪种建模方法建立的模型,都不可避免地会带来一定的模拟误差,此误差可能导致单脉冲天线的性能发生变化,也导致被试雷达的抗干扰性能发生变化。比如威力变化,差斜率变化,和差方向图零深变化等,在雷达跟踪目标仿真过程中可能带来角度跟踪误差,在抗干扰试验中造成信干比的误差。对天线模型带来的仿真误差,主要应根据试验目的对引起的这些误差项进行一定的量化分析,进行V&V评估。

有了准确的天线模型后,还需要物理效应设备来实现。对注入式仿真试验来说,由于雷达天线的电磁环境信号是通过天线波束形成单元注入雷达接收机的,因此天线波束形成单元就是实现天线模型的物理效应设备。它是由功分器、幅度相位控制器、功率合成器及变频网络等组成。一般天线波束形成单元是多通道的,以模拟雷达单脉冲天线和旁瓣对消天线在内的各种雷达天线输出的微波接收信号。例如,在模拟单脉冲火控雷达天线时,天线波束形成单元根据单脉冲雷达天线的和差天线方向图模型以及战情设定的目标相对于天线光轴的偏角和方向,计算可控衰减器的衰减值、和差支路间的相对相位,并分别对各路的APC进行控制。这样即完成了对天线的仿真模拟。

为满足对天线波束形成单元的校核要求,必须对其提出相应的指标约束。例如要求天线波束形成单元的幅度控制范围为60dB,步进为0.25dB~1.0dB,精度为0.05dB~0.15dB,相位调制0°~360°,精度1°等,以保证此物理效应设备在仿真天线模型时不扩大误差。

在工程应用中,对天线系统的仿真,相对而言,难点在于天线的建模,而不在

93

于物理效应设备的研制。

3.4.2 目标模型

在进行雷达抗干扰效果试验时,建立可信的雷达目标模型至关重要,它是保证仿真试验结果可信度的关键之一。目标模型的建立也有不同的方法,其逼真度和复杂程度都不同。雷达目标模型是雷达目标的散射特性的总和,一般要考虑以下几种目标特性:

(1)目标平均雷达截面积;

(2)RCS随频率和视角的变化;

(3)幅度起伏;

(4)幅度调制的谱分布;

(5)角闪烁;

(6)角噪声的谱分布;

(7)JEM谱调制。

在雷达目标回波建模过程中,目前很难直接利用外场实测的幅度和相位随俯仰角和方位角变化的数据,应该根据仿真的目的和需求,使用不同逼真度和复杂度的模型,这些模型按复杂程度排列如下:点目标模型、经验目标模型、确定式多散射体模型。其中,点目标模型最简单,但一般不能用于仿真鉴定试验,可用于雷达性能的简单估算。确定式多散射体模型利用几何光学原理将一个复杂的目标结构拆解为大量简单几何体,利用简单几何体的电磁散射特性的叠加得到复杂物体的目标散射特性。如果复杂目标的结构模型足够准确,结构分解得足够细小,目标表面材料散射率估计足够准确,用这种方法得到的散射模型是准确的。目前的问题在于即使是一个较简单的目标(如小型无人机),其散射结构也是相当复杂的,建模的工作量极大。经验目标模型直接利用目标以往的先验信息,这些先验信息一般来说是可信的,但不够充分。比如可能只有目标迎头飞行、侧面飞行和远离时的小角度范围统计参数。这种模型多用在雷达系统初期设计时的性能估算。在目前仿真应用中,采用多散射体确定性模型是较好的选择。

如果条件允许,可在暗室对目标的散射特性进行测量,或在外场利用RCS测量雷达对目标的散射特性进行测量,以建立目标特性模型。并且可与确定性模型进行比对,以修正确定性模型,提高确定性模型的逼真度。

目标模型的物理效应设备较为复杂,主要是因为目标模型的仿真要求具有与雷达工作时序相关的严格的时间特性,以及雷达辐射信号的完整特征模拟。

杂波信号与目标回波的产生机理有相似之处,由于杂波信号是来自雷达波束照射到的所有不期望的反射体,包括地面、水面、山体、雨雪等的总和,其模型更为复杂,模型的验证也更为困难。但其建模方法和模型对试验结果可信度的影响与目标模型类似,在此不作详细分析。

3.4.3　干扰信号模型

在雷达抗干扰试验中,干扰信号的仿真是非常重要的,正是借助仿真的干扰信号考核和检验雷达系统的抗干扰性能。为达到全面检验雷达的抗干扰性能的试验目的,通常要求仿真各种样式(功率密度、瞬时带宽、功率谱分布、噪声调幅/调频等)的压制干扰信号和不同信号质量的欺骗干扰信号。由于雷达抗干扰一般并不针对限定的某一种或几种干扰信号,抗干扰性能的要求是广泛的,所以相对而言,干扰信号模型的验证问题并不重要,重要的是模型的校核以及模型的完备性。

欺骗干扰信号的模拟与雷达目标信号模拟有很多共同之处。因此,雷达目标模型的物理效应设备同时也具有部分干扰信号模拟的功能,再结合杂波信号模型的物理效应设备就构成了"雷达信号环境仿真设备"。该设备构成较复杂,主要包括了接收及信号分配单元,频率合成器,时延及多普勒调制器,射频信号幅度/相位控制器等模块。其中,时延及多普勒调制器可用数字射频存储器(DRFM)实现,以完成对雷达脉内调制射频信号的复制和时延控制。随着数字信号处理(DSP)技术的发展,利用软件无线电技术(Software Defined Radio)模拟产生各种所需复杂信号(如杂波信号),具有很多优越性,是信号模拟方向。

同样,为保证仿真的精度,雷达信号环境仿真设备不能放大各种信号模型的误差,也即对物理效应设备从论证、设计阶段起就需进行校核工作。另一方面,物理效应设备所能达到的精度指标反过来又制约着信号模型的准确性,因为仿真模型最终是通过物理效应表现出来的。在性能不高的情况下,物理效应设备自身带来的误差可能早已使仿真模型的精度变得毫无意义。

对雷达信号环境仿真设备而言,重点论证的指标应包括信号的幅度、相位控制精度和范围,信号时延,多普勒频率控制精度和范围,模拟信号的瞬时带宽,还应包括信号质量指标如相噪、杂散、谐波等。目前采用 DRFM 模拟雷达目标的水平大致在几百兆带宽内,杂散电平 < − 30dBc ~ 50dBc 相噪 < − 70dBc ~ 90dBc/Hz@1kHz,基本可满足仿真目标模型的要求。

以上分析了雷达对抗仿真系统中的几种重要模型的建模方法和可信度要求,可以看出注入式雷达对抗仿真系统的几种主要模型的可信度要求从高到低可如下排序:天线模型、目标和杂波模型、干扰信号模型、平台(飞机、导弹)的运动模型等。

3.4.4　VV&A 结论

从雷达对抗仿真系统模型的可信度分析中可以得出以下结论:
(1)可信度与仿真模型的用途有关,仿真结果的偏差不能大到影响其有用性的程度。

（2）可信度评估内容主要包括如下既相互区别又相互联系的三个方面：

① 仿真模型校核,即是否正确地建立了模型,强调准确性;

② 仿真模型验证,即是否建立了有效的模型,强调逼真性;

③ 仿真模型确认,即是否信赖仿真模型和仿真结果。

（3）可信度要求,尤其是校核和验证的要求对处于不同环节中的模型可以不同。

（4）半实物仿真中,仿真模型校核不仅是要校核计算机仿真模型,还应包括仿真系统中的物理效应设备。

（5）半实物仿真中,仿真模型的可信度要求综合考虑物理效应设备的技术可行性和所需费用。

（6）对被试品的仿真模型和对物理环境仿真模型的可信度需求是有差别的,导致对它们的 V&V,尤其是模型验证的要求有所不同。

（7）一般说来,仿真设备性能越高越能保证仿真的精度,但在工程实践中,不能以此为原则,仿真模型和物理效应仿真设备的置信水平是相互制约的,盲目追求其中一项的仿真精度是没有意义的。

第4章　雷达综合实验室试验与评价

4.1　概　述

系统实验室是用于试验部件、分系统和系统在与其他系统或功能综合的情况下的互用性和兼容性的设施。这种试验用来评价单个硬件和软件的相互作用，有时还涉及整个系统。各种计算机仿真和试验设备用于生成供进行性能、可靠性和安全性试验的战术背景和环境。

传统试验方法由于对地面试验结果与飞行性能之间的相关性研究不够，致使在系统的初始使用能力研制阶段结束后还要对系统作出代价过高的修改。为此，通过加入地面试验与飞行试验数据，对所构建的建模与仿真系统进行更新，将能提供一种很好的反馈机制，便于地面试验机构（和建模机构）改进其技术，更好地模拟实际飞行状况，这样可大大减少开发新系统所需的飞行试验费用。建模、地面试验或飞行试验仿真方法进行综合的关键是，将每项仿真任务都作为一种包括输入、仿真过程和输出的系统过程进行分析。一般情况下，输出是有关系统性能的知识或者是到另一个仿真过程的输入。过程不是试验过程而是仿真的系统过程。仿真过程所需输入的描述应对建模、地面试验或飞行试验这三种仿真方法中的任一种都同等适用，这正是 IT&E 的效用所在。在结构仿真、虚拟仿真与实况仿真之间的潜在联系还为研制试验与评价（DT&E）和使用试验与评价（OT&E）更经济有效地综合提供了机会。结构仿真是对系统和人进行仿真的工程工具；虚拟仿真具有模拟的系统与真实的人；而实况仿真则具有真实的人和真实的系统（如实际的飞行试验）。T&E 知识库提供了从结构仿真、虚拟仿真到实况仿真的连续统一体。构建开放体系结构的建模与仿真知识库，可实现结构仿真，从结构仿真开始，将利用工程模型等来评价系统有关的物理现象。这些工程模型可以单独地或与地面试验数据结合后，与集成分系统部件的其他结构模型综合，从而建立能反映整个系统性能的模型。由系统结构模型导出的信息构成含人飞（航）行模拟器的系统仿真基础，这样使结构模型与虚拟仿真联系起来。飞行模拟器还可与硬件在回路的电子战仿真与虚拟作战环境（如美国海军空战中心、爱德华空军基地试飞中心）相结合，使战争演习模型也成为合成作战环境能力如美国海军空战环境试验与评价设施（ACETEF）的组成部分。本章提出用标准通用的环境条件构建虚拟仿真平台，并给出具体解决方案，该解决方案由样机（含人模拟器）和虚拟作战环境构成。

4.2 雷达综合实验室的需求分析

传统对雷达信号的测试分析主要是对射频参数或者对模拟信号进行测试。而现在随着 ADC/DAC 技术的发展,数字电路在系统完成的任务越来越多,数字信号接口的界面越来越靠近天线端。数字中频技术在现有的雷达设备中已得到广泛应用。另外,对干扰信号的分析判断对于制定正确的对抗方案是非常重要的。在雷达信号分析系统的建立上主要基于以下出发点。

4.2.1 分析功能的完整性

雷达信号的特性通过许多参数得到定义。如雷达发射信号主要参数包含功率、频率、杂散、时间参数、调制参数等。测试仪表应具备对应的功能来完成这些参数的测试。仪表的测试精度应能保证测试结果的准确性。信号的测试方法主要包含频谱测试、时域测试和解调测试。

4.2.2 测试对象的完整性

能对雷达系统各个分系统模块进行独立分析测试,具有与功能模块匹配的物理接口。例如,测试系统应能对微波射频信号、中频信号、基带 IQ 信号、数字化信号进行测试,可分别完成对雷达射频分系统、中频分系统、数字基带分系统等部分的精确测试。测试仪表的频率范围、分析带宽需要满足现在雷达系统的要求。

4.2.3 对数字信号的分析功能

数字电路在雷达系统中需要完成信号合成、脉冲成形、信号解调、信号处理、目标参数提取等功能。对数字电路相关功能的测试分析是保证雷达整机信号的关键之一。对数字基带信号也需要完成完整的矢量分析,提取出信号的频域、时域和调制性能指标。

4.2.4 对干扰信号的分析功能

接收干扰信号的内容是未知的,而且往往是随机变化的。对这些信号进行分析,首先需要仪表具备采集和存储功能。然后通过事后分析来提取其特征参数,为判断干扰信号的特性和处理方法提供依据。通过与信号源或其他设备连接,还可在实验室环境恢复和重建这些信号,以验证对抗措施的有效性。

4.2.5 扩展性能

现在雷达技术发展是非常快的,新的雷达体制和高性能器件不断出现和使用。例如机载雷达会向有源相控阵、合成孔径等方向发展。雷达还会和侦察、导航、通信等部分组合为完整的电子信息系统。雷达信号分析系统的建立应能适应这种发展的要求,在测试系统结构框架上能够在分析功能、测试通道等方面进行扩展,满足雷达型号的技术要求。测试要求覆盖了雷达系统各个关键的部分,针对不同的测试信号设置了对应的测试参数。应特别强调对数字信号的矢量分析功能和对信号的存储分析功能,以适应雷达系统关键技术研制开发的要求。另外还需要测试设备和被测试设备具有很好的互联接口,例如利用雷达的脉冲信号对测试仪表进行测试触发,保证信号变化和测试过程的同步;可以将分析仪表的信号和数据输出输入到雷达及专用设备中,完成雷达系统的调试、信号记录等功能。

为在实验室环境完成对雷达系统的测试,提高雷达整机研制的效率并为实际状态测试积累经验,先进雷达的研发任务,一方面需要采用许多新的技术;另一方面需要在有限的时间内完成新型号雷达的研制和定型。这对雷达系统及关键设备的设计开发及生产都带来新的挑战。采用先进的测试仪表和设计工具是解决这个矛盾的重要手段。雷达接收机和信号处理机是整个雷达系统的关键。它们需要完成对雷达回波信号的接收、变换、DSP 处理和目标参数提取及显示等功能。高性能雷达接收和信号处理机的实现是雷达技术突破的核心技术之一。现代雷达的工作环境是非常恶劣的,相应雷达接收机会处理的信号也越来越复杂,除接收到探测目标的正常回波外,还会受到各种干扰的影响。这些信号往往是动态变化的,这对接收机和信号处理机的处理速度和处理方法带来更高要求。雷达系统会面临的干扰主要包含以下几个方面:

（1）自然环境噪声;

（2）无源干扰;

（3）有源干扰。

要应对各种复杂的情况,雷达系统需要具备相应的技术能力来处理这些干扰信号。这些技术包括采用新的雷达体制和功能更强的信号处理机。对这些新技术的有效性验证是需要通过测评来完成的。

4.3　雷达综合测试与分析平台构建

构建雷达综合测试与分析平台从测试与分析两个层面入手:一是雷达综合测试系统;二是雷达分析系统。两个系统相互依存,相互支撑。

4.3.1　测试系统组成

雷达综合测试与分析系统应满足以下要求,如表4.1所列。

表 4.1　雷达综合测试与分析系统的要求

测试的对象	测试参数	指标要求	说明
（1）天线端口的发射信号 （2）接收的目标回波信号 （3）模拟中频信号	频率范围	200MHz～26GHz	
	信号带宽	80MHz/1GHz	
	频率稳定度	1×10^{-7}	
	功率	峰值发射功率,平均功率	
	频谱杂散	谐波抑制:≥60dB 杂波抑制:≥75dB	
	相位噪声	－70dBc/Hz@10Hz 偏移 －120dBc/Hz@10kHz 偏移	
	脉冲参数	脉冲宽度:50ns 脉冲重复周期:1ms～10s 脉冲抖动统计分析功能	
	脉冲初始相位	各脉冲间初始相位差:≤1°	
	脉内调制参数	FM 调制调频频偏:200MHz PM 调制相偏:180°	
	脉内调制精度	LFM 信号调频线性度:1% 相位调制精度:0.5°	
	开机稳定过程	幅度稳定时间 相位稳定时间	
	捷变频跳频速率	跳频方案图 跳频速度:1000 跳/s	
	信号参数的切换过程	脉间跳频,调制方式切换分析	
	回波信号的变化过程	信号幅度,相位变化	
干扰信号	干扰信号频率	频率范围:100MHz～20GHz	
	信号频谱特性	频谱带宽,带宽变化统计分析	
	干扰信号功率特性	平均功率,峰值功率 功率变化统计分析	
	干扰信号调制特性	与白噪声的相似性 调制方式	
	干扰信号变化过程	特性参数变化过程及规律	
	信号的存储和恢复	存储时间长度:100s 恢复输出的形式:RF,IQ 等	

测试的对象	测试参数	指标要求	说明
模拟基带 IQ 信号	IQ 信号相位正交	≤1°	
	IQ 信号幅度平衡	≤1dB	
	调制误差	信噪比 相位调制精度:1°	
	频谱特性	杂波抑制≥80dB	
数字基带信号	调制误差	信噪比 相位调制精度:1°	
信号处理机中数字信号	DSP 处理过程	脉冲压缩比、目标数据等	

　　根据表4.1所列的技术要求,雷达综合测试与分析系统会以微波矢量信号源和雷达信号计算软件为基础来构成。其组成如图4.1和图4.2所示。

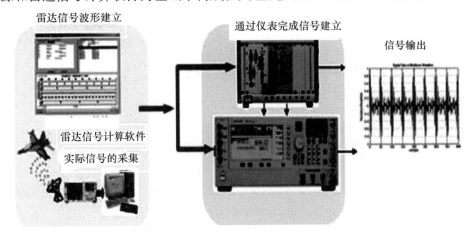

图4.1　雷达综合测试与分析系统基本仪表

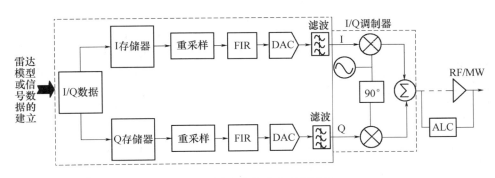

图4.2　雷达信号建立实现过程

雷达测试系统主要包含雷达信号波形数据建立和实际信号建立两个部分。雷达信号波形建立主要有两种方法。第一种方法是建立雷达信号的模型,然后通过计算得到。第二种方法是利用分析仪表或其他设备对实际信号采集存储的数据。实际物理信号建立是通过 DAC 将雷达信号波形的数据转化为基带信号,然后通过 IQ 调制器转换为微波射频信号。表 4.2 是完成雷达信号建立的工具和仪表配置方案。

表 4.2　雷达信号建立的工具和仪表配置方案

设 备 型 号	功 能 说 明	技 术 特 点
雷达信号波形建立工具		
ADS 雷达仿真模块	建立各种雷达信号的数学模型; 利用分析工具对仿真信号进行评估; 建立干扰信号的模型; 可直接调用的雷达系统模块; 与用户算法和设备采集信号的接口; 完成对信号源的控制	完整的信号模型库; 灵活可编程的 DSP 算法; 完整的时域、频域和解调分析能力,方便对仿真信号的验证和评估
Pulse Builder 工具	方便建立各种标准雷达信号的工具; 采用波形预失真消除仪表失真对信号质量的影响	方便使用; 满足系统和部件调试使用
89650A 矢量分析系统	完成对实际信号的性能分析和评估; 完成对实际信号的采集和存储	分析带宽较宽; 测试频率范围大; 存储深度达 1G 采样点
实际雷达信号建立仪表		
N5110B 信号存储工具	将长时间的雷达波形文件实时传输到信号源中; 将数字 IQ 信号存储为波形文件	利用计算机硬盘来作为信号重建的数据存储器,适合长时间复杂回波信号的合成
E8267D 微波矢量源	完成雷达波形数据的 DAC 处理; 完成雷达的 IQ 调制和输出; 与被测设备间的信号同步和测试触发	宽频率覆盖; 微波频段的矢量调制能力; 优秀的相位噪声和功率精度指标; 完整的同步和触发控制接口
N6030A 宽带任意波发生器	完成宽带雷达基带信号的建立; 输出中频和 IQ 信号	采月高性能 DAC 器件; 单通道 500M 带宽; 优良的输出频谱纯度

设 备 型 号	功 能 说 明	技 术 特 点
雷达信号模拟定标测试仪表		
E8363B 网络分析仪	完成对多路相干雷达信号的幅度和相位一致性测试	测试精度高
N7622A 矢量校准软件	对雷达波形数据进行预失真处理,消除仪表线性和非线性特性对信号质量的影响	多路相干信号合成的输出指标保证
DSO81304A 宽带示波器	对宽带调制和脉冲参数进行定标	宽实时采样示波器,具备 13GHz 带宽的矢量分析能力
E4447A 高性能频谱仪	对信号功率合镜像干扰进行定标分析	高性能毫米波频谱分析仪;测试精度和动态范围宽

基于雷达信号模拟系统,可在实验室环境下完成雷达系统各项关键性能指标的测试。该系统具备完整的信号输出接口形式,可输出微波射频信号、模拟 IQ 信号、数字 IQ 信号及数字中频信号,完成对雷达整机、中频电路部分和数字基带部分的独立测试。微波矢量信号源是整个信号模拟系统的硬件核心,负责完成信号的基带建立和射频调制输出;N6030A 主要完成宽带信号合成的应用场合,如跳频或宽带调频等,系统中负责输出宽带中频信号或 IQ 信号;ADS 软件具备对电子系统的系统级仿真、电路仿真和 DSP 仿真能力。在雷达系统设计测试应用中,ADS 可提供完整的雷达系统模型库,包括雷达信号合成、射频通道处理、信号 DSP 处理等模块。ADS 的特点是还可以与实际仪表进行连接,进行系统的实物和半实物仿真测试。例如在仿真环境下模拟的复杂信号数据可通过 ADS 的控件接口直接传输到仪表中,利用矢量信号源将信号转换为实际调制信号。电路的仿真环境和实际测试环境在统一平台上实现,可提高仿真结果的准确性。另外,可大大扩展通用仪表的功能,满足各种复杂信号合成和分析的要求。

4.3.2 雷达测试系统的典型应用

（1）标准线性调频信号的建立方法:Agilent ADS 软件或 Pulse Builder 软件 + E8267D 信号源。

（2）运动目标回波信号的建立方法:Agilent ADS 软件 + E8267D 信号源。

在雷达目标回波信号的模拟中,ADS 软件可以提供运动目标回波信号模型。该模型可以直接被调用于信号计算。该模型包含对目标 RCS、距离、速度等参量的控制。该目标模型的数学算法是开放的,使用时可根据测试要求对模型参数进行更改或嵌入用户设计的模型算法。在 ADS 仿真环境中,还包含完整的信号分析工具。分析的方法包含频域分析和时域分析。时域分析中可选择观测信号的时间波形和功率包络。

（3）受到其他电子系统干扰信号的建立方法：Agilent ADS 软件 + E8267D 信号源。

ADS 仿真环境下，在标准目标回波的模块中增加卫星信号模块，就可仿真受到干扰的雷达回波信号。

（4）天线扫描状态下雷达信号的建立方法：Agilent ADS 软件 + E8267D 信号源。

ADS 软件中包含天线参数模型库。这些模型库中的天线数据可利用仿真计算的结果，也可采用实际天线测试的数据，还可利用多部天线模型模拟相控阵雷达的扫描过程。

（5）相控雷达多路相干信号的建立方法：Agilent ADS 软件 + 多台 E8267D + N6030A。

Agilent E8267D 微波矢量源可完成多台源的相位相干控制。相干射频调制信号需要对基带电路和本振电路中保证多台源的相干性。N6030A 宽带任意波发生器在完成多通道基带信号合成时具备相位同步功能。E8267D 信号源也可完成基带时钟和射频本振的共源。系统输出功率的控制及温度漂移必须通过相应定标仪进行测试。然后利用测试数据对基带信号的建立进行修正，这样才能保证输出信号的相位精度和稳定度。

（6）捷变频雷达信号的建立实现方法：Agilent ADS 软件 + 多台 E8267D + N6030A。

N6030A 宽带任意波发生器采用 1.25GHz 的高性能 DAC 和合成基带的调频信号，E8267D 微波矢量源 IQ 调制带宽可以达到 2GHz，将两者组合起来合成的捷变频信号的跳频时间间隔可达到百纳秒级。

（7）长时间采集信号的回放实现方法：Agilent N5110B 信号播发工具 + E8267D 信号源。

矢量调制信号源的波形存储空间都是有限的，当需要建立长时间变化信号时就会受到存储空间的限制。Agilent N5110B 采用专利的波形流技术，通过 N5101A 高速 PCI 数据传输通道，控制将计算机硬盘内的信号波形数据实时不间断地传输到矢量信号源的信号存储器中，可将计算机的硬盘作为矢量信号源的信号、波形存储器，满足长时间波形建立的要求。

4.3.3　雷达分析系统的组成

与传统雷达系统相比，现代雷达系统中，无论是发射还是接收信号都变得越来越复杂。这些复杂性主要表现在以下各个方面。

（1）调制方式复杂。现在雷达大多采用各种复杂调制方式来改善雷达的整体性能。如脉冲压缩雷达采用线性调频或相位调制技术来满足雷达探测距离和目标分辨率的性能要求。

（2）调制带宽较宽。采用窄脉冲调制是提高雷达距离分辨率的重要方法。这对实现目标识别和目标成像也都极为有利。窄脉冲宽度使雷达信号的调制带宽相应增大。现在已有调制带宽达到几百兆的超宽带雷达（UWB Radar）。另外，采用超宽带雷达还可提高雷达的反侦查能力。由于信号功率谱密度的降低，从背景噪声中将超宽带雷达的脉冲信号提取出来是一件很困难的事，因此超宽带雷达具有隐蔽性好、敌方难以截获等特点，在对抗环境下宽带雷达系统难以被瞄准或受到回答式干扰。

（3）动态变化。现在雷达的调制方式，调制参数在工作过程中会根据目标特征和电子对抗的要求进行变化。

（4）干扰信号的影响。在雷达接收端的信号会包含不同目标的回波及各种干扰信号。探测目标的距离、反射截面积（RCS）、目标数量、速度等参数在变化。干扰信号包含自然环境的干扰和敌方释放的有源和无源干扰信号。

基于雷达信号分析系统的功能和性能要求，建立的雷达信号分析系统平台需利用相应的设备完成测试功能。解决的途径主要包含以下的技术方法。

（1）宽频带频谱分析。频谱分析是对信号功率、带宽、杂散等参数进行测试的基本方法，也是对未知信号进行搜索定位的主要手段。频域测试的能力好坏反映在测试频率范围、分辨率、动态范围和扫描速度等方面。

（2）高采样深存储的信号采集。对信号进行采样是信号矢量参数分析的前提。采样过程的采样速度和量化位数是主要的性能指标。它决定分析仪表的测试精度、分析带宽和测试动态范围。当对信号的变化过程或进行存储记录时，需要具备相应的存储器容量。

（3）完整的解调和分析处理。完整地测试雷达信号的各项性能参数。解调分析能力应覆盖调频解调、相位解调、失真分析等方面。

（4）雷达信号数据的处理算法。在雷达处理机中需要对数字化信号进行实时谱分析、滤波、相关等处理功能。测试系统需具有对应的处理功能，以提供理想情况下雷达系统的工作性能。

（5）信号的采样和存储。主要对设备中不正常信号、现场试验信号和未知干扰信号进行记录和文件存储，建立完整的信号模型库，便于信号的事后分析和重建。现在通用仪表和专用测试设备可提供完整的信号分析能力，全面地完成雷达系统信号分析的技术要求。

雷达分析系统采用先进的测试设备和分析软件，具备分析功能强、可测试设备完整、扩展性能好等特点，由以下多台套设备组成，如表4.3所列。

表4.3　雷达信号分析系统组成

测试设备	主 要 功 能	主要性能指标
89650A 矢量分析仪	（1）测试微波和中频等模拟形式信号； （2）对信号的频谱和调制特性分析； （3）与分析软件连接,对采集的信号数据进行完整分析； （4）对输入信号进行变频处理,提供实时宽带中频输出； （5）与89611A、N6820E或其他设备连接,完成信号存储和采集数据实时输出	频率范围:3Hz～26.5GHz 分析带宽:80MHz/250MHz 频率分辨率:1Hz 中频输出:321.4MHz载波 250MHz带宽
N1911A 宽带峰值 功率计	（1）对发射信号功率完整参数的测试,包含峰值功率,平均功率等； （2）对发射信号功率参数的精确测试	频率范围:10MHz～40GHz 最小测试脉宽:20ns
DSO81304A 宽带示波器	（1）超宽带调制信号的矢量分析能力； （2）信号时间参数的精确测试； （3）多通道测试能力,完成多路信号的相干解调测试	采样速率:40GSa/s 分析带宽:13GHz 测试通道:4
N5280A 宽带下变频器	完成对宽带信号下变频,便于分析存储	频率范围:50GHz 信号带宽:1.5GHz
16900A 逻辑分析仪	（1）对数字形式的信号进行采样和分析； （2）完成信号的状态和定时分析； （3）完成对采集信号的频域、时域和解调分析； （4）连接ADS软件完成信号的DSP处理	测试通道:64个 采样速率:1.2G(定时) 　　　　　600M(状态) 存储深度:64M
89601A 矢量分析软件	（1）对仪表采集的数据或仿真计算的信号数据进行频谱,时域和解调分析； （2）对信号的幅度、频率和相位参数进行完整分析； （3）提供卷积、FFT等数字信号处理算法； （4）对信号数据进行存储,控制信号源进行信号恢复和重建	测试参数： 功率谱,相位谱,谱图 幅度相位的时域分析 频谱时域关联分析,时间门
ADS 系统仿真器	（1）利用DSP算法对雷达信号进行数字滤波、相关等处理 （2）利用仿真模拟完成对信号的放大、混频等模拟信号处理 （3）可嵌入用户定义的处理算法对信号进行处理 （4）能直接连接信号源、分析仪、网络仪,完成系统半实物仿真	灵活的DSP处理算法 雷达系统模型库

4.3.4 雷达分析系统的典型应用

4.3.4.1 脉冲压缩雷达信号调制参数分析

脉冲压缩雷达信号调制参数分析解决方案:测试仪表 + 89601A 矢量分析软件。

在对线性调频信号的分析中,可根据测试的信号接口选择不同的分析仪表。这些仪表可以将被测信号的采集数据由 89601A 矢量分析软件完成分析。分析软件可以运行在测试仪表或外置的计算机上。89601A 软件可对信号进行时域、频域和解调的综合分析。频谱分析可提供信号的功率、带宽等参数。通过外同步和内部触发同步,分析可显示雷达信号稳定的包络波形。软件可以在定位的脉冲内进行调频或调相特性分析,测试出跳频频偏、调制速率、调制线性度、调相精度等指标。

4.3.4.2 线性调频信号的压缩处理

线性调频信号的压缩处理解决方案:测试仪表 + ADS 分析软件。

ADS 软件可提供完整的信号处理功能和雷达系统的仿真。在分析过程中可以调用 ADS 的 DSP 处理模块,或嵌入用户开发的 DSP 处理程序。ADS 可以嵌入用户 C 语言开发的处理算法。

4.3.4.3 捷变频雷达信号的分析

捷变频雷达信号的分析解决方案:分析仪表 + 89601A 矢量分析软件。

测试仪表在对信号进行采集后会进行存储,存储的功能是对信号进行时域分析的基础。89601A 软件可对信号进行频谱瀑布图分析,即显示信号频谱随时间的变化过程。利用该功能可以分析信号捷变频的频率跳变过程。在时域分析的基础上,89601A 具有时间门功能,利用该功能可对选定的不同脉冲段进行初始相位、功率变化等参数进行分析。

4.3.4.4 对信号的采集和记录

对信号的采集和记录解决方案:89650A + 89611A + N5102A + 信号转接。

对许多信号进行分析时,需要对这些信号进行存储。典型的测试信号包含现场试验信号、干扰信号等。89650A 主要对信号进行变频和 IQ 解调处理,输出的接口为模拟 IQ 信号。这两路信号通过 89611A 的 ADC 处理转换为数字量化信号,输出接口为光纤接口,通过光电转换处理变换为电信号。Agilent N5102A 是数字基带信号进行采集的调理模块。最后被测信号将被按 IQ 数据的形式进行文件存储。在信号的处理过程中,可提供模拟 IQ、数字 IQ 的实时输出。这些信号还可以与其他设备或雷达模块进行连接,完成信号其他分析功能。

Agilent E1439D 数据采集卡采用 VXI 模块结构,为 100Msa/s 的高精度 ADC 模块。该模块被应用在 Agilent 89600 矢量分析仪和 N6820E 侦查接收机中,也可集成于用户开发的系统中。E1439D 采集的信号数据,可以按数据文件形式调用,也可通过光纤接口实时输出。

对于采集的信号数据,除利用分析软件进行事后分析外,还可以利用 E8267D 矢量信号源完成信号的恢复重建。E8267D 包含 DAC 和 IQ 调制器。在信号的重建中,可以利用 N5101A 和 N5110B 来扩展信号源的基带信号存储空间,实现长时间存储信号的重建。

利用先进测试和信号分析软件,可以完成对雷达系统各个分系统的信号进行完整的参数测试。测试频段和分析带宽能满足雷达系统测试的要求。基于仪表的雷达信号分析系统具有分析精度高、组成灵活性强、扩展性好等特点。

4.4　雷达软件模型与物理测试

开发先进的雷达系统,要先用软件工具进行元器件设计和系统仿真,然后进行原型设计并使用测试仪器进行测量。过去,由于没有工具可以把仿真和物理测试两个环节连接起来,所以软件仿真和硬件原型测量之间几乎没有联系。不过现在,安捷伦测试仪器(如信号发生器和分析仪)可以直接集成到先进的设计系统(ADS)仿真环境中,通过在这两个领域之间共享虚拟和真实信号,可以获得创新的设计和验证功能。本章将通过示例描述仿真的 ADS 雷达模型与物理测试设备结合组成“连接解决方案”的优点。

图 4.3 所示的简化方框图是使用 ADS 软件工具连接 ESG 矢量信号发生器和 PSA 频谱分析仪的一种典型配置。“连接解决方案”中适用于多种信号发生器和分析仪。在图 4.3 中,ADS 信号源模型驱动仿真环境中的发射机、信道和接

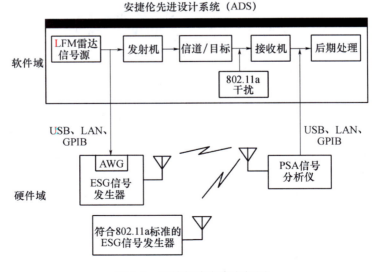

图 4.3　连接解决方案方框图

收机,同时用作 ESG 信号发生器中任意波形发生器(AWG)的输入。信号发生器在实际环境中等同于仿真中的信号源。然后,可将这种"即时"信号发射或应用到被测系统硬件。使用 PSA 可将测量波形下载到 ADS 中,并使用软件内部的检测算法进行处理,从而方便地比较仿真和物理系统性能。连接解决方案是一个出色的工具,可用于设计、仿真和试验各种雷达和电子战系统(包括存在同信道和相邻干扰、多路径衰减和拒绝服务等情况的环境)。

ADS 软件工具提供了一种使用预定义和可定制的模块来建立雷达系统分层模型的方法。每个模块代表一个唯一的元件(如线性调频信号源)或一个完整的子系统(如射频上变频器)。软件模型可进行配置,以包括物理实现时系统中的所有减损,如相位噪声和放大器压缩。很多商用仿真工具都使用调整射频信号的基带等效模型来执行系统分析,以提高仿真速度。大多数基带等效仿真都不包括电路损伤效应,如会降低模型精度的非线性效应。为获得最高的精度和仿真速度,在射频域进行仿真时,软件仿真工具应结合使用频域和时域仿真,例如 ADS 软件中所使用的谐波平衡和电路包络仿真器。

雷达发射机包括一个 LFM 信号源,其产生的信号经过上变频、放大并被送到信道中。信道模型包括天线增益、路径损耗、延迟和多径。

目标模型包含了雷达截面(RCS)和速度参数。

雷达接收机包括发射/接收开关、可变增益放大器和下变频器。

使用线性调频压缩进行信号侦测。经过侦测后期处理,可确定目标的距离、速度、侦测阈值、侦测概率(POD)和虚警概率(PFA)。所有的模块和子系统均在 ADS 仿真工具中提供。

4.4.1 LFM 信号形成

ADS 内置各种信号源,用于仿真雷达和电子战系统,其中包括使用脉冲压缩的 LFM 信号模型。脉冲压缩使雷达能够实现对短脉冲的高距离分辨率,而无需使用调制长脉冲来实现高峰值发射功率。LFM 模型通过可配置的参数(如脉冲宽度、重复频率、线性调频频率范围以及上升和下降时间),生成复杂脉冲。ADS 中用于 LFM 信号源的元件如图 4.4 所示。该信号源采用的配置为:$0.5\mu s$ 的脉冲持续时间、500kHz 的 PRF 和载波频率 ±25MHz 的瞬时频率变化。图 4.4 还显示了 LFM 脉冲发生器仿真输出。

LFM 信号源是 ADS 中雷达系统设计指南的一部分。设计指南收集了大量预先配置并可根据需要进行修改的仿真模型。图 4.4 显示了可用 LFM 雷达模型的列表,其中包括仿真中所使用的 LFM 波形发生器。ADS 还提供了许多其他的设计指南,其中就包括 WLAN 信号源,把它用作雷达系统模型中的干扰信号源。ADS 的另一重要特性是信号源并不只限于设计指南中提到的那些,还可使用其他 ADS 元件自行构建,抑或使用信号分析仪的测量数据,从 Matlab 导入数

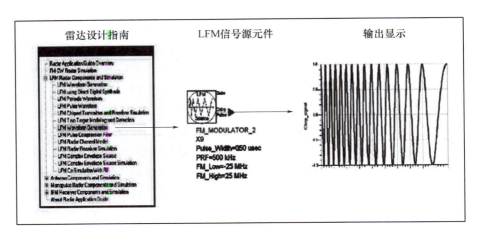

图 4.4　LFM 信号源模型和输出波形

据,或使用 DSP 或系统工程师创建的文件来驱动。

4.4.2　接收机和后期检测

一旦生成 LFM 信号并向目标发射,接收机就必须测量和侦测目标发射的能量。目标的发射功率由其 RCS 参数决定,目标反射的信号先经过 T/R 开关,再通过可变增益模块(也称为灵敏度时间控制),然后输入到接收机。使用 T/R 开关来隔离高功率发射机和接收机前端。灵敏度时间控制可在发射机工作时提供额外隔离,并在发射机关闭时提供增益。接收机增益以时间对数的形式增加,接收机前端的信号电平仍可保持相当恒定。

在两个不同目标距离上接收到的随时间变化的中频波形如图 4.5 所示。图 4.5(a)显示雷达系统在距目标 1.0km 时接收到的信号。在此图中,线性调频脉冲通过信道式往返后被接收机接收到。在这种情况下,雷达系统在发射脉冲 6.7μs 后接收到该脉冲。由于 T/R 开关和灵敏度时间控制功能所提供的发射机和接收机之间存在高度隔离,因此在图 4.5(a)中未观察到发射脉冲。图 4.5(b)显示了雷达在距目标 7.0km 时接收到的信号。在这种情况下,信号往返时间为 46.7μs。请注意,由于灵敏度控制以时间对数的方式增加接收增益,两个仿真都显示了随时间增加的噪声电平。

中频信号经过下变频后,通过线性调频压缩滤波器。该滤波器使用参考线性调频执行卷积处理。滤波器输出的峰值与该时测量的目标距离相对应。任何通过压缩滤波器的噪声都会大大降低,因为它与参考线性调频无关。有关的信号经过线性调频压缩后,会由侦测后期处理模块作进一步处理。该模块可执行多种计算,包括 POD 和漏检计数。恒虚警率(CFAR)等其他测量也可根据要求添加到模型中。在实际的雷达系统中,侦测后算法将处理多种信号减损,例如干扰、相位噪声、压缩和实际环境中存在的其他非线性效应。对于使用图 4.5 所示波形的仿真,目标距离为1.0km、雷达截面积(RCS)为0.2m时,侦测概率为85%。下面将通过引入WLAN干扰信号来观察系统性能的下降。

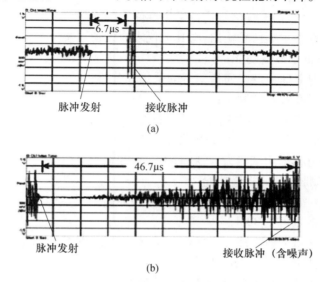

图4.5 目标距离为1.0km和7.0km时接收到的中频波形

ADS雷达系统仿真器软件功能:

(1)对雷达全系统的仿真分析;

(2)ADS模型完成对信号的DSP处理,如滤波、压缩、相关运算、对消等;

(3)利用ADS模型完成对信号的模拟信号处理功能,如放大、混频、滤波等;

(4)建立用户定义的信号处理算法,验证其效能;

(5)对各种仪表采集的信号数据进行文件存储,用于信号事后分析和重建。

89601A矢量分析软件功能:

(1)完成对各种仪表采集的信号数据、用户仿真数据的参数分析,包含时域、频域和解调分析,各种分析方法的关联使用;

(2)提供雷达信号的完整性能参数,主要提供调制质量参数的分析,如调相精度、调频线性度等;

(3)对多路信号的相关参数进行分析,如互相关函数等;

(4)对各种仪表采集的信号数据进行文件存储,用于信号的事后分析判断,控制信号源完成信号的恢复重建。

N1911A脉冲功率计完成以下功能:

(1)雷达信号功率参数的精确测试;

(2)峰值功率、平均功率等参数;

89650A矢量分析系统的功能:

（1）对信号的频谱、时域和调制特性的分析,测试信号的完整射频参数;

（2）26.5GHz 频率范围;

（3）对雷达信号、干扰信号进行采集存储;

（4）实时宽带中频信号输出,与其他仪表或设备连接。

81304A 宽带示波器功能:

（1）完成对单通道或多通道信号的采集和分析;

（2）信号时间参数的测试;

（3）利用矢量分析功能完成信号调制参数测试;

（4）40Gsa/s 的采样速率,分析带宽为 13GHz;

（5）多通道相干测试能力,射频两路信号的相干分析。

89611A 基带矢量分析仪功能:

（1）完成对 IQ 信号或基带信号的采集和存储;

（2）分析带宽可到 80M;

（3）利用矢量分析功能完成对数字信号的频谱、时域和调制分析;

（4）提供 ADC 处理后信号的数据输出接口;

（5）对采集的信号数据具备文件存储功能。

16900A 逻辑分析系统功能:

（1）对数字信号进行采集;

（2）完成信号的状态和定时分析;

（3）利用矢量分析功能完成对数字信号的频谱、时域和调制分析;

（4）采用动态探头技术方便对 EPGA 的分析测试;

（5）对采集的信号数据具备文件存储功能。

雷达信号分析系统采用测试仪表硬件加分析软件的构成方案。该系统对雷达接收部分的典型测试配置如图 4.6 所示。系统具备完整的测试功能,可以完成对雷达系统中从微波前端到数字信号处理各个部分进行独立测试,而且具备良好的灵活性和可扩展性。

测试系统中的仪表可以对微波信号、中频信号、模拟基带信号和数字基带信号进行分析。每台仪表具有与被测信号匹配的输入接口。除完成单台仪表具有的处理功能外,这些仪表可以将采集的信号数据输入到外置的分析软件中,通过这些软件来对信号进行完整的分析和存储。分析软件主要包含 Agilent 89601A 矢量分析软件和 Agilent ADS 软件。

4.4.3 雷达干扰

我们观察在有商用 WLAN 无线电信号的条件下,雷达系统侦测微弱目标回波的性能。实际上,雷达和干扰信号可能会同时占用相同的频段,从而产生干扰并降低两种系统的性能。本例中,IEEE802.11a WLAN 信号会出现在 C 波段雷

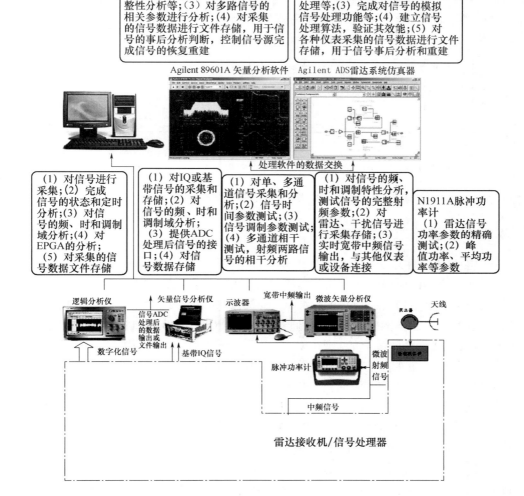

图4.6 雷达接收部分构成及信号的分析技术

达系统的频率范围内,雷达线性调频配置为 $0.5\mu s$ 脉冲宽度和 25kHz PRF。按照 IEEE802.11a 标准的规定,取决于数据包的类型和调制方式,WLAN 数据包可能长达数百微秒。在这些条件下,雷达信号和 WLAN 信号将会在很多时候发生冲突。当发生"冲突"时,雷达信号侦测能力会大大降低。图4.7 显示了雷达系统的侦测概率(POD)随 WLAN 功率的变化,要达到规定的 90% 或更高的 POD,接收的 WLAN 信号必须低于 $-87dBm$。本例中,WLAN 中心频率和线性调频的载波频率相同。ADS 还可以仿真 WLAN 中心频率和线性调频的载波频率相同。ADS 还可以仿真 WLAN 中心频率偏离雷达中心频率时的结果。图4.7 还显示

113

了WLAN中心频率在±12MHz的频率范围内调整时的POD。本例中,WLAN输出功率设为－82dBm。当两个信号的频率一致时(代表最坏情况),POD为50%。随着WLAN中心频率偏离雷达额定频率,POD迅速升高。当频偏达到12MHz时,POD上升到100%。

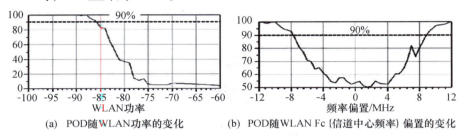

(a) POD随WLAN功率的变化 　　(b) POD随WLAN Fc (信道中心频率) 偏置的变化

图4.7　WLAN干扰下的侦测概率曲线

4.4.4 "连接"信号生成

将ADS软件与安捷伦信号发生器连接在一起组成连接解决方案,可把仿真信号变为真实的射频信号。如前面所述,包含双通道任意波信号发生器(AWG)的矢量信号发生器(如Agilent E4438C、E8267D和N5182A)也可以把ADS信号作为复数输入。本例中,ADS可以通过USB、LAN或GPIB接口连接到信号发生器,以便把线性调频波形的复数(IQ)样点下载到AWG存储器中,通过信号发生器进行回放。图4.8显示了连接到AgilentE4438C信号发生器仪器控制面板的ADS信号源。LFM信号源的复数信号将进行变换,通过I和Q数据路径下载到信号发生器的AWG存储器中,信号发生器使用AWG作为内部IQ调制器的输入。然后,可将调制信号施加到被测件,或使用发生器附带的天线发射到周围环境中(图4.8)。使用ADS直接控制测试仪器可极其方便地将波形载入信号发生器的AWG的存储器中。安捷伦的矢量信号发生器系列可生成预定义和定制的波形,其载波频率可达到44GHz,调制带宽可达到1GHz。同样的过程还可用于生成WLAN干扰,或如下文所述,使用AgilentE4438C信号发生器内置的802.11a信号发生功能生成WLAN干扰。

4.4.5 "连接"信号分析

一旦将雷达脉冲施加到被测件上或发射到空中,且信号分析仪捕获到射频信号,就可以对接收到的线性调频信号进行相关分析。图4.9上半部分显示的连接解决方案使用E4440A PSA系列频谱分析仪来捕获雷达信号。ADS支持仪器连接到PSA,从而直接将测得的信号下载到软件中。波形可作为频域或时域采样下载。然后,采样波形可由ADS使用相同的线性调频压缩滤波器来进行处理。PSA系列分析仪提供射频载波频率高达50GHz、带宽高达80MHz的信号分

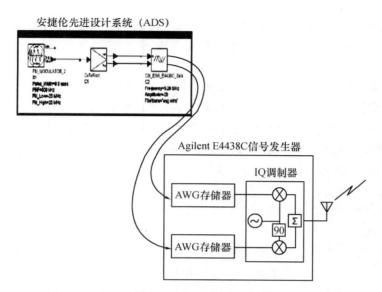

图 4.8　ADS 至 E4438C ESG 信号发生器连接解决方案

析。89600 系列 VSA 也可用于捕获射频载波高达 6GHz、带宽高达 36MHz 的雷达信号。如果需要更大的带宽，可将 PSA 系列频谱分析仪连接到安捷伦示波器，以获得 300MHz 的测量带宽。在图 4.9 所示的这个配置中，PSA 充当下变频器，示波器捕获中频波形并下载到 ADS 中。ADS 会将该信号进一步下变频

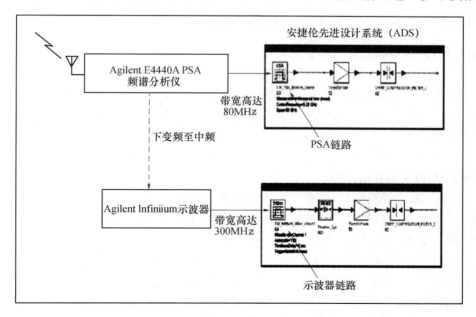

图 4.9　ADS 至 E4440A PSA 频谱分析仪连接解决方案

到基带,然后与参考线性调频建立关联,进行后期处理。同信号生成情况一样,此 ADS 连接解决方案可加速实域和虚域之间复数波形的数据捕获和分析。

"连接解决方案"提供了一项卓越的技术,在软件建模和硬件测试之间架起了一座桥梁。连接解决方案可在这两个领域之间共享信号、算法和数据,从而提供新的设计和验证功能。当完成每一种试验时,应利用其结果来验证所构建的系统模型的准确性。这样,随着试验过程中获取数据的增加,模型会变得更可靠,更能代表系统的性能。由于"连接解决方案"的开放式结构,新项目都不必为建模重复工作,研制经费大为节约;并且它是以核心专业技术为基础建成的知识库,以往的经验教训在该知识库内部得到规范,任何新项目可以从一个更高的熟练水平启动。

"连接解决方案"具有多种优势。它可以帮助设计者快速执行仿真以评估元件和系统性能,然后将仿真信号转化为硬件测试所需的真实射频信号。反之,设计者也可以获得系统或被测件(DUT)的测量输出,然后将这些输出信号输入 ADS 进行后续分析。使用连接解决方案,即可在系统的其他部分完成之前,在整个系统环境中对硬件元件进行评估。

4.5　雷达综合实验室闭环测试

4.5.1　综合实验室测试的系统层次指标

4.5.1.1　典型相干雷达的子系统

典型相干雷达系统的主要子系统有:

(1)天线:目标和周围环境的界面。该子系统包括天线和天线控制单元。

(2)发射机:目标辐射源。该子系统包括发射机/调制器,天线收发转换开关,波形产生器,主振/主控振荡器。

(3)接收机:放大器和目标回波初选滤波器。该子系统包括 RF 放大器,混频器,IF 放大器和检波器。

(4)数字子系统:一组专用和通用处理机,它们可以完成目标分选、雷达控制、天线控制的后期信号和数据处理。该子系统包括 A/D 变换、数字信号处理机、数据处理机、控制总线、显示与控制。

闭环测试是指,将特定的测试信号注入到接收机和数字子系统中,分析所得到的响应。信号源(或信号模拟器)生成表征目标回波、杂波、ECM 等的信号,注入到被试雷达系统后,观察与这些信号有关的雷达系统性能。

为了达到指定的性能指标,雷达系统开发的第一步就是将这个指标转换为子系统设计参数的形式,如发射功率和波形、天线增益和波束宽度、接收机噪声系数和频率响应,以及信号处理器特征。

在试验雷达的开发与组装期间,关键元件、电路和子系统的测试由承制方和军方共同执行,以判断系统的这些部分能否完成系统指标转换时所规定的功能。

许多系统性能指标是完全由接收机和处理机子系统决定的。其他对于外场很难评估的指标,也主要由这些子系统决定。利用闭环测试,即将控制信号注入接收机中,并评估输出响应的方法,来评估这些指标,是非常实用的。

4.5.1.2 雷达接收机子系统

雷达接收机是一组级联放大器和混频器。它通过天线收发转换、放大器、滤波器接收来自天线的射频信号(及随之而来的噪声和其他干扰),并将它们以适于模拟或数字处理的电平形式,传送到信号处理机以分选目标数据。

通常将射频滤波器设计成一个可通过系统调谐波段内(如10%的带宽)的所有接收频率的固定网络。其目的是,在保证信号最小损失的同时,消除波段外的干扰。滤波器的输出可直接送到混频器。不过,现代雷达系统的发展趋势是引入一个低噪射频放大器,以减小混频器的噪声影响。在中频的预放大之后,中频带通滤波器消除发射信号频谱外的噪声与干扰成分。采用进一步的中频放大来驱动任何可能使用的中频模拟处理:利用耗散网络或延迟线的脉冲抑制、动目标识别或多普勒滤波、增益控制等。中频输出常常通过相内和静态检波器,在更进一步数字处理的 A/D 变换之前,由二级本地振荡器转换到基带上。在一些现代系统中,在中频带通滤波和增益控制之后,立即进行 A/D 变换,使得脉冲抑制、动目标识别和多普勒滤波能够在下面所描述的数字信号处理机中进行。

4.5.1.3 雷达数字子系统

现代雷达系统中,在中频带通滤波和增益控制之后,立即进行 A/D 变换,使得脉冲抑制、动目标识别和多普勒滤波能够在数字信号处理机中进行。数字子系统提供一个便于不同类型的闭环测试的控制与操作界面,因为它可实现对雷达系统的其他子系统的控制。

现代雷达系统的数字子系统可提供如下功能:

(1)天线波束引导和控制;

(2)雷达信号处理;

(3)雷达数据处理;

(4)雷达控制。

典型的数字子系统的组成分为两部分。适于大输入输出吞吐量的面向结构的信号处理,如数据流、阵列或流水线设计;重复处理,如波束形成、杂波滤波、多普勒处理和其他信号处理功能。通用性强的结构更加适于提供雷达控制、雷达检测后处理和报告格式化的功能。在大吞吐量重复处理部分中,可进一步区分:波束形成,它是一个专用的单一功能的处理过程;信号处理,它需要大量的算法应用以适应各种雷达模式。

1. 天线波束控制单元

波束控制单元根据雷达控制单元关于辐射方向和频率的命令,为相控阵天线的所有阵元提供相位漂移指令的计算。每次改变天线方向和频率,都必须重新计算。相位漂移指令传送到单个阵元上,由该位置的相位漂移器执行。对于指定的天线阵元,相位漂移指令的基本计算公式如下:

$$\Phi = \frac{Z \cdot u}{\lambda}$$

式中　Z——阵元位置矢量;

　　　u——沿着所需的天线指向的单位矢量;

　　　λ——辐射波长。

计算结果是每一相位漂移周期内的相位漂移指令。去掉结果的整数部分,因为它表示了相位漂移附加的圆周数。小数点后的部分则保留少数几位(典型地,4~6位,由天线波束所需的旁瓣电平而决定),送到阵列的相位漂移器进行调制。因为典型的阵元位于规则分布的矩形或三角形栅格,所以利用对称法来减小计算量,通常是可能的,对于给定的波束控制方向和雷达频率,有效的波束控制算法计算出两个基本量值:阵列中相邻两行阵元的相移增量,相邻两列阵元的相移增量。这样,对于给定的波束方向命令 cx、cy 和雷达波长 λ 计算:

$$a = dx \cdot cx/\lambda$$
$$b = dy \cdot cy/\lambda$$

式中　dx, dy——行和列的阵元间隔;

　　　cx 和 cy——与阵列坐标栅格相关的波束指向的方向余弦。

这两个值为每一阵元提供相位漂移命令。

$$\varphi_{0.0} = 0$$
$$\varphi_{m+1.0} = \varphi_{\mathrm{sub}m.0} + a$$
$$\varphi_{m.n+1} = \varphi_{m.n} + b$$

一个典型的武器定位雷达大约可以有 4000 个辐射阵元,所需的波束指向捷变为每一个雷达闭锁周期提供一个新的波束位置,这个闭锁周期约为 25ms。因而,所要求的相位漂移指令速率将是每秒 160000 个。通过使用有效的算法,如上述的算法,可显著地减少波束指向捷变。

2. 雷达信号处理器

信号处理器处理所有接收到的大流量雷达信号。其功能包括:

(1) A/D 变换;

(2) 脉冲压缩;

(3) 杂波滤波;

(4) 多普勒处理;

（5）信号检测（恒虚警率）。

为在这些处理中灵活应用各种算法,有必要进行不同压缩比的脉冲压缩,提供可调节的杂波陷波滤波、可变的相干闭锁时间等。在某种程度上,信号处理器必须是可编程的。

单脉冲跟踪雷达,具有处理来自接收子系统的三个雷达信号通道(即一个单脉冲和通道,两个单脉冲差通道)的信号的能力。这些信号的相干处理要求提供给信号处理器每个通道的相内和正交相干视频成分。因此,典型的模数转换由6个独立的转换器组成。通常,转换所要求的精度为每个采样8位~10位。每一转换器的采样率由雷达信号带宽决定,在武器定位系统中大约为2MHz。

脉冲压缩以模拟形式在接收子系统中进行,或以数字形式在数字子系统中进行。如果它在数字子系统中完成,计算过程将是完成窗内相邻信号采样的线性函数(加权相加)的滑窗线滤波过程,为不移动的或慢移动杂波的抑制和动目标识别(MTI),提供了杂彼滤波。典型地,它包括来自少量(2~4)相继脉冲重复间隔中的相干距离采样的加权和计算。因此,也需要来自一个或多个相继重复间隔的距离采样脉冲。

目标速度测量(和杂波抑制)由一套多普勒滤波器完成。典型地,它由一系列覆盖整个无模糊多普勒间隔(等于雷达脉冲重频)的邻接滤波器的FFT算法完成。在每一相干雷达闭锁期间内,在一个FFT过程中,处理这些采样,一个时刻对应一个距离采样,这就把来自给定距离的回波分配到一系列多普勒接收机中。

紧随每一发射脉冲之后距离采样,以距离的顺序送至信号处理器。多普勒滤波要求,一起处理在相干闭锁间隔内接收到的某一给定距离的所有采样。因此,需要可提供有效二维"角变换"的存储组件。相继距离采样作为相继水平变量,存储在该二维结构中,然后以相继的垂直变量形式读出。在数据存储期间,读入顺序为:来自第一脉冲间隔的所有距离采样,接着是所有来自下一脉冲间隔距离采样,等等。在数据检索期间,读出顺序为:闭锁时间内,所接收的、来自第一距离门的所有采样,接着是来自第二距离门的所有采样,等等。实际FFT计算由数据采样的适当选择配对的基本乘法和加法函数的重复应用来完成。

目标检测包括报告给雷达控制处理器的那些单元,这些单元执行门限的功能。通常,需要某种恒虚警率控制。实现这种功能的一种方法是,在大量的背景分辨率单元中,基于信号强度的分析(如平均)对每一分辨率单元变换检测门限。

雷达设计中,常用频率捷变提供ECCM能力、距离模糊分辨率等。雷达控制处理器生成系统使用频率的序列。所有天线控制命令由雷达控制处理器生成,并对于阵列天线,转换成详细的相位漂移指令形式,传送到波束控制单元。

该单元生成天线的基本搜索方向图扫描路线。利用初始目标检测的角度坐标系,为再确认闭锁,生成天线的瞄准命令。同时,这里也生成跟踪的瞄准命令。

系统和子系统的测试控制是一项重要功能。典型地,在雷达控制处理器的控制下,自动排序系统运行的检查。它常常采取运行一套诊断规程的形式:向各种子系统发出命令,并处理反馈回雷达控制处理器的结果。这些过程均与雷达系统的正常工作相交错进行。

雷达数据处理功能包括:

(1)单脉冲角估计;

(2)距离模糊分辨率;

(3)锁相间相关。

3.雷达控制处理器

雷达控制处理器提供雷达全系统的控制,它也处理并解释来自雷达信号处理器的输出数据。既然数字子系统执行的功能并不要求很大的数据吞吐率,那么典型地,它是由通用计算机结构来完成。多功能中断驱动处理为:当需要执行更高优先级的功能时,辅助任务归入背景中或延迟。

雷达控制功能包括:

(1)雷达模式时钟和控制;

(2)频率捷变;

(3)天线控制命令生成;

(4)运行中测试的控制。

典型地,该单元提供了雷达系统的全部时钟控制。它包括对发射机、接收机和信号处理器的所有同步时钟的生成与分配。雷达工作模式,如目标搜索、目标确认、目标跟踪、杂波测绘等必须根据下列要求相适地交错:

(1)多扫描目标关联;

(2)目标跟踪;

(3)火力发射点估计(武器定位雷达);

(4)目标报告和显示。

这些功能都涉及到信号处理器接收到的数据处理,并具有更为通用的计算形式。

综合上述分析,综合实验室测试来评估的特定系统层次的指标包括:

(1)速度响应;

(2)目标截获时间;

(3)同时目标处理容量;

(4)多普勒分辨率;

(5)角分辨率。

4.5.2　速度响应测试方法

雷达测试主要有三种方法,具体说明如表4.4所列。

表4.4　雷达接收处理性能主要测试方法

雷达接收机测试方法	特　　点
专用的雷达模拟器测试	(1) 是现在对雷达接收机测试的主要手段。但雷达模拟器主要对应一些具体的雷达系统进行研制。设备的通用性和扩展性较差,很难满足现在雷达新技术发展的需求。 (2) 实现的成本较高
实际作战条件测试	(1) 是对雷达系统工作性能最真实的测试。但对所有项目的测试需要大量的人力、物力和时间。 (2) 测试的重复性比较差。 (3) 测试成本非常高
使用通用测试仪表	(1) 信号源的矢量调制能力使复杂雷达信号的模拟变成现实。现有仪表已能完成各种类型雷达信号的合成。工作频率及调制带宽可覆盖现在雷达系统的技术要求。 (2) 扩展性能好,在信号通道数量、信号内容上可方便进行扩展。 (3) 信号真实性问题可通过实际信号的采集和回放功能来保证。 (4) 实现成本相对较低。 (5) 对信号实时调整控制能力的有限性

通过表4.4的对比说明可以看到,通用测试仪表能满足实验室条件下雷达接收处理部分的测试技术要求。因此,雷达综合实验室测试系统拟采用通用测试仪表为基础完成,以满足研制新体制雷达的测试要求。

测试原理及方法:运动目标回波信号实现方法,Agilent ADS 软件 + E8267D 信号源。

Agilent ADS 软件 + E8267D 信号源模拟生成雷达目标回波信号,ADS 软件可以提供运动目标回波信号模型。该模型可以直接被调用于信号计算,模型包含对目标 RCS、距离、速度等参量的控制。该目标模型的数学算法是开放的,使用时可根据测试要求对模型参数进行更改或嵌入用户设计的模型算法。

由 Agilent ADS 软件 + E8267D 信号源生成带有大量多普勒漂移的目标回波脉冲。这些脉冲由雷达控制处理器生成的时钟信号触发,因此它们表示了雷达所使用的 PRF 方式。通过将这些脉冲输入到被试雷达的接收机中频或视频部分,可以检验多普勒滤波的信号处理器的输出,从而得到速度响应。

雷达的速度响应是由以目标径向速度(由目标的多普勒频率测得)为函数的相关目标输出信号电平图形来表示的。典型的速度响应曲线表示了具有固定的 PRF 和双延迟 MTI 对消器的信号处理滤波特性的雷达在不同的反馈程度下的速度响应。多普勒频率 f_d 和目标径向速度 V_t 之间的关系为

$$f_d = 2V_t/\lambda$$

因为该雷达只有单一 PRF，所以多普勒频率等于 PRF(f_r)时的速度为第一盲速，并且 $f_r/2$ 所对应的速度称为"最优化速度"。雷达设计中的速度响应由 PRF 值、波长、信号处理器的滤波特性所决定。常常利用多 PRF(或不规则重复周期)来消除感兴趣的目标速度范围内的盲速。利用复杂的滤波特性(典型地，带 FFT 算法的 MTI 脉冲相干多普勒滤波)，来实现所需的各种类型杂波干扰(如地物杂波、气象杂波、箔片和飞鸟)的抑制。与各种类型杂波相关的性能将很精确地由系统层次的杂波下可见度(SCV)的外场测量值来决定。

如果用已知雷达横截面积的真实目标以各种速度飞向雷达，来测量速度响应将是资源的巨大浪费。闭环测量完全特征化了相关速度响应函数，只需少量的 SCV 和雷达有效距离的外场测试，就能修正速度响应曲线。

4.5.3 目标截获时间测试方法

测试原理及方法：雷达目标回波脉冲序列实现方法，Agilent ADS 软件 + E8267D 信号源。

现代雷达的目标截获时间由信号处理器的滤波和信号累积延迟，与检测、目标报告、分选、跟踪初始化等相关的数据处理所带来的延迟决定。虽然目标跟踪并不是特别典型的由电—机械伺服机构来完成，但是在电扫描阵列天线的工作模式下，与天线波束转向相关的延迟时间与上述信号数据处理延迟相比是微不足道的。边跟踪边扫描系统还引入了与扫描速率和波束覆盖(或重访时间)有关的延迟，且保留了上述信号和数据处理器的延迟对截获时间的影响。因此，目标截获时间的测量最好以闭环为基础，仅涉及数字子系统。

Agilent ADS 软件 + E8267D 信号源生成一个表示雷达目标回波的脉冲序列。这些脉冲输入到接收机中频或视频部分，或直接以数字的形式输入到信号处理器。测试计算机使雷达系统沿着正常工作步骤运行：信号滤波、检测、后验累积、目标确认、分选等，并且测试计算机还使得雷达系统跟踪初始化。通过协调控制由测试控制计算机生成的信号模拟器的脉冲序列时钟和雷达控制计算机的模式排序，考虑扫描范围和重访时间的影响。在目标截获的各步骤中，测试控制计算机管理和记录模拟目标型号的进程。

4.5.4 同时目标处理能力测试方法

被试雷达可分辨的距离和多普勒范围内产生大量同时目标回波可编程信号实现方法：Agilent ADS 软件 + E8267D 信号源。

现代雷达同时处理可分辨的目标数目，部分取决于信号处理器的延迟，更多

地取决于数据处理器在完成目标报告、目标确认与分选、跟踪初始化、跟踪继续等功能时的速度和存储容量。电扫天线波束目标间的开关所引起的约束,是由闭锁时间要求(累计延迟)和数据处理器功能所决定的,而不是由天线波束开关时间(典型地,以微秒计量)决定的。因此,涉及到数字子系统的闭环测试是目标处理能力。

通过 Agilent ADS 软件 + E8267D 信号源在可分辨的距离和多普勒范围内产生大量同时目标回波的可编程信号,可以完成目标处理能力的闭环评估。这些脉冲以数字形式输入到数字子系统的输入端,将所有同时目标集中到一个天线波束内或分散到整个扫描束中。测试控制计算机管理雷达对这些目标的滤波、检测与跟踪操作。可加入新的附加目标回波,以检验在先前检测到的目标上保持现有轨迹时,雷达系统建立新跟踪文件的容量。

4.5.5 目标分辨率测试方法

相同尺寸或信号强度的雷达目标回波脉冲实现方法:Agilent ADS 软件 + E8267D 信号源。

通过闭环测试可以最有效地测试四维雷达坐标系中的多普勒和两个角度的目标分辨率,因为外场测试中控制具有仅距离可分辨的真实目标非常困难。不过,测绘雷达(包括机载合成孔径雷达)例外。这种雷达的分辨力和测绘质量主要是由雷达在均衡雷达平台的非理想化运动时所能达到的精度而决定的。在这些情况下,外场测试必须对已知场景(包括反射器的测试图)进行测绘并分析,以判断分辨率和测绘质量。

Agilent ADS 软件 + E8267D 信号源产生相同尺寸或信号强度的雷达目标回波脉冲,并以数字形式输入到数字子系统的输入端,测试控制计算机管理雷达对这两个目标的滤波、检测与跟踪操作,记录可分辨的两个同等大小目标信号的最小间隔。在大目标信号存在的情况下,分辨小目标信号就是把小目标和大目标的响应函数的边缘相比较,并且为达到分辨率,需要更大的空间间隔。在这种限制下,旁瓣电平确定了在大目标存在的情况下,多小(横截面)的目标能被检测到。当目标信号电平的比值远大于主瓣与旁瓣的比值时,在大目标的旁瓣区不能检测小目标。

通常,雷达性能主要考虑相同或近似相同尺寸或信号强度的目标的分辨率,虽然对于脉冲抑制系统,可标记峰值测距旁瓣以适应大目标存在时的小目标检测。并且,合成孔径测绘雷达特别需要距离和多普勒频率上的低旁瓣,以精确地测绘与高反射率相邻的低反射率区域(如地面、水面边界等)。

4.5.6 多普勒分辨率测试方法

模拟目标实现方法:Agilent ADS 软件 + E8267D 信号源。

利用闭环测量配置,可直接评估多普勒响应函数。Agilent ADS 软件 + E8267D 信号源产生模拟目标信号,将模拟的目标信号注入到数字信号处理器的输入端。当输入信号的多普勒频率变化时,记录信号处理器的输出。第二类测试是,将两个多普勒频率相近的信号同时加到信号处理器输入端,以检验它们的可分辨性。

4.5.7 角度分辨率测试方法

方位角和俯仰角坐标平面的响应函数与天线方向图相对应。方位角和俯仰角的分辨率的测量受天线子系统方向图测量的影响。这些方向图测量也为俯仰角整形波束的搜索雷达提供了评估俯仰角有效范围的必需数据,同时提供了旁瓣的 ECM 易损性。

有两种测量天线方向图的方法,即小型天线试验场测试方法和远场天线试验场测量方法。

1. 小型天线试验场测试方法

虽然还要判断小型试验场对旁瓣电平测量的约束(作为寄生反射或静区内非平面相位阵面的结果),但这些约束均可实现(需要在微波波段测量低至 −40dB ~ −50dB 的旁瓣的能力)。被测试雷达的天线口径比小型试验场的静区宽度小得多,因此这些天线定位在区中心附近时,其旁瓣测量约束将很低。

小型试验场定位器转动被试天线的能力,对电扫天线的方向图测试非常有用,因为可利用与阵面相连的电子固定波束位置和机械扫描天线,测量这些天线的真实方向图。没有这样的定位器,可通过与信号源位置相连的电扫来得到方向图,但是这些方向图不是与特定波束位置相对应的真实空间方向图。

2. 远场天线试验场测量方法

在这个场地上有 350m 或更远的直视距离,桥、塔和其他物体都足够远,使得能测量到的旁瓣深度的限定反射最小。为正确评估电扫天线,并且允许方向图在所有角度上同机械扫描天线相交,这类天线试验场需要一个类似于小型试验场使用的定位器。

远场试验场测量天线方向图的通用过程如下:

(1)将被试天线装在定位器上。

(2)转动定位器,建立与所需方向图相交平面相对应的定位器扫描平面。

(3)转动信号源上与特定的天线极化相对应的极化器。

(4)运行方向图测试程序:转动定位器角度,扫描经过信号源方向的天线波束,记录方向图。

典型地,现代方向图测试试验场(小型和远场类型)全部由计算机控制,包括各种格式扫描编组和方向图绘制。

4.5.8　电磁兼容性(EMC)测试方法

雷达产生的电磁干扰包括:在同一波段不同通道工作的、同类的其他雷达的干扰,如其他型号的雷达、通信和数据传输系统的其他射频系统干扰,以及透过杂散辐射被检测和定位的雷达的可能感兴趣之处。在被试雷达的瞬时发射带宽之外,但在雷达工作波段之内的辐射功率的评估,可使用将发射机接到假负载的方法,在只有发射机子系统的状态下完成。

雷达工作波段外的辐射功率电平的评估,应该由输入天线的辐射源和与接收天线相连的频谱分析器完成。测试中包括天线,是因为它起着对波段外信号滤波的作用。测量频域要求:主控振荡器内部频率的和、差及谐波的综合能产生波段外信号以及雷达(基)载频的二次和可能三次(依赖于基频有多高)谐波。接收天线位于雷达天线波束的近场或远场。

来自所有子系统的杂散辐射包括:来自主控振荡器和波形生成的低频振荡器、计量器的辐射,来自数字子系统的辐射。另外,关闭雷达发射机以避免检测、定位、反辐射导弹进攻时,还要考虑频率的辐射(波段内和波段外)。

当发射机关闭时,重复前面的测量过程。来自该系统的低频辐射可在电磁兼容专用设施中测量,利用宽带接收天线和频谱分析仪记录和分析。

4.5.9　ECM 易损性测试方法

LFM 信号生成:把 ESG 信号发生器连接到 ADS 以生成 LFM 信号。

干扰信号生成:ESG 提供 802.11a 干扰信号。

Agilent ADS 软件 + ESG 信号发生器产生 LFM 信号,将 ESG 提供 802.11a 干扰信号直接与雷达接收机耦合(在天线或射频放大处),把 ESG 信号发生器连接到 ADS 以生成线性调频信号并在同一点注入雷达接收机。虽然也可以使用商用 WLAN 卡来生成 WLAN 干扰,但是使用内置有 WLAN 专用软件的信号发生器可更好地控制干扰器的输出功率和中心频率。

PSA 系列分析仪捕获线性调频和干扰信号,在 ADS 环境中进行处理。图4.10 显示了包含雷达线性调频和 WLAN 干扰信号的测量信号。在该图中,两个

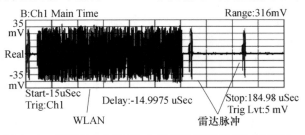

图 4.10　测得的中频波形,包括线性调频和 WLAN 信号

波形的峰值幅度大致相同，但是 WLAN 信号与某些周期性雷达脉冲发生重叠。在重叠期间，雷达侦测能力可能会降低。一旦 Agilen PSA 捕获到信号，就可将波形输入 ADS 进行进一步处理。图 4.11 显示了在有和没有 802.11a 干扰的条件下进行测量，ADS 线性调频压缩滤波器的相关输出。在没有干扰的测量中（图 4.11(a)），相关峰值比滤波器的输出噪声大约高 20dB。在有干扰的测量中（图 4.11(b)），相关峰值输出仅比干扰的最大峰值高 6dB。在这种测试条件下，如果存在 802.11a 干扰，雷达的灵敏度会大大降低，侦测距离也会显著缩短。

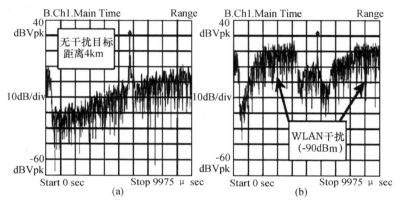

图 4.11　有无 WLAN 干扰时所测得的 ADS 线性调频压缩滤波器输出

第5章　雷达半实物仿真试验与评价

5.1　概　述

第4章的综合实验室试验中的硬件设施包括能提供安全的环境,针对模拟的敌方武器系统硬件或真实的敌方武器系统硬件来对各种手段或硬件进行试验的专用室内设施。它们用于确定威胁系统的敏感性和效能,以及评价雷达系统的性能和技术。这些设施是在现实的模拟环境下试验尚未安装的系统部件的首选设施。

本章的半实物仿真填补了全数字/混合仿真与实际外场试验之间的空白。数字仿真虽然效费比较高,在实际硬件制造之前可以模拟武器系统的性能,但其置信水平不高,因为许多数学模型是理想化的(如导引头的数学模型),且诸多子系统之间的相互作用难以预测和建模。而半实物仿真,把导弹的导引头等主要部件置于回路中对系统进行仿真,避开了数学建模的复杂性和不确定性,提高了仿真的精度和结果的可靠性。另一方面,在半实物仿真中,可重复的仿真条件还可以验证数据的可靠性、可用性和可维护性。

雷达作战的电磁环境日趋严酷,对其抗干扰性能不断提出新的更高的要求。在雷达的设计和研制过程中,必须把它的战术抗干扰和技术抗干扰性能放在关键的位置上,必须采取一系列的硬件和软件抗干扰措施。防空导弹武器系统必须能够在现代战争中复杂的电磁干扰环境下作战,其中导弹末制导回路在电子干扰条件下的品质是关系到武器系统作战性能的重要技术指标之一。虽然实战中电子干扰环境是瞬息万变的,但是,可以将其视为各种典型干扰环境的组合。因此,可以在仿真生成的典型干扰环境下考核导引头的抗干扰性能。另外,要完全通过外场实弹打靶来考核在复杂的电磁干扰环境下导弹制导控制系统的品质,这无论是在技术上,还是在财力和物力上都是难以实现的,所以,在微波暗室进行导引头抗电子干扰仿真是可行、有效、经济的试验手段。在实验室内对主动雷达导引头进行数字仿真和半实物仿真试验是考核其抗干扰性能的最有效的试验手段。在设计阶段多进行数字仿真,灵活经济;而在研制阶段多进行半实物仿真,以提高其可信度并能测试实际系统的功能和性能。

5.2　虚拟试验验证技术

虚拟试验场的最大优势是分布式试验鉴定机构能够通过网络同时对其所需

参数进行收集并迅速完成对被试品的鉴定评估。分布式试验应用广泛,大到针对"系统的系统"的军队级别试验想定,小到实体级别的"一对一"试验想定都包括在其中。虚拟试验场支持各种级别分布式试验的基础设施和能力,使得一个试验场能够进行同步试验。这种试验的试验人员分布在不同的地点却共享同样的资源,还使得无论在试验前、试验时和试验后,客户、研制人员、评估人员、分析人员和承包人员、分析人员和承包人都能取得联系。

虚拟试验验证的技术内涵包括环境、模型和参数 3 个部分,其中环境研究的内容主要包括虚拟试验过程中,对试验对象所处的自然、力学、振动、电磁等环境影响进行建模,为虚拟试验过程的进行提供外部环境的输入,提高试验模拟的逼真度;模型研究的主要内容是试验对象的内在物理特性和运行机制,具体应用目的不同,模型的类型也不同,主要包括数字、等效器、半实物、实物等;参数研究则主要针对试验数据配置、产生和分析的全过程,研究试验参数的提取、收集、分析、评估和可视化方法。

虚拟试验验证研究中的关键技术包括:虚拟试验样机技术、虚拟试验环境和平台技术、数学模型与半实物试验模型异构集成技术、虚拟试验方案生成和试验设计技术、基于虚拟现实技术的试验过程可视化技术、实物模拟和虚拟试验样机之间映射技术、虚拟试验验证分析和评估与参数修正技术。

5.2.1　虚拟试验样机技术

该技术是近年来从虚拟样机概念延伸而来的一种新型复杂产品试验验证方法,是一种新型的、基于集成化产品和过程开发策略的新的试验验证技术。该技术将系统建模方法、系统集成分析和验证方法有机结合起来,构建支持复杂产品虚拟试验验证的模型族,为产品开发过程中的试验验证提供数字化的模型生成、表现、评估标准规范,并为在虚拟设计样机之间的模型映射和数据交换提供了技术基础。

5.2.2　虚拟试验环境和平台技术

该技术用来支持构建一个支持多个虚拟试验应用在统一的分布式框架上进行多次运行的环境。

5.2.3　数学模型与半实物试验模型异构集成技术

数学模型与半实物试验模型异构集成技术用来实现虚拟试验过程中异构模型之间的协议转换和数据交换,为"虚实结合"的试验验证过程提供统一的模型接口标准。

5.2.4　虚拟试验方案生成和试验设计技术

虚拟试验方案生成和试验设计技术用来根据用户的要求生成数字化的虚拟

试验大纲,为试验运行分析提供模型和环境输入边界条件。

5.2.5 基于虚拟现实技术的试验过程可视化技术

基于虚拟现实技术的试验过程可视化技术主要解决试验过程逼真度问题,利用先进的视觉、听觉、触觉模拟软件和硬件系统,构建一个具有高度真实感的虚拟试验环境,通过将试验系统虚拟化,逼真地模拟试验过程,并通过数据可视化技术对试验数据进行多维空间的分析。

5.2.6 实物模拟和虚拟试验样机之间的映射技术

实物模拟和虚拟试验样机之间的映射技术是虚拟试验的基础,虚拟试验模型的正确与否和精确度直接影响到虚拟试验的置信度。映射技术主要研究虚拟试验模型与实物样机之间的相似性关系,利用模型近似方法建立真实模型和虚拟试验模型之间的对应关系。

5.2.7 虚拟试验验证分析、评估与参数修正技术

虚拟试验验证分析、评估与参数修正技术主要对试验过程中收集到的数据进行分析,确定试验结果的合理性,分析试验参数的灵敏度,为产品设计和实物试验提供技术支撑。

5.3 雷达半实物仿真实验室构建

5.3.1 半实物射频仿真实验室组成

雷达导引头在研制阶段,需要进行大量的仿真测试试验,对其检测、搜索、捕获与跟踪等性能进行考核验证。由于雷达导引头是工作在高速飞行的导弹上,对试验条件的要求也远高于地面雷达,不仅要求雷达距离地面有相当高度且要求处于飞行之中。目前通常采用的高塔试验和挂飞试验不但试验费用高,研制周期长,而且一些边界条件在外场无法实现,不能满足雷达导引头研制过程中对于一些重要技术指标需要定量测试的要求。没有半实物仿真系统时,导引头性能指标需要通过大量外场试验来验证。而外场试验条件十分恶劣,且效率低,目标环境不可重复,不利于分析、判断、解决雷达导引头存在的技术问题,同时外场试验费用也比较高。半实物仿真技术,为解决这些问题提供了一种有效手段。它能够在实验室内重复地为雷达导引头提供一个模拟真实工作状态的电磁环境。国内外雷达导引头的研制经验充分证明,在雷达导引头的研制中引入半实物仿真技术可以大幅度减小试验费用,加速研制进程。

导弹/雷达导引头半实物仿真系统通常采用微波暗室+转台+目标阵列的

结构实现,欧美各国都建成了多种先进的导弹武器系统仿真实验室,如美国陆军高级仿真中心(ASC)、雷锡恩公司、埃格林空军基地、英国 BAe 及马可尼公司等分别对"麻雀"导弹、"天空闪光"导弹及先进中距空空导弹 AIM 2120 做过很多工作,耗费巨资建立了射频仿真实验室,如图 5.1 所示。

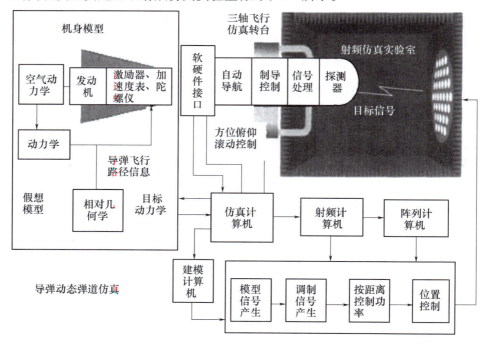

图 5.1 雷达导引头半实物仿真实验室

半实物仿真试验是考核导引头抗干扰性能的有效手段,是产品研制过程中必不可少的步骤。与数字仿真相比,其试验结果直观、可信;与外场电子战对抗等试验相比,它既经济实用又保密性强。导引头暗室抗干扰试验中,导引头放在三维转台上,处于接收状态,有源压制干扰信号以射频辐射馈电方式进入导引头,按照一定的干扰策略释放,测试导引头的抗压制干扰的能力。

在此实验室内,可形成接近于导引头实际工作时的射频电磁环境,包括信号的电磁属性和空间属性,对导引头进行试验研究和改进研究。模拟的射频电磁环境主要包括:考虑幅度起伏和角度起伏的目标反射、多个集群目标、目标飞机上的自卫式干扰、专门电子战飞机上的支援式干扰、地(海)杂波和镜像干扰等。

5.3.2 导引头抗干扰性能试验方法

半实物仿真试验指的是部分实物参与的仿真试验。一般采用缩比试验方法,首先要解决电子干扰环境缩比模拟。为此要实现 5 个方面的等效:

（1）战术等效:要求参与仿真试验的设备,按照作战的战术要求,设置必要的运动参数和环境参数。

（2）干扰样式等效：干扰样式和环境条件要与实际作战中的干扰样式和环境条件等效。

（3）干扰能量等效：作为抗干扰设备，所接收到的干扰能量与在实际作战中所接收到的干扰能量等效。

（4）时间等效：仿真试验的时间进程和节点与实际作战的电子战具有可比性。

（5）波长等效：仿真试验可采用小天线等效代替被试设备的真实大天线。

5.3.2.1　主被动导引头抗压制干扰试验

主动雷达导引头的目标回波利用信号源通道产生，并通过目标阵列馈电通道注入到阵列天线输入端，可以模拟目标回波的多普勒频率、功率变化、距离延时、视线旋转等特性；主瓣进入的压制式干扰由干扰信号模拟器产生，从小功率输出通道输出至目标阵列馈电通道；旁瓣进入的压制式干扰由干扰信号模拟器产生，从大功率输出通道输出至干扰阵列馈电通道。为了提供速度拖引欺骗式干扰，使用一个目标通道，多普勒频率按照预定的干扰策略进行控制，信号功率根据典型干扰机参数及干扰机与导引头之间的距离由计算机实时调节。

仿真试验时，导弹、目标的位置和速度既可以由控制弹道数学仿真以数据文件形式预先给出，也可以通过实时闭环弹道解算得到。仿真主机控制试验启、停。每次仿真时，仿真主机根据导弹、目标的位置和速度等弹道数据，实时计算干扰机位置，以及导弹、目标、干扰机之间相对运动关系，并据此计算射频目标、干扰仿真系统控制指令计算所需参数，通过实时网络发送给射频目标、干扰控制计算机。仿真主机同时计算导引头命令帧指令，发往总线控制计算机，并接收总线控制计算机返回的导引头量测数据帧信息。除此之外，仿真主机还将需要记录的数据传送给数据录取计算机。总线控制计算机模拟弹上主控计算机与导引头通信，接收仿真主机命令帧指令，回送量测数据帧信息。数据录取计算机接收仿真主机数据，并存入数据文件。射频源控制计算机、干扰控制计算机、阵列控制计算机分别控制射频源、干扰源、阵列。

将试验过程分解为 4 个子试验场景：导引头处于搜索状态时面临的压制干扰、导引头处于跟踪状态时面临的自卫式压制干扰、导引头处于近距离跟踪状态时面临的支援压制干扰、导引头处于近距离时面临的强压制干扰。

1. 导引头搜索状态时面临的压制干扰

本试验场景旨在测试导引头在搜索阶段时压制干扰对导引头搜索性能的影响，以及导引头在主动通道无法有效截获目标时，主被动切换的性能。

设定导引头处于搜索状态。对本场景进行了两种模式设置：

（1）只有一个舰船目标，用以测试主动模式被压制而无法正常工作时，是否能够转入被动模式，如图 5.2 所示。

（2）在搜索过程中有两个舰船目标，二者落在不同的扫描区域内，目标 1 发射压制干扰，目标 2 不发射压制干扰，如图 5.3 所示。导引头主动搜索模式可以发现目标，被动搜索模式也可以发现目标，通过这种场景设置来测试导引头主被动模式的优先选择性能。

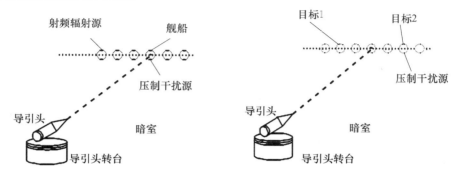

图 5.2　搜索阶段压制干扰示意图（单目标）　图 5.3　搜索阶段压制干扰示意图（双目标）

在这种模式下，通过暗室馈源将事先装订好的目标舰只在某姿态角下的回波辐射至导引头的接收天线，将压制干扰信号通过功率合成器与目标信号混合后经同一馈源向被试导引头辐射（实际战场环境中，压制干扰源的功率要远大于导引头的功率，自卫式压制干扰时一般不存在烧穿距离，为简单起见，仿真中可以忽略目标信号，只辐射压制干扰信号）。

试验过程中，目标和干扰平台的运动不是主要因素，目标舰只和压制干扰源可以设为静止。弹目距离可以有两种设置方式：第一种方式通过计算机在一定区间内让弹目距离连续变化，以考察导引头在选定距离区间内的整体性能；第二种方式可以将弹目距离设置为感兴趣的离散的点，便于反复考察导引头在这些感兴趣距离点处的性能。

在该种试验场景下的压制干扰源没有闪烁开关机策略，从开机之后可以一直稳定工作，但是有瞄准式、阻塞式和扫频式（快扫和慢扫）的工作模式选择。压制干扰源的发射功率从当前距离下能有效压制目标开始逐渐增大，在压制干扰源干扰能量逐渐增大的过程中，记录导引头相应的工作参数。

压制干扰源的最小干扰功率应该满足在当前距离 R_0 处有效压制住目标信号，由烧穿距离可以求得最小的干扰功率。干扰信号从主瓣进入时的烧穿距离为

$$R_0 = \left[\frac{P_t G \sigma L_r}{4\pi P_j G_j K_j L} \frac{1}{v_j} \frac{B_j}{F_d} \right]^{\frac{1}{2}} \tag{5.1}$$

由烧穿距离可推导出距离 R_0 处的最小压制功率为

$$P_j = \frac{P_t G \sigma L_r}{4\pi G_j K_j L R_0^2} \cdot \frac{1}{v_j} \cdot \frac{B_j}{F_d} \tag{5.2}$$

式中　P_t——导引头发射功率；

　　　G——导引头发射或者接收增益；

　　　σ——目标 RCS；

　　　L_r——导引头接收损耗；

　　　G_j——干扰机发射增益；

　　　K_j——导引头能有效检测目标的信干比；

　　　L——系统损耗(传输损耗、目标起伏损耗、失配损耗、信号处理损耗等)；

　　　v_j——干扰机的极化失配损失；

　　　B_j——干扰机落入导引头频带的干扰带宽；

　　　F_d——导引头工作带宽。

2. 导引头跟踪状态时面临的自卫式压制干扰

本试验场景旨在测试导引头在跟踪阶段时压制干扰对导引头跟踪性能的影响，以及导引头在进入被动跟踪状态时，压制干扰出现闪烁时导引头的主被动切换性能。

设定导引头已经处于稳定跟踪状态。本场景中可以简单设置为只有一个目标，示意图与图 5.2 相同。舰船目标以事先装订好的某种姿态角下的回波信号通过暗室的馈源进行辐射，待导引头稳定跟踪目标后，将压制干扰信号通过功率合成器与目标信号混合后经同一馈源向被试导引头辐射。舰船和舰船上载有的自卫式压制干扰源设为静止。弹目距离的设置方式同上。压制干扰源开机之后待导引头进入稳定的被动跟踪状态后，干扰源可以稳定工作或者闪烁开关机工作，其闪烁周期分快闪烁和慢闪烁。设快闪烁开关机周期可以设定为$(2\sim5)\Delta t$，慢闪烁开关机周期可以设定为$(10\sim50)\Delta t$。有源压制干扰的干扰模式可以选择瞄准式、阻塞式和扫频式。

3. 导引头近距离跟踪时面临的支援压制干扰

本试验场景旨在测试弹目距离比较近，导引头已经处于主瓣跟踪目标，编队中的其他舰船可能进行支援式压制干扰时，导引头是否能判断出干扰信号来自旁瓣以及导引头的搜索、跟踪转换性能和主被动切换性能。

设定导引头已经处于稳定的主瓣跟踪目标状态。本场景中可以设置为两个舰船目标，目标 1 处于主瓣，不辐射压制干扰，目标 2 处于旁瓣，辐射压制干扰源(目标 2 本身的信号可以忽略)，如图 5.4 所示。目标 1 以事先装订好的某种姿态角下的回波信号通过暗室的馈源辐射，待导引头稳定跟踪目标 1 后，将压制干扰信号通过某个馈源

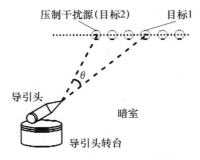

图 5.4　支援干扰示意图

辐射至导引头的旁瓣。目标1和压制干扰源设为静止。弹目距离的设置方式同上,不用考虑压制干扰源是否闪烁,稳定工作即可。

下面分析支援式压制干扰最小发射功率。干扰信号从旁瓣进入时的烧穿距离为

$$R_0 = \left[\frac{P_t G \sigma L_r}{4\pi P_j G_j K_j L} \cdot \frac{1}{v_j} \cdot \frac{B_j}{F_d} \cdot \frac{G}{G_s} \cdot R_j^2 \right]^{\frac{1}{4}} \qquad (5.3)$$

由式(5.3)可以推导出支援式压制干扰的最小压制发射功率为

$$P_j = \frac{P_t G \sigma L_r}{4\pi G_j K_j L} \cdot \frac{1}{v_j} \cdot \frac{B_j}{F_d} \cdot \frac{G}{G_s} \cdot \frac{R_j^2}{R_0^4} \qquad (5.4)$$

式中 R_0——需要压制的主瓣内目标距离;

      G_s——导引头旁瓣增益;

      R_j——支援式干扰机的距离;

其他参数同上。

4. 导引头近距离时面临的强压制干扰

本试验旨在通过检测导引头最大可承受压制干扰功率来测试其抗饱和、抗烧毁能力。设定导引头处于跟踪状态,可以设置为只有一个压制干扰源,因为只需考察导引头的最大可承受压制功率,无需设置弹目距离,不用考虑压制干扰源是否闪烁,也不用考虑干扰的模式,只需考虑瞄准式即可。干扰功率可以从最小压制功率逐渐增大,直至导引头的抗饱和、抗烧毁电路启动为止。

5.3.2.2 导引头抗自卫式速度欺骗干扰试验

速度欺骗干扰包括速度拖引干扰、多重假多普勒频率分量(多普勒频率复制)干扰、多普勒频率闪烁干扰。速度拖引干扰可破坏导引头对目标的速度选择与跟踪,并造成导引头测得假的目标速度信息或对目标重新搜索和截获;多重假多普勒频率分量干扰使导引头截获假多普勒频率的干扰分量,无法截获目标信号,得出错误的相对速度测量值;多普勒频率闪烁干扰可抑制有用信号,导致导引头对有用信号的跟踪发生周期性的中断,并可能转而截获假多普勒频率干扰分量,重新搜索和截获信号。试验评估在速度欺骗干扰作用下导引头速度跟踪通道的功能和对目标跟踪的稳定性,包括目标信号最大频率跟踪误差,速度跟踪状态的间断比数值,目标接近速度测量误差,多普勒频率信号的跟踪稳定性,角信息进入角跟踪通道的占空比,速度跟踪误差。

5.3.2.3 导引头抗自卫式复合干扰试验

自卫式复合干扰是指以下两种对速度跟踪通道的干扰:窄带噪声干扰+速度拖引干扰,多重速度拖引干扰。第一种复合干扰中的窄带噪声分量起遮蔽作用,还使导引头无法使用拖引干扰保护电路,此保护电路是靠对目标信号和拖引干扰信号进行对比分析而工作的。这样就使导引头无法从速度上选择目标信

号,从而增高了拖引概率。第二种多重速度拖引干扰可保证在一定拖引范围内,拖引周期数更多,因而使导引头可能测得假的接近速度值,并使测角均方差增大。试验评估在复合干扰作用下导引头速度跟踪通道的功能和对目标跟踪的稳定性,即速度跟踪误差,角信息进入角跟踪通道的情况,失调角信号的波动分量电平。

5.3.2.4 导引头抗欺骗干扰试验

这里所述的欺骗指外置式假信号源,包括照射地面诱导干扰(即有源镜像反射)、带有干扰源的诱饵(包括投掷式/发射式/拖曳式)、外置式干扰布撒器。干扰布撒器可采用"外置信号源 + 速度拖引干扰 + 幅度控制"技术。此种干扰会使导引头中断对目标的跟踪而改瞄假信号源。试验要评估导引头以下性能:重新截获及中断跟踪概率,识别信号源参数特性及运动学参数的算法,抗角度及速度欺骗式干扰的算法。

5.3.2.5 导引头抗群目标形成的闪烁干扰试验

当群目标中每个目标交替施放窄带噪声连续干扰信号时,会给导引头按角度分辨目标造成困难,从而导致导弹对群目标中每个目标的脱靶量都增大。群目标闪烁干扰分为异步闪烁干扰和同步闪烁干扰。此种干扰对导引头的作用有:窄带噪声干扰可抑制导引头速度跟踪通道并使导引头测角随机误差加大;干扰辐射源周期性地在目标群内各目标之间移动会使导引头角跟踪通道测得的失调角信号跳跃式变化,并引起导引头测向特性曲线的失真和零点偏移以及失调角波动分量明显加大,还可使导引头在跟踪干扰源和跟踪目标两种工作状态间发生转换。

该试验要检验在不同闪烁频率下,同步及异步闪烁时导引头的工作情况,研究导引头和飞控组件用于分辨闪烁干扰的算法及飞控组件对导引头信息二次处理(滤波等)的能力,评估导引头以下性能:目标速度跟踪误差,目标角跟踪误差,失调角信号的波动电平,角信息进入角跟踪通道的占空比。该试验可以考核导引头重新瞄准性能及分辨力,并可对导引头及飞控组件弹载计算机的抗干扰算法进行研究。

5.3.3 功率标定与控制方法

半实物仿真时阵列天线入口功率谱密度应满足

$$\rho_j = P_j \frac{G_j}{G_z} \frac{R_z^2}{R_j^2} \frac{1}{B_j} \tag{5.5}$$

式中 P_j——干扰机的发射功率;

G_j——干扰机发射天线增益;

B_j——干扰机发射信号带宽;

P_z——仿真阵列天线入口功率;

G_z——阵列天线增益；

B_z——仿真干扰信号带宽；

A_s——导引头天线有效面积；

R_j——导弹与干扰机间距离；

R_z——阵列天线到转台回转中心的距离。

利用式（5.5）可以对阵列天线入口的干扰信号功率谱密度进行标定。

半实物仿真试验过程中，干扰信号的功率是通过控制干扰信号源中的程控衰减器的衰减大小来控制的。在各项试验中，干扰源衰减器按下面公式控制：

$$A_j = A_{j0} + 10\lg \frac{G_j(0)}{G_j(\alpha)} + 20\lg \frac{R_j}{R_{j0}}$$

式中　R_j——导引头至干扰机距离；

R_{j0}——干扰功率标校点对应的导引头至干扰机距离；

A_{j0}——对应标校点干扰通道衰减值；

$G_j(\cdot)$——干扰机发射天线增益；

α——导引头至干扰机视线与干扰机发射天线波束主轴夹角。

而目标回波衰减值 A_r 可由下面公式计算：

$$A_r = A_{r0} + 40\lg \frac{R}{R_{r0}}$$

式中　R——弹目距离；

R_{r0}——目标回波通道功率标校点对应的弹目距离；

A_{r0}——对应标校点目标回波通道衰减值。

导引头抗干扰半实物仿真试验，考核了静态旁瓣噪声干扰、静态主瓣噪声干扰、动态远距支援干扰、动态自卫噪声干扰、动态自卫速度欺骗干扰、动态随机多普勒转发干扰下导引头截获、跟踪性能。微波暗室中导引头抗干扰性能评估是全面考核导引头抗干扰性能的一种行之有效的技术途径之一。

5.4　基于 ADS 的新型半实物仿真试验

在雷达系统的各个分机实现阶段，ADS 设计平台支持与安捷伦各种测试仪表互联，实现半实物的仿真和测试，从而改变了设计阶段与测试阶段完全割裂的状态，也建立起新型的系统化的测试平台。通过互联，ADS 平台可将仪表测试数据导入，也可将计算数据导进仪表产生测试信号。这样，各个功能模块或分机便可完成类似于软件级原型验证那样，测试其在仿真系统下的工作状态以及进一步预测其对于整个系统性能的影响，从而实现进一步侦错和故障预测。

综合使用 ADS 仿真软件和测试仪表，可完成更多的雷达设计和测试方法，对电路或整机进行硬件＋软件的半实物仿真。这些方法可突破传统对整机系统或其中关键部件的测试评估方法,集中精力完成系统核心部分的开发,大大提高新型号研发的效率。

ADS 软件提供了丰富的与安捷伦公司仪表和测试软件的接口模块:ESG 接口模块、PSG 接口模块、VSA89600 接口模块、WaveStreaming 读写接口模块、码型发生器接口模块、逻辑分析仪接口模块、548 系列示波器接口模块、E444x 系列和 E4406VSA 矢量信号分析仪接口模块、89600 接口模块、SDF 接口模块、VeeLink 接口模块。结合 ADS 软件和安捷伦测试仪表,可以实现以下功能。

5.4.1 部件建模及系统验证

在雷达系统中,许多模块或分系统都是外协完成的。对这些设备一般需要和全系统连接才能全面验证其工作性能。当全系统状态不完整时这样的测试是非常困难的。而当全系统齐备后测试发现问题后再对这些模块进行更改,就会使系统的开发精度受到很大影响。

图 5.5 所示为利用 ADS 和测试仪表来完成外协设备的系统级评估,首先利用测试仪表完成被测件完整参数的测试包含线性参数、非线性参数和噪声性能等。利用这些参数可以在 ADS 软件中建立电路的参数模型。ADS 可以在雷达系统的仿真环境中嵌入该电路的真实模型参数。这样可以对该电路对雷达整机性能的影响作全面的评估,降低了单一电路影响全系统研制进度的风险。

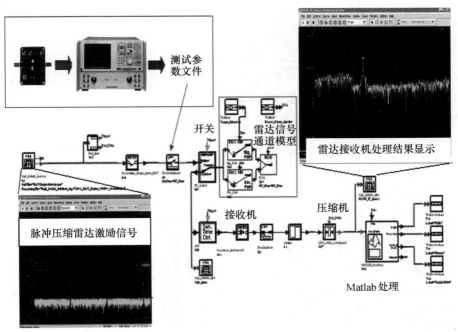

图 5.5 雷达系统半实物仿真举例:外购器件的系统评估

5.4.2　雷达信号模拟与雷达系统测试

利用 ADS 软件的 DSP 建模和射频建模能力仿真雷达信号发射系统或加入目标模型仿真雷达回波,并加入相应的噪声源和干扰源,构成用户自定义的复杂雷达信号波形。仿真后的波形直接下载到 E8267D 信号源产生射频信号。

5.4.2.1　ADS 与 PSG - E8267D 矢量信号源的接口

通过 GPIB 电缆或网络接口将 PSG 矢量信号源与计算机连上,在 ADS 中可以生成 PSG 矢量信号源所需的 I、Q 信号,直接下载至 E8267D 信号源(图5.6)。

在 ADS 软件搭建雷达信号传输通道,加入噪声和目标回波模型,就可以产生模拟回波信号。将回波信号下载到信号源中,利用信号源的触发功能,就可以由外部信号触发信号源,送出回波信号。

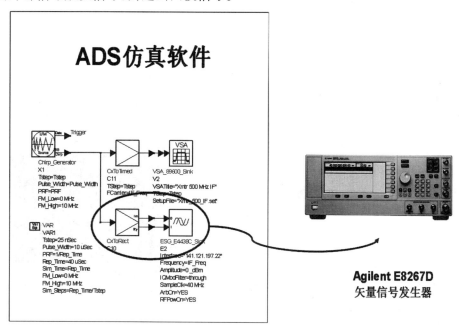

图5.6　ADS 与 PSG - E8267D 矢量信号源连接仿真雷达回波信号

5.4.2.2　ADS 与 VSA 矢量信号分析仪的接口

VSA 矢量信号分析仪通过火线 1394 卡的接口连接计算机,VSA 矢量信号分析仪由 VSA89601A 软件控制。VSA89601A 软件与 ADS 软件应该安装在同一台计算机上,在 ADS 的系统仿真原理图中各个节点上的信号就可以由 VSA89601A 软件分析(图5.7)。

另外,ADS 软件可以通过 VSA89601A 软件控制 VSA 矢量信号分析仪去捕

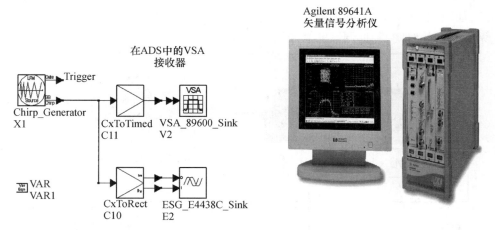

图5.7 ADS与VSA矢量信号分析仪连接仿真原理图中各个节点上的信号

捉仪表端口处的信号,传回 ADS 仿真系统中被后级的模块处理。通过 ADS 软件与 VSA 矢量信号分析仪的连接完成复杂信号的分析(图5.8)。

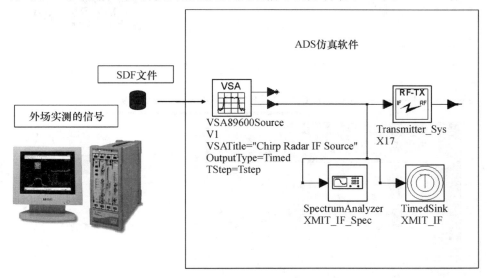

图5.8 ADS与信号源和信号分析仪连接进行半实物分析验证

通常系统(如接收机)的整机是由不同单位、不同部门完成的,当某些硬件模块已经研制出来,同时某些模块尚未开发出来时,可以利用 ADS 软件与 PSG 信号源 89640A、E4440A、E4406A 相连的特殊功能验证提前开发好的模块。在 ADS 软件中首先进行接收机的系统设计仿真,确定了系统指标后继续使用 ADS 软件进行具体部件的设计,如图 5.9 所示。对于某一个提前开发好并做成了硬件的部件,可以通过软件硬件相连接的方法验证该部件在将来系统中工作的情况,如图 5.10 所示,帮助工程师及早发现问题,及早解决问题,有效地缩短最后系统联调的时间,降低调试的繁琐性和盲目性。

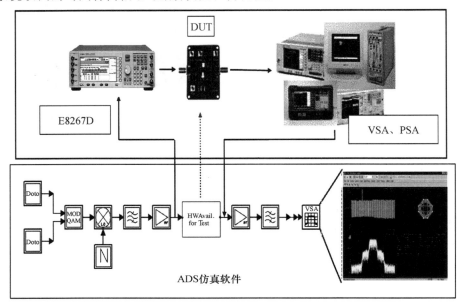

图 5.9　使用 ADS 软件进行具体部件的设计

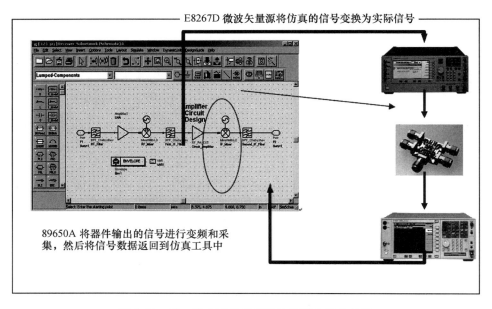

图 5.10　统一平台下仿真设计和实际电路的关联

140

通过测试仪表连接管理器,仿真软件可以迅速地和安捷伦微波射频矢量信号源 8267D、E4438C 进行通信,将仿真环境中用户特定的理想信号以及包含信道衰落、损伤和干扰的非理想信号下载到信号源产生真实测试信号;或者和逻辑分析仪中的码型发生器单元连接产生基带测试信号;还可以产生长时间信号文件,通过安捷伦 WaveStreaming 软件输出长时间信号波形。另外,安捷伦矢量分析仪、示波器和逻辑分析仪的捕捉信号还可以送回系统仿真环境进行后处理和分析。配合安捷伦网络分析仪还可以完成部件、子系统的测试,产生用于仿真的模型。

第6章 雷达外场试验实施

6.1 概 述

仅通过综合实验室分析和模拟技术而做出关于雷达生产的选择性决策,并非充分可靠。带有基本缺陷的设计仅根据分析就能发现,而一些特殊方面未必能暴露出来。因此,必须进行外场真实条件下的试验,检验安装后的雷达系统性能。雷达外场测试要求,雷达放置在露天环境,目标、杂波和其他干扰源通过天线同发射机和接收机耦合。考虑到这类测试费用高,测试条件难以控制,现场测试必须专用于雷达主要性能指标的评估,评估中电磁测试环境是关键性因素。测试方案成功的关键是减少测试变量的数目,以使测试数据在统计意义上具有足够的权威性,从而解决最初的不确定性。

安装后的系统试验设施构建为评价装在主平台上或与主平台交联的系统提供了安全的手段。用威胁信号发生器将被试系统激励,对其产生的响应进行评价,以提供关键的综合系统性能信息。其主要目的是评价在装机状态下的综合系统,对完整的全尺寸的武器系统的具体功能进行试验。

通常,外场测试条件难以精确地判断或描述,尤其在与杂波和增益的影响相关联时。给出有限的、便于测试的资源,在少量的、很好定义的条件下重复测试,保证了在该条件下系统性能的充分的统计有效性。

6.2 试 验 特 点

外场测试地点应具有下列特点:

(1)试验在天线场或开阔的露天外场进行,对试验设施有机动放置的要求。

用距离缩比的原理进行地面试验,可以降低干扰模拟机的有效辐射功率。和距离维有关的抗干扰指标可试验测定,如自卫距离、抗速度和距离欺骗能力等,也可测定静态角位置下的有关抗干扰指标,如旁瓣抑制或消隐。靠飞行试验解决外场地面试验难以模拟目标和干扰机平台的角位置变化。

(2)瞄准塔位于视域内,并在雷达天线近场外。

(3)可以逼真构成在全空域的自卫、随行的干扰环境,能考核在干扰环境中雷达的性能。

(4)试验电磁环境主要由干扰模拟机模拟国外典型干扰水平的干扰技术指

标和施放方式确定,干扰模拟机和目标信号模拟的技术性能,决定了试验环境的适用性和先进性。

6.3　试　验　条　件

（1）能够模拟随队干扰、远距离支援干扰和分布式干扰的干扰模拟设备。

（2）能够干扰通信系统、导弹导引头、指令接收传输系统。

（3）能够模拟无源干扰(杂波箔条、气象)。

（4）能够产生雷达目标回波信号。

（5）电磁干扰环境达到设定要求,并测出意外信号,以得到定量测试结果。

（6）配置电磁威胁信号、抗干扰性能指标的实测和评估设备。

（7）能够提供机载控制、定位和数据通信。

（8）野外工作供电设备。

（9）全部设备的地面海面工作平台(架设、操作、维修和运输平台)。

（10）需要雷达性能评估软件,用于评定雷达装备在复杂电磁环境下的性能。

（11）构成自动测试系统的中央控制台和图像与数据传输线系统。

由此可见,若具备上述条件及环境模型、检测方法、评估准则等软件建设,将会使雷达试验逐步走向科学化、系统化。

6.4　试　验　内　容

雷达外场试验的主要内容如表6.1所列。

（1）雷达试验检测是在形成针对系统的典型电磁干扰环境下,对受电磁干扰影响的雷达的战术指标的检测,以及专项抗干扰措施的性能参数的测试。

（2）威力范围、精度等战术指标是雷达系统在无干扰时(称为"干净"环境)需要测试的,测试方法和数据录取方式两者完全一样。因此,雷达进行 ECM 易损性试验时从被试设备上录取的数据和采用的设备都可沿用原有的,即武器系统为了检测其战术性能指标所准备的数据录取设备,没有必要另做一套,也可避免由于采用新录取设备所带来的电磁兼容问题。

（3）对于专项 ECCM 措施,则采用专用的技术指标,例如对 MTI 用改善因子,对旁瓣对消或旁瓣消隐用抑制度。这些指标在相当大的程度上用被试设备在采用抗干扰措施前后的视频信号输出的信噪比的比值来测定。

（4）全部录取数据用同一时钟信号作标签,以便对试验数据进行分析和评定。

表 6.1 雷达外场试验主要内容

类型	测 试 内 容	主要记录内容
被测试雷达	(1) 检测距离和作用范围; (2) 杂波下可见度; (3) 目标截获时间; (4) 雷达分辨率; (5) 雷达角跟踪响应; (6) 雷达角跟踪精度; (7) 电磁兼容性(EMC); (8) ECM 易损性; (9) 雷达截获与定位的易受干扰性; (10) 目标识别	(1) 时间轴上的目标标定位置、速度值; (2) 干扰参数设置值,监视系统同步记录测量值; (3) 雷达对干扰参数测量数据; (4) 反应时间; (5) 指示目标数; (6) 实时记录目标标定位置、速度值; (7) 同步记录雷达测量目标位置、速度值; (8) 专项抗干扰数据(得到改善因子)

6.5 雷达外场试验技术方案

6.5.1 雷达试验总体组成

图 6.1 为雷达外场试验总体组成框图。

6.5.2 雷达地面试验的实施

雷达地面试验是根据交战模型来检查武器系统与一组威胁的对抗作战模型(Operational Model)。

6.5.2.1 需要的条件

场地要求:选在空旷场地,试验场地周围应尽量避免大型建筑物、电台、高压线和其他电磁辐射干扰源,场地应有避雷设施;设备安置处与受检系统安置处的距离应满足远场条件;要考虑地物杂波的背景要求。

干扰参数的监测:外场地面抗干扰试验时,干扰参量用地面检测设备进行监测,或用受检设备有关显示画面和参量监测。

通信联络:受试设备与干扰模拟设备之间,地面站与各类飞机之间,地面站与气象站之间均应保证通信联络畅通。

6.5.2.2 目标飞机的模拟

进行外场地面抗干扰试验时,目标飞机可不用真实飞机,而用目标模拟器代替,其功能应与受检武器系统攻击的真实目标功能相似,要求目标模拟器应能模拟受检设备接收的运动目标回波信号;目标模拟器应能模拟由于受检设备与目标飞机距离变化带来的回波信号幅度变化;目标飞机飞行距离变化由目标模拟器输出功率变化来模拟;目标飞机方位、俯仰变化则通过改变目标模拟器相对于

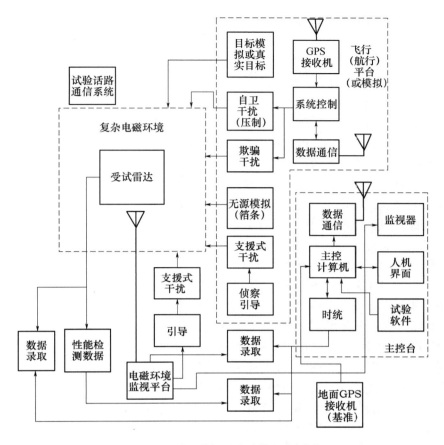

图 6.1 雷达外场试验总体组成框图

受检设备的方位、俯仰角来实现。

6.5.2.3 干扰环境的实施

地面雷达试验布置如图 6.2 所示。

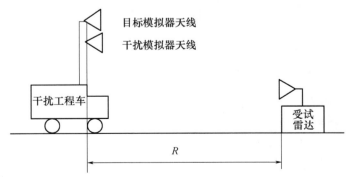

图 6.2 地面雷达试验布置图

目标模拟器天线与雷达的距离应满足下式要求：

$$R \geqslant \frac{2D^2}{\lambda}$$

式中　R——目标模拟器天线与雷达间距离(m)；

　　　D——雷达天线最大口径的线性尺寸(m)；

　　　λ——雷达工作波长(m)。

目标模拟器天线的高度选择应使雷达跟踪模拟信号时,雷达天线主波束不受地面影响或根据受检雷达实际情况确定。

（1）自卫式(SSJ)有源干扰的实施:目标飞机从进入受检雷达作用距离空域时,开始施放噪声干扰或欺骗干扰;干扰模拟器的输出功率在设定的干扰环境中给出;因为是自卫式干扰战术,干扰模拟器与目标模拟器可共用一个天线,所以干扰模拟器天线与受检雷达间距离亦是已知的;根据干扰方程就可换算出干扰模拟器缩比模拟后的功率输出及其变化。

（2）自卫式无源箔条云团假目标的实施:通过箔条云团假目标模拟器实现;箔条云团假目标模拟器输出的参量应满足设定的干扰环境要求。

（3）支援干扰的实施:模拟电子干扰飞机在型号的作战空域以外沿某航迹飞行,实施对雷达的干扰,由于航迹对雷达的张角较小,因而可在试验场在某一固定位置定向对雷达干扰;支援干扰模拟机有两种放置方向,若模拟支援干扰掩护目标飞机的进攻,则放在与目标模拟器天线同一方向上;若只是一般对雷达旁瓣方向干扰,则放在雷达的第一旁瓣或其他方向上:利用距离缩比方法试验,干扰模拟机的有效辐射功率应按已知的实际威胁支援干扰机的有效辐射功率,距离的缩比量用干扰方程计算获得。

6.5.2.4　导引头地面试验的场地布置

导引头地面试验的场地布置简图如图 6.3 所示,图中:

H——导引头与目标模拟器天线至地面的距离,H 以导引头发射波束不碰地为原则,或按试验大纲确定,建议 H 取 1m～1.5m。

R——导引头距目标模拟器天线间距离,R 按试验场地具体情况确定,一般取 3.5m～4m。

6.5.3　雷达飞行试验实施

最后阶段再根据对抗作战模型来打包括陆、海、空力量的威胁模型联合后勤保障和指挥、控制及通信功能的虚拟战争。较低层次的模型用于研制决策,而较高层次的模型用于确定战场战术。

6.5.3.1　需要的条件

外场飞行试验时,机上干扰设备施放干扰参量变化由机上自检设备进行自动监测,并录取有关参量。

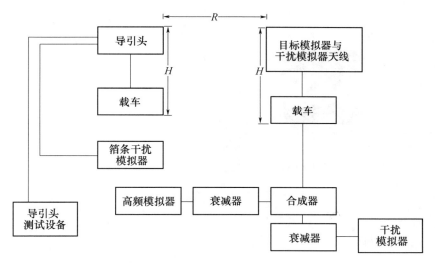

图 6.3 导引头地面干扰环境布置简图

6.5.3.2 目标飞机的选择

从被试雷达系统攻击目标中任选一种;也可用其他机种作为目标飞机,但雷达有效反射面积(RCS)要与真正目标飞机的 RCS 值相符,数值不同时要采取措施弥补;所选目标飞机应能挂载试验用干扰机(干扰吊舱)。

6.5.3.3 目标飞机飞行参数的选择

目标飞机的飞行高度:当受检设备为地面雷达时,应按受检武器系统作战空域确定。建议选取作战空域高界、低界和中间高度三种,或视具体情况而定;受检设备为导引头时可按试验大纲规定飞行。

目标飞机飞行速度:当受检设备为地面雷达或导引头时,按攻击目标中的适中速度确定。

目标飞机飞行路线:受检设备为雷达或武器系统时,目标飞机飞行路线按型号作战空域确定,建议选取作战空域两侧或按试验大纲确定;受检设备为导引头时,目标飞机飞行路线按试验大纲确定。

6.5.3.4 外场飞行试验干扰环境的实施

试验场地布置如图 6.4 所示。

当干扰机设备装在空中平台(如电子战飞机、机载干扰机等)时,由于平台的抖动,需要将天线极化侦收和变极化发射天线安装在自稳定平台上,如图 6.5 所示。

对地面(车载)相控阵雷达实施电子战的作战态势可以设想为:被掩护的对象是战术导弹;在雷达的作用距离之外的远距离支援式电子干扰;可以飞进雷达作用距离的无人机平台的近距离支援式电子干扰。被掩护的对象与支援干扰平

147

图6.4　外场飞行试验干扰环境场地布置图

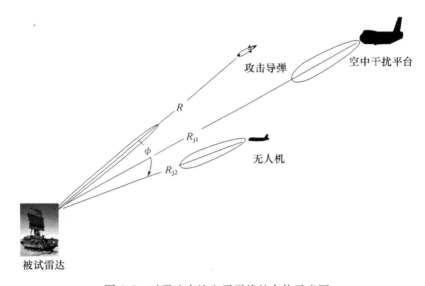

图6.5　对雷达实施电子干扰的态势示意图

台布置在一定的角度范围内,如图6.6所示。

出动两套空中干扰机和两架无人机,空中干扰机上安装交变极化重复噪声干扰机(干扰功率可达100W以上)以做远距离支援式干扰。而两台无人机则做近距离支援式干扰,同样安装交变极化重复噪声干扰机(干扰功率可以小些,如20W),它们的飞行距离则可以小些,如50km内,因为它们可以深入敌内,有效地实施干扰。

密集假目标欺骗干扰可以对雷达实施欺骗性压制,使得雷达无暇顾及其他真目标,甚至使得雷达信号处理饱和,从而无法发现真目标。

在自卫式干扰中,当被保护目标即将受到武器攻击时,干扰机产生几个甚至一个假目标就能够取得比较好的效果,但在随队干扰或是远距离支援干扰中,假

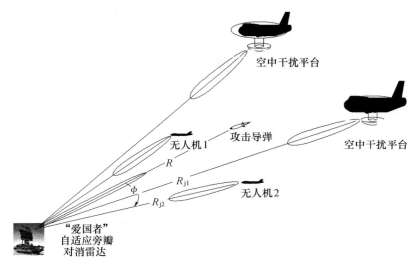

图 6.6　对地面相控阵雷达实施欺骗性压制干扰示意图

目标个数太少,干扰机将很难完成保护目标的任务,因为当前雷达通常可以同时搜索并跟踪多批目标,即使雷达把假目标也误认为是真目标进行跟踪,雷达仍然有足够的能力跟踪真实目标,而且雷达可以使用旁瓣匿影技术去掉从旁瓣进入的为数不多的假目标,因而干扰机需要产生密集的假目标,这样即使雷达使用旁瓣匿影技术,对密集的假目标也是无能为力的,而且密集的假信号可以使得雷达无暇顾及其他目标,甚至使得雷达信号处理饱和,从而无法发现真目标,这正是干扰机想要的效果。

自卫式有源干扰的实施:根据雷达担负的任务,确定雷达受到的干扰类型和干扰参量;按试验大纲规定的高度、速度和飞行路线,目标飞机从进入雷达作用距离空域开始施放各种有源干扰。

自卫式无源干扰的实施:当目标飞机侦察出地面跟踪雷达频率时,开始发射箔条弹,形成箔条云团假目标,或按试验大纲规定的程序发射箔条弹;共同商定箔条发射器及发射箔条弹的数量。

图 6.7 为对舰载雷达实施自卫式干扰试验示意图。

支援干扰的实施:支援干扰利用干扰车上的大功率干扰机模拟。

6.5.3.5　导引头飞行试验干扰环境的实施

场地布置如图 6.8 所示。

对于半主动寻的体制,跟踪照射雷达波束照射目标飞机。

一架携带导引头的载机向着目标飞机飞行。载机模拟导弹飞行,测试设备及检测人员都在载机上;干扰环境的实施与地面雷达飞行试验的干扰环境实施相同。

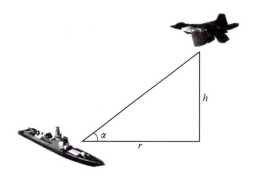

图 6.7　对舰载雷达实施自卫式干扰试验示意图

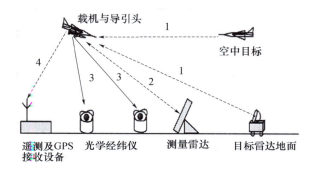

(a)

(b)

图 6.8　导引头外场飞行试验布置图

6.5.4　地面电子战环境构建平台

地面复杂电子战环境构建平台内主要有两类设备:雷达目标模拟器和各类干扰模拟设备,这些设备主要用来形成地面试验的电磁信号和干扰环境。

6.5.4.1 目标模拟器

目标模拟器精确模拟相参(脉压)雷达辐射信号,加上基准和同步信号后也能模拟雷达回波信号(全相参,起伏、多普勒频移、时延等),而且能模拟多目标回波,以及欺骗与无源干扰信号。

用综合电磁信号产生器作为信号源构成的试验系统框图如图6.9所示。

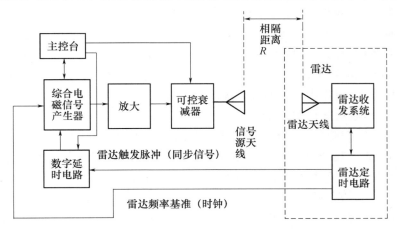

图 6.9　用综合电磁信号产生器构成的试验系统

6.5.4.2 干扰模拟机系列

干扰模拟机系列是试验系统的重点,主要由它形成典型干扰环境。

外场试验时,背景杂波一般用空、地、海的真实背景;人为无源干扰在地面模拟时用信号源模拟产生,飞行试验时则用箔条投放器投放形成;目标回波在飞行试验时由真实目标反射产生,在地面模拟时一般用信号模拟源产生,也可用飞行目标;各类干扰信号用大、中、小功率干扰模拟机辐射产生,大功率干扰机(尤其是机载/吊舱)自带侦察引导系统,以逼真模拟较先进的干扰系统。

对形成典型电磁干扰环境的干扰设备的基本要求:能模拟支援干扰(SOJ)、随行干扰(ESJ)和自卫干扰(SSJ)。

对干扰模拟系统要求:在干扰模拟系统中,接收引导是必需的,尤其是面对现代相控阵雷达这种具有多种捷变能力的系统,必须对施放的干扰信号进行实时引导,才能逼真模拟各种高技术含量的先进干扰机。

6.5.4.3 电磁环境监测系统

这种试验场上的 ESM 系统,可以实时侦察监视雷达、通信和各类干扰信号,并把这些侦察数据与武器系统抗干扰性能检测数据同步记录下来。

电磁环境监测系统的功能:侦察试验场周围的雷达信号,测出各雷达辐射源的方位角、频率、脉冲参数等;测定干扰样式、干扰参数和干扰源的方位角;根据测定各辐射源的参数,形成试验场周围辐射源的态势图;把测得的辐射源的数据

（主要是各干扰源的参数），以一定的通信方式向录取设备传送，被同步记录；可以人工选定其中的雷达信号，选出频率码，自动对干扰模拟机作频率引导，起到侦察引导的作用。

6.5.4.4 试验数据录取系统

试验数据录取系统的功能：实时采集表征武器系统或分系统抗干扰性能的各检测参量，并同步录取（与被测设备研制方配合进行）；实时录取侦察到的各干扰参量；从通用型的高速信号采集器中获取大量的有用信号和干扰信号数据，得到这两类信号的统计特性，并算出(S/N)信噪比，从中获得抗干扰和新型干扰技术研究的试验数据；全系统用同一时间基准，把干扰/抗干扰两类参数记在同一时间序列上，以作出准确的抗干扰性能评估。

6.5.4.5 试验系统控制台

试验系统控制台的功能：实行全试验系统的集中控制；电磁环境的定量产生（包括电磁干扰环境和需要的目标模拟信号），被测系统抗干扰指标数据和电磁环境数据的同步录取；全试验场景的集中显示；各干扰机的工作状态（干扰参数），电磁环境的态势，外场实景（由可控摄像机拍摄）；试验的指挥、通信；建立录取数据的"历史"性数据库；依据录取数据作出单项和系统的性能评估。

6.5.5 机载设备车

机载设备车内主要安装有：机载试验系统控制机、GPS定位设备、机载无线数据通信设备、机载数据采集记录设备、箔条抛撒机构和箔条。试验时，这些设备装到选定的飞机平台上。

6.5.5.1 GPS 定位设备

GPS定位设备实时测定目标飞机或自卫干扰源的位置，作为试验检测的基准坐标位置。为提高定位精度，采用差分动态定位系统（DGPS），分为机载GPS接收机、地面基准GPS接收机和数据处理机及数据无线传输（包括上、下行线）。

GPS定位设备的主要性能：在单机（机载GPS接收机）使用时定位精度为15m（均方根）；差分工作时达到1m（均方根），测速精度为0.15m/s，授时精度为35ns；差分工作区大约为100km。

6.5.5.2 试验系统控制机

机载试验系统控制机控制机载的各试验设备协调工作，录取试验数据，接受地面控制中心的控制，传送试验数据，显示包括干扰/侦察机在内的各设备的工作状态，以便机上操作人员的干预。试验系统控制机主要由PC机和相应软件组成，其原理如图6.10所示。

6.5.5.3 抗无源干扰试验设施

考虑到箔条抛撒机在飞机上的加装难度较高，而且因环保的要求，箔条抛撒应放在无人居住区进行，设法通过实际试验得到的箔条干扰数据得到的模型，对

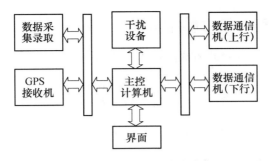

图 6.10 试验系统控制机原理框图

武器系统的抗箔条干扰（MTI、MTD）试验用综合电磁信号产生机在外场模拟进行。

6.6 雷达信号模拟源输出功率的确定

6.6.1 试验场上远场条件的确定

信号辐射源与被测设备之间最小距离 R 与试验测试设备的天线尺寸及工作波长 λ 的关系为

$$R = \frac{2 \times (D + d)^2}{\lambda}$$

式中 D——被测设备的天线尺寸,如某地面制导雷达天线的最大尺寸约为3.5m;

d——信号源天线尺寸通常在 0.5m 以内。

已知 $\lambda = 0.05$m,代入以上各量值,得到 $R = 640$m。上式中系数 2 可取为 4,使波阵面到达测试面上相位差更小,这样 $R = 1280$m,折中地,可选为 1000m,即 1km。

6.6.2 雷达接收的最大功率的计算

根据雷达接收的最大功率,可确定雷达目标模拟源的最大辐射功率。

按照了解到的有关参数,设定目标反射面积 $\sigma = 10$m^2,雷达发射功率 $P_t = 600$kW,雷达天线的增益 $G_t = 36$dB,雷达与目标飞机的最短距离为 1km。根据雷达方程,忽略传播和收发传输馈线损耗,接收功率 P_{sr} 为

$$P_{sr} = \frac{P_T G_{at}^2 \sigma \lambda^2}{(4\pi)^3 R^4}$$

代入以上各数据,得到 $P_{sr} = 1.2 \times 10^{-4}$W,即为 -40dBW $= -10$dBm。设 $\sigma = 1$m^2,则最大接收功率为 -20dBm。

6.6.3 模拟源最大辐射功率的确定

试验场上雷达接收到的模拟信号功率 P_{ss} 为

$$P_{ss} = \frac{P_s G_s G_t \lambda^2}{(4\pi)^2 R^2}$$

$$P_s = \frac{(4\pi)^2 R^2 P_{ss}}{G_s G_t \lambda^2}$$

式中 P_s——模拟信号源的辐射功率,为所要求的量值;

G_s——模拟源辐射天线的增益通常不超过 10dB。

代入相应数据,$P_{ss} = 1.2 \times 10^{-5}$,$R = 103$,$G_t = 4 \times 10^3$,$G_s = 10$,$\lambda = 0.05$,得到 $P_s = 18.9\text{W}$。当模拟目标飞机在 1km ~ 100km 飞行时,雷达接收的目标回波功率 P_{ss} 以 R 的 4 次方反比减小,即有 80dB 的变化。可见,模拟信号源的 P_s 与 P_{ss} 成正比,那么 P_s 也应有 80dB 的变化,即应在 – 70dBW ~ 10dBW(– 40dBm ~ 40dBm)之间变化。

根据以上计算,并考虑信号动态余量(100dB 动态范围),目标模拟源的构成如图 6.11 所示。

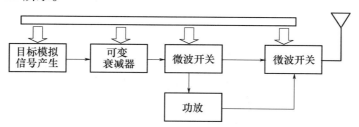

图 6.11 目标模拟源的构成框图

6.6.4 欺骗干扰源的辐射功率问题

欺骗干扰的产生原理大致与目标模拟源相同,其辐射模拟功率的计算与上面完全相同。由于欺骗干扰信号一般要求比目标信号大 10dB ~ 20dB,要求产生的信号功率也大 10dB ~ 20dB。然而,欺骗一般在 5km 以外,在 5km 处最大目标信号模拟功率比在 1km 处的小 28dB ,而欺骗干扰信号最大要求功率又可比最大目标模拟信号小(28 – 20)dB = 8dB,因此,上述 10W 的输出功率设计对欺骗干扰模拟还有一点余量,已能满足要求。

6.6.5 压制性干扰模拟机最大功率的确定

支援式干扰的有效辐射功率($P_j \cdot G_j$)已达到 MW 量级,即 10^6W,而其干扰距离一般在 100km 以外。由前计算,试验场的干扰模拟机放在离被试雷达 1km

左右的距离上。距离的缩比率为 $100/1 = 100$。

雷达接收到的干扰功率 P_{sj} 为

$$P_{sj} = K \frac{P_j G_j}{R_j^2}$$

式中　K——与雷达信号和干扰信号带宽以及传播因子等有关的系数；

　　　R_j——雷达与干扰机之间的距离。

由上式可推算出距离缩比试验时，干扰模拟机有效辐射功率 $P_{jm} G_{jm}$ 与实际干扰机辐射功率的关系为

$$P_{jm} G_{jm} = \frac{P_j G_j \cdot R_{jm}^2}{R_j^2}$$

式中　R_{jm}——缩比试验距离，为 1km；

　　　R_j——实际干扰机离雷达的距离，这里为 100km。

代入相应的数值，得到干扰模拟机的有效辐射功率为 100。干扰模拟机的喇叭天线的增益一般做到 6dB，即 4，则干扰模拟机的输出功率为（100/4）W ＝ 25W。考虑到干扰模拟机安装位置受场地的限制，可能在 2km 以内放置，则压缩比达到 50，要求的发射功率大了 4 倍，正好等于 100W。

6.7　雷达数据录取和评估

雷达数据录取和评估系统的功能：一方面，利用数理统计的方法对试验数据进行规范化处理并得到诸如平均值、方差等结果，在此基础上结合具体试验战情，根据雷达干扰/抗干扰效果以及作战效能的评价指标体系，对被试雷达系统的抗干扰效果进行评估，输出定量化评估结果，并形成数据处理和效果/性能评估的制式报表文件和图形文件；另一方面，根据战情设置进行功能仿真，为半实物系统仿真提供参数选择的依据，并利用计算机功能仿真结果从总体上来比对半实物系统的试验数据，为正确评估特定的电子战措施的突防效果提供辅助依据。

雷达数据录取和评估系统主要包括以下 6 个部分：

（1）与战情编辑部分的软件接口；

（2）计算机功能仿真模块；

（3）与硬件方的数据接口；

（4）对试验结果数据和战情数据的分析处理的模块；

（5）应用评估准则对试验结果数据进行评估的模块；

（6）评估结果的各种表现，包括各种报表文件和图形文件。

录取的数据内容：

（1）雷达技术状态参数：

① 当前波束指向（即波位）；

② 波束驻留起始和中止时间；

③ 信号形式（6 种信号形式中的一种）；

④ 载频（序列）；

⑤ 脉冲重复周期；

⑥ 雷达工作状态（正在搜索目标／正在确认目标／正在跟踪目标）；

⑦ 旁瓣对消／匿影器状态（开／关）。

（2）雷达探测数据：

① 是否发现目标；

② 目标数量和类型；

③ 目标所在空间位置；

④ 目标所在距离单元信噪比的估计值（在探测到目标的情况下，是指探测到的目标所在距离单元的信噪比估计值；在未探测到目标的情况下，则指真实目标所在距离单元的信噪比的估计值）。

（3）每个波位上的视频数据，以供事后分析和回放。

当前波位是否是关键节点波位。如果是，需要指出关键节点的类型，包括发现新目标、目标点迹确认、稳定航迹形成、目标失踪。

录取时间间隔长以波束驻留周期为最小单位。

对仿真得出的各种数据，进行各种分析处理，包括剔除、修正异常数据，用数理统计的方法对各类数据进行分析，为其在评估中的应用提供依据。这些方法主要有：对多次仿真结果进行平均，并求出其方差、标准差；对各个典型结果进行样条插值和拟合。

数据录取与处理分系统的输出主要包括一些常用量的数理统计的结果输出，如均值、方差等。包括各个实体目标的探测全过程记录（尤其是对各个目标探测状态发生变化的时刻值和对应信噪比等信息）；各种抗压制欺骗干扰的效果。数据处理分系统的输出模块主要包括功能仿真模块的输出（包括检测概率曲线，信噪比曲线，时间段内发现目标的数量等）、试验数据分析结果的部分输出。

6.8　雷达系统层次指标及测试方法

在评估雷达系统的设计或模型之前，必须知道其工作模式及其在这些模式下的性能指标，评估与这些指标有关。这意味着，系统层次的指标必须是便于实现的，应描述雷达功能，实现这些功能的范围，发生的背景环境以及所检测、测量、识别的目标。

外场测试中,使用指定的飞行器。它的横截面积已预先测量,以使与雷达指标要求相联系。天气条件由标准气象设备观测,并估计雷达—目标通道中的降雨。可外推到其他目标上:标称它们的物理尺寸或测量横截面积;可外报到其他天气环境中:依靠模型,或直接测量通信电路与被评估雷达相同的雷达的衰耗。

评估过程的难点是指标。如检测$1.0m^2$的飞行器目标(Swerling 状态 1),它飞行在 1km 的高度,且每小时降雨 4mm,100km 的作用距离上单次扫描的检测概率为 0.9。这种情况下模拟的过程已精确定义,但是将其转换到指定的测试目标,建立被试条件中的降雨量,是相当困难的。评估者必须能够将数值转换成实际的目标和环境条件;反之亦然。

系统层次测试评估的雷达性能指标如下:

(1)检测距离和作用范围;

(2)杂波下可见度和速度响应;

(3)目标截获时间;

(4)雷达分辨率;

(5)雷达角跟踪响应;

(6)雷达角跟踪精度;

(7)电磁兼容性(EMC);

(8)ECM 易损性;

(9)雷达截获与定位的易受干扰性;

(10)目标识别。

6.8.1 检测距离和范围测试方法

目标选择:选择根据雷达横截面积而校准的真实目标,最佳目标是标定用的反射器,如金属球体、角反射器、龙伯透镜类反射器。反射器安放到飞行器上,这样便于定位并在相关距离区间内移动;还可控制进场速度,从而确定目标速度或雷达速度响应函数下的目标位置,根据速度响应函数控制目标速度。因为风会引起飞行器视角(对雷达)的微小改变,从而引起飞行器雷达横截面积的显著变化,所以选择小飞行器携带反射群,能最大限度地减小飞行器雷达横截面积对整个目标横截面积的影响,并且固定点目标的横截面积(在宽视角上)。如上所述标定目标方法,避开了 Swerling 起伏模型的问题。在金属球体、角反射器、龙伯透镜三类反射器中优选龙伯透镜,因为其有效的天线增益可增大横截面积。因此,龙伯透镜反射器的模截面积将大大超过小飞行器的横截面积。要求二者横截面积的比值至少为 10dB。

场地选择:应位于具有无阻碍视线的区域,这个区域内被试目标的单次扫描的检测概率应为 50%,并且(飞行器)目标可安全地工作,其位置能够精确地判断;该区域的杂波电平应低于检测性能受杂波限制时的电平(如与接收机噪声相联的杂波,用 dB 表示,应至少比雷达的杂波下可见度的能力低 10dB);雷达的前景地形应适当光滑(如草坪、丛林或犁过的田地),以避免来自反射性较大的地面的前向散射在仰角覆盖方式下引起天线扫掠,因而导致旁瓣峰值的检测距离的增大和峰值间距离的减小。

如果用大横截面积的测试目标,则带来的问题是,距离范围($P_\mathrm{d}=50\%$)可能会大于用来检测非常小的横截面积目标(如火炮定位器)的雷达非模糊距离。在这种情况下必须调整雷达的数据处理软件,以克服可用于抑制模糊距离目标的技术问题,同时要考虑数据评估中的距离模糊度。为了测量雷达三维空间的有效范围,必须在三个或更多个目标高度进行测试,以获得仰角有效范围的剖面图。在每一高度至少做 10 次测试,以获得检测过程的统计特性。

目标位置数据从 GPS 导航设备获得,其检测距离精度为 5%,也可从其他测量系统(如跟踪雷达)获得;目标速度数据可从机载设备获得,也可从雷达本身获得(如果数字子系统有速度测量功能),应能够提供高于速度测量所需的精度(进场速度精度 5%)。在判断电扫天线雷达的三维空间有效范围时,应至少评估三个方位扫描角,因为天线增益随扫描角的变化而变化。为保持测试目标在指定的空域内飞行,天线(或雷达)可机械转动。

6.8.2 杂波下可见度测试方法

方法一:雷达在真实目标和真实杂波背景下工作,由于在任何指定的测试时刻,与目标具有相同分辨率单元的杂波信号电平的不确定性,这种方法存在许多困难。

方法二:利用相位调制的真实杂波模拟移动目标。在这个过程,插入一个标定的相位调制器与第一本振(中频参考振荡器)或信号通道(典型地,在中频电平上)配套。漂移相同数量的比较脉冲间相位,调制接收机杂波信号以得到在最优速度(多普勒频率等于 1/2PRF)、最优相位上超过所有接收到的杂波(如在所有距离门限内)的目标效果。模拟的目标杂波比值依赖于相位调制的程度,最优化相位条件产生纯净的、没有幅度调制的相位调制。

测试过程如下:

(1)选择离散的强杂波点,设置其电平。调整前置放大器增益或射频衰减,从而接收机输出正好饱和(或最大化)(如示波器观察的)。

(2)观察包含所选杂波点的分辨率单元的信号处理器输出,增大相位调制,直至达到 50% 的检测概率。

雷达选址与前面的检测距离测量中的相同,只要一个或多个强杂波单一点(如塔、水堤、山岭等)在雷达视角内并在足够近的距离上,以提供等于或大于杂波下可见度与接收机噪声电平的比值的杂波回波信号。

方法三:将信号生成器的合成目标加到真实杂波上(在中频或射频),因为通常所用的测试设备很便利,它具有不需要特殊相位调制器的优点。同时,在距离和角度上选通测试目标信号,并将其置于点目标出现的地方。此时,测量误差来自于两信号间的失调。测试方法和方法二类似,但杂波电平置于接收机饱和电平上。量化接收机将饱和点的信号幅度,进行标校。衰减测试信号的幅度,直至在信号处理器输出端的检测概率为50%,杂波下可见度等于信号产生器的衰减器的变化量,并利用平均速度响应与测量所用得到目标速度响应的比值修正。

如果测试重点是雷达在雨、雪、箔片下的工作状态,以及有效降低它们影响的速度响应函数的设计上,则需要在这些杂波条件下重复杂波下可见度测量。在这种情况下,杂波特性(横截面积、频谱等)随时间变化,需标称测试结果,并且测量精度可能降低。这些形式的杂波具有相似的特性:随风而改变。典型地,与地面杂波相比,它们具有依赖于风的剪切和扰动的频谱宽度;并且由于雷达方向上的平均风速分量,它们还有多普勒偏移。因此,箔片的杂波下可见度测量不仅覆盖了杂波形式,而且代表了各种天气中杂波下可见度的性能,并且在某种程度上,通过基于可用天气和箔片杂波模型的分析,概括总结这些情况。

6.8.3 目标截获时间测试方法

对于相控阵雷达或边跟踪边扫描雷达,测量目标截获时间的方法是利用真实目标。记录数据处理器的输出,如前所述(如果输出数据并不包括时间,而是包括每一数据报告的时间标记),观察目标的第一检测报告与建立目标轨迹报告之间的时间差即可完成测试。

6.8.4 雷达分辨率测试方法

脉冲压缩雷达的测距分辨率和测距旁瓣的测试方法是,利用单个点目标,如杂波下可见度测试中的杂波信号。该方法优于闭环测试之处在于考虑了发射机功率幅度的影响(如调相限制和相位波动),特别是它们对测距旁瓣的影响。

该测试与杂波下可见度测试具有相同的测试框架,除了没有运动目标的模拟(通过调制或注入)。当点目标回波足够强时,以具有两倍发射脉宽的目标距离为中心,在整个测距周期内,对信号处理机的距离门宽度输出进行采样。该数据由信号处理机的测试点提供,可在示波器中观察,也可很方便地用于雷达诊断显示。

6.8.5 角跟踪响应测试方法

角跟踪伺服环的闭环响应,包括天线和接收机,可通过瞄准塔辐射的目标信号进行最佳评估。测量两类响应:步进响应和频率响应。

1. 步进响应

瞄准塔辐射的目标信号功率远大于噪声(如 +30dB),雷达在所有跟踪坐标系中锁定该信号。接着角跟踪环开到手动挡,波束在目标方位角上以1/10波束宽度换位。当环路开到自动跟踪挡时,记录方位角数据,并在记录数据中观测步进响应。可使用直流误差信号的模拟记录,但是在数字环路中,误差和波束位置应以至少4倍于环路带宽的速度数字式地记录。

在仰角坐标轴上,重复测试。

为了测试接收机自动增益控制(或其他标称)对微弱信号保持固定跟踪环路增益的能力,应在信噪比+10dB、+5dB、0dB(或与雷达可继续跟踪的信噪比一样低)的条件下重复测试。可知,对微弱信号降低环路增益将产生更缓慢的响应。环路可见度(响应中,在正好低于伺服环带宽的频率上振荡的大尖峰)的存在也可以在一定的低信噪比值中加以说明。

2. 频率响应

步进响应测试中,角环路锁定瞄准塔的强信号源。低频函数产生器的信号加到误差信号放大器上,并调校,以产生1/10波束宽度(如0.1Hz)。当频率向上变化,超过正常环路带宽时,记录峰值波束的下降值。测试方位角和仰角环路。

对于数字环路,在与接收机误差信号叠加之前,函数产生器信号先通过ADC,生成数字式的变频正弦波,再加到误差信号上。接着,瞄准塔信号逐步地下降到10dB或更低,以得到信号接近跟踪最小值时的环路频率响应。同时,也可得到高频响应的损失和低频响应的峰值扩展。

3. 伺服环和接收机噪声

跟踪瞄准塔信号的同时,记录角度输出信号数据(不包括附加生成的误差信号)。在信号的电平逐步地降到跟踪最小值时,在每一坐标上进行数据采样是可能的。与信号源相联的波束位置的均方根误差值,由每一个信噪比值确定。高信噪比的限值表明了伺服环路的噪声等级,误差—信噪比的曲线将测量热噪声的天线和误差检波器斜率常数。

6.8.6　雷达角精度的测试方法

搜索、跟踪和测绘雷达均需输出与外部参考坐标系相应的、具有一定精度的数据。系统精度的测试任务是,验证基于分析和子系统测试所预先公式化的雷达误差模型。这里以火炮定位雷达系统为例,详细地说明测试方案。

假定火炮定位雷达系统在30km距离外,水平视角2°～3°的范围扫描。检测目标时,雷达发射一个在时间上与搜索波束相错开的跟踪波束,照射目标并形成几秒钟的单脉冲跟踪。跟踪数据变换到Cartesian坐标系上,平滑并估计弹道。假定武器定位于该弹道的附近。武器定位的精度为15m CEP(圆形概率误差),包括地形倾角和雷达变换到参考坐标系统的影响。因此,平滑后的跟踪精度为距离上几米,角度上0.1mrad。

（1）对角精度的瞄准塔测试。定义下列测试条件：

① 雷达对塔的位置；

② 塔对雷达阵列的指向；

③ 瞄准塔上辐射的信号功率和流量；

④ 雷达与塔之间的地形特性，若其影响多路径误差时；

⑤ 对雷达、杂波、ECM、友方干扰建模的信号环境。

（2）对距离和多普勒精度的瞄准塔测试。定义下列测试条件：

① 距离和多普勒漂移、时间；

② 信号强度和流量；

③ 雷达接收机、杂波、ECM 和友方干扰的信号环境。

（3）对雷达精度的实际发射测试。定义下列测试条件：

① 特定炮弹类型（如 105mm 弹）；

② 弹道：炮口速度、象限仰角、武器的方位角；

③ 雷达对武器的位置：距离和方位角；

④ 雷达地点、划分扫描区、地形特征；

⑤ 雷达工作频段上友方信号环境；

⑥ 雷达工作频段上敌方信号环境；

⑦ 其他设备（如风速测量、精确定位）；

⑧ 数据记录设施和方法；

⑨测试结果的实时管理；

⑩ 测试数据的整理、说明和核实。

在（2）和（3）中，应准备信号环境模拟器的位置、类型和排序。

角跟踪精度测试目的是确定外场工作时，雷达系统的绝对角精度。几个主要误差源（热噪声、目标噪声、杂波、干扰、多路径、雷达的设备误差）将随着背景而改变，并且必须定义数量有限的真实背景，以评估对每一误差分量的雷达角响应。建议采用分步过程，选择背景以隔离每一误差分量。

（1）热噪声测试：安装角反射器、龙伯透镜、小目标飞机或靶标的转发器，可得到一良好定义的点目标。该目标飞行区域为：信噪比约 + 10dB；仰角足够高可以避免杂波和多路径误差。如必要，降低雷达功率，可获得雷达指定作用范围内的信噪比。从平滑的目标轨迹中得到的角数据标准偏差，给出了低信噪比下的热噪声测量值。并且信噪比增大时，它代表了雷达系统的误差。

（2）杂波和多路径误差测试：热噪声测试所定义的目标在降低仰角时，可出现杂波和多路径误差。选择目标轨迹，使目标从强杂波与目标同时出现的区域飞到目标与杂波相对脱离的区域。该范围的多路径误差应尽可能接近常数，以保证杂波变化时杂波误差分量的隔离。

将记录的目标数据与来自光学或测量雷达（或其他标准测试系统）的参考

数据相比较,并注意到测量雷达在低仰角下也有多路径误差。如果选择放置地点,使测量雷达在比被试雷达近的距离(和高的仰角)下跟踪,可最小化多路径误差。记录的目标数据和真实目标位置的差别表征了上面所列的几个误差源(加上可能的大气折射,它可从数据中算出且调用)的联合影响。可通过使用大反射器或其他可源,最小化热噪声和闪烁。没有干扰,并且选择目标轨迹,使之生成高于测量误差的杂波和多路径误差。相同轨迹测试时,选用大的或更大的发射器,也能够相互隔离杂波和多路径误差分量,消弱杂波的相对重要性。小反射器不能用于增大相干杂波,除非目标的物理尺寸足够小,才能避开显著的闪烁和起伏误差分量。

(3)目标噪声测试:目标可提供真实的闪烁和回波起伏。选择轨迹,强信号从足够高的仰角中通过,从而最小化杂波和多路径误差。分析记录数据,从真实轨迹中得到均方根误差。安排不同距离的飞行,隔离闪烁误差和起伏误差。起伏是用目标测量仪常偏移量来表示的,角误差与距离成反比。闪烁带来与距离独立的角误差常量,如果目标频谱(如雷达视线的转速)保持常数,对于远大于雷达所观测的方位角速度的转速来说,飞行目标的速率可基本保持为常数。

(4)干扰测试:将干扰加到任何其他的测试环境中,并比较结果,可测试干扰的角误差影响。因为许多干扰技术是以本来发生的现象的增强为基础的,所以在其他误差很小的条件下,评估干扰误差是不可能的。举个例子,已存在多路径误差时,在低仰角条件下,表面跳跃式干扰是最有效的。某些脉内干扰机,在雷达试图对许多相继脉冲进行相干处理来消除杂波时,干扰效果最佳。干扰背景划分为干扰类型、干扰机位置、频率和波形、有效辐射功率水平、干扰机工作时间。必须选择这些参数来表示对特定的被试雷达的指定威胁。

6.8.7 电磁兼容性(EMC)测试方法

该测试可在电磁兼容性(EMC)设施上进行,它由特定频率(或频段)、功率电平(在雷达罩外测量的)的连续波和脉冲信号的生成和辐射两部分组成。除末级功放外,雷达的各部分均运行。当测试信号功率、功率电平、波形(连续波、不同脉宽和重频的脉冲)变化时,控制中频接收和雷达的输出。通过与中频放大器输出相连的示波器,显示雷达输出,便于直观管理。这些输出点也可与记录器相连以记录测试期间的数据。然而,记录中频通道时,所需记录的带宽等于中频放大器的带宽。

定向的高功率电磁能量频率从雷达带宽的低端一直到毫米波区域,这类辐射的影响包括接收机饱和和过载。模拟目标应该从天线近场信号生成器或者从瞄准塔注入到射频,雷达输出数据和显示对饱和影响(灵敏度降低)、前端过载(信号的全部损失)或过大虚警进行管理。雷达全功率工作并管理混合目标(杂波)回波的强信号,是目标信号模拟的另一种方法。

6.8.8 雷达抗干扰(ECCM)测试方法

雷达 ECCM 测试方法同真实目标下的雷达检测距离、跟踪精度类似:雷达模拟器的组成包括一套调制射频功率源的波形产生器和一套实体干扰机。后者可在感兴趣的频带上产生样式很多的雷达信号,并且能够模拟许多类型的 ECM。

对搜索和截获(或搜索和截获模式)雷达的 ECCM 易损性测试中,检测距离限制和目标截获概率应该由 ECM 类型和 ECM 功率的函数决定。测试方法是,确定与特定威胁相对应的、在天线端的 ECM 功率电平,并判断雷达性能指标(检测距离等)是否满足要求。

对跟踪雷达的 ECCM 效果评估,应基于以 ECM 等级为函数的跟踪误差(与指标相比较)和跟踪中断或丢失的 ECM 等级。现代雷达应能对付强 ECM 环境,具有天线旁瓣对消技术或自适应(天线)阵列,以消除通过天线旁瓣进入接收机从而影响雷达工作的强干扰机的影响,在这种情况下要考虑远距离干扰机。

在雷达天线远场模拟干扰源,测试天线范围或连同检测距离和跟踪精度的外场测量,就可有效地评估旁瓣对消和自适应阵列。因此,当利用真实目标和位于雷达远场各分散点的模拟干扰机(或实体干扰机)时,采用上述雷达 ECCM 评估技术。此时,所使用的干扰源的数目应等于雷达性能指标所要求的数目,因为对消性能和其他雷达性能(如跟踪精度)的测量依赖于干扰机的数目。鉴于所关心的威胁是远距离类型的,测试通常选用噪声干扰源。

6.8.8.1 雷达抗压制性干扰效果评估准则和指标

一般适宜采用功率准则进行雷达抗压制性干扰效果评估,评价指标为功率性指标,如压制系数、压制扇面的角度、烧穿距离(或相对烧穿距离)、杂波中可见度改善因子、信干比等。也可采用"检测概率"和"自卫距离"这两个基于功率准则的指标进行抗干扰效果评估。另外,可以用"发现时间的统计分布"作为一个指标来衡量抗压制性干扰效果,主要包括均值、方差、一定置信度下面的置信区间等。

1. 自卫距离(相对自卫距离)及其改进

"自卫距离"的定义为:随着被掩护的目标飞行器与雷达之间的距离的减小,由于干扰功率与距离成平方关系(此处假设为自卫干扰),而信号功率与相对距离成四次方关系,所以干信比是逐渐减小的。如果实施的是远距离支援干扰,则干扰功率可以认为是不随距离变化的,所以干信比减小的速率更快。当干信比等于雷达在干扰中的可见度(SCV)时,雷达能以一定的检测概率发现目标。此时,二者之间的距离称为"最小隐蔽距离"(对干扰机而言),或者"自卫距离",也就是"烧穿距离"(对雷达而言),而相对自卫距离则指雷达在压制性干扰下的自卫距离与其无干扰下的作用距离的比值。

设干扰机的干扰功率为 P_j，干扰机与雷达之间的距离为 R_j，干扰机天线增益为 G_j，则雷达接收到的干扰功率为

$$P_{jr} = \frac{P_{j1} B_s G_j}{4\pi R_j^2 L_r} A_{rj} F'(\alpha) r_j$$

雷达接收机接收到的干扰功率和内部噪声功率之和为

$$P_{jr} + P_N = \frac{P_{j1} B_s G_j A_{rj} F'(\alpha) r_j}{4\pi R_j^2 L_r} + FKTB_s$$

故 P_{sr} 与 $(P_{jr} + P_N)$ 之比为

$$\frac{P_{sr}}{P_{jr} + P_N} = \frac{p_t G_t \sigma A_r F^2(\alpha)}{(4\pi)^2 R^4 L_t L_r \left[\dfrac{P_{j1} B_s G_j A_{rj} F'(\alpha) r_j}{4\pi R_j^2 L_r} + FKTB_s \right]}$$

当 $P_{jr} \gg P_N$ 时，上式可以简化为

$$\frac{P_{sr}}{P_{jr}} = \frac{1}{4\pi} \cdot \frac{P_t G_t}{P_{j1} G_j B_s L_i} \cdot \frac{R_j^2}{R^4} \cdot \frac{A_r}{A_{rj}} \cdot \frac{F^2(\alpha)}{F'(\alpha)} \cdot \frac{\sigma}{r_j}$$

设雷达检测单个信号所需最小的信干比为

$$K_{j1} = \left[\frac{P_{sr}}{P_{jr}} \right]_{min}$$

所以有

$$\left[\frac{P_{sr}}{P_{jr}} \right]_{min} = \frac{1}{4\pi} \cdot \frac{P_t G_t}{P_{j1} G_j B_s L_t} \cdot \frac{R_j^2}{R_{j0}^4} \cdot \frac{A_r}{A_{rj}} \cdot \frac{F^2(\alpha)}{F'(\alpha)} \cdot \frac{\sigma}{r_j}$$

当雷达积累 n 个脉冲信号时，其自卫距离可由下式求得：

$$R_{j0}^4 = \frac{P_{av} T_0 G_t \sigma R_j^2 A_r F^2(\alpha)}{4\pi P_{j1} G_j A_{rj} K_{j1}}$$

值得指出的是，虽然 Johnston 在 1979 年就指出了理论计算得出的自卫距离存在着的各种不足，但其真实测量值并不受这些限制。进行同样战情下的试验 N 次，设仿真中的发现距离分别为 $R_1, R_2, \cdots, R_N$，则可以认为自卫距离 $R_z = \sum\limits_{i=1}^{N} R_i / N$，也可以按照下面的方法得到自卫距离。而相对自卫距离 $\overline{R_z} = \overline{R_z}/R$，其中 R 是无干扰时对真实目标的发现距离；通过仔细考察"自卫距离"的定义，可以知道："自卫距离"是与一定的雷达检测概率相对应的，通过预先设置不同的检测概率预定值，即使是同一次飞行试验，也可以得到不同的自卫距离。事实上，在一次目标检测的实践中，我们不能确定雷达究竟是以多大的概率来发现目标的，也就是不能得到检测目标的后验概率，而只能认为在发现目标的临界状态，雷达检测概率大约为 $0.2 \sim 0.8$。所以，在实际中可以取 $P_d = (0.2 + 0.8)/2 = 0.5$ 对应的雷达与目标间的距离作为自卫距离的取值。

164

2. 检测概率—距离关系曲线(P_d—R 关系曲线)

当重点考察空间中某一点(设为 R_0)处的干扰效果时,按照检测概率的物理意义,在此种战情下进行 N(N 必须满足大样本的条件)次仿真,如果检测到真实目标(由半实物仿真系统来定义"检测到"的含义)的次数为 M,则可以得到检测概率为

$$P_d = \frac{M}{N}$$

选取多个点,通过试验求得其检测概率,然后通过插值可以得到检测概率—距离曲线。

3. 发现时间 T 的统计分布 $f(T)$

"发现时间"可以认为是一个随机变量,设开始试验的时刻为零,到真实目标被雷达系统发现的时间间隔为 T。进行 N 次试验,设 $T_1,T_2,\cdots,T_N$ 是总体 T 的一个样本,容易可以得到样本均值和样本方差,并可以应用直方图或者经验函数来得到发现时间的统计分布,并在此基础上进行参数的区间估计。

比较干扰前后发现这个目标的时间变化,可以得到雷达抗干扰效果的一种评估,公式如下:

$$\Delta T\% = \frac{T' - T}{T} \times 100\%$$

可以看到,这种评估指标不但对抗压制性干扰有效,对抗欺骗干扰效果评估也适用。评估流程图 6.12 中,N 表示某次战情下重复仿真的次数,它应该满足进行概率计算的大样本要求;R_{max} 表示干扰方关心的距离区间的最大值,而 R_{min} 表示地(舰)空导弹武器系统发射区的近界;Counter 是一个数组,记录着各个距离点上在 N 次仿真中检测到真实目标的次数。图 6.13 为雷达抗压制性干扰效果评估模块。

6.8.8.2 雷达抗欺骗性干扰效果评估准则和指标

欺骗性干扰主要指多假目标干扰、有源诱饵和无源重诱饵。可采用基于概率论的统计方法。

1. 欺骗干扰成功率

对欺骗干扰效果评估,通常采用概率论的方法通过统计试验得出统计指标:"欺骗干扰成功率"。在某种典型战情下进行 N(N 必须满足大样本的条件)次仿真,如果欺骗干扰成功的次数为 M,则可以得到此种战情下欺骗干扰成功率为

$$P_{dpt} = \frac{M}{N}$$

经过分析和综合,所谓的"欺骗干扰成功"涵盖下面两种含义:

(1)真弹头电子战突防成功:由于欺骗干扰的作用,雷达系统不能正常工作

165

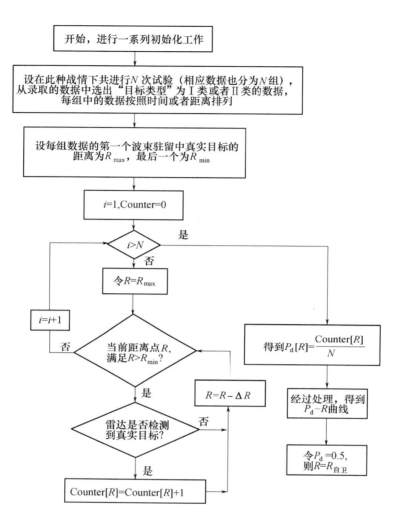

图 6.12　真实目标的检测概率和自卫距离的计算流程图

（如系统饱和）或者真弹头直到发射区近界,武器系统也不能满足对其进行拦截的条件(具体而言,指雷达系统不能在真弹头到达发射区近界前这段有限时间内发现、跟踪真目标并且跟踪精度满足发射拦截弹的要求)。

　　（2）假目标欺骗干扰成功:由于欺骗干扰的迷惑作用,雷达系统误把假目标(有源或无源假目标)作为真弹头目标进行跟踪甚至拦截,从对抗双方的性价比角度看,这使得防御代价增大,欺骗干扰也起到了一定作用。所以严格地讲,"欺骗干扰成功"的概率是上面两种事件集合所组成并集的概率。那么反过来,雷达抗欺骗干扰成功指既要有效探测真目标,又要完全有效地去除欺骗干扰造成的假目标。

　　采用"欺骗干扰成功率"指标来评估雷达干扰/抗干扰效果的流程如图6.14所示。

166

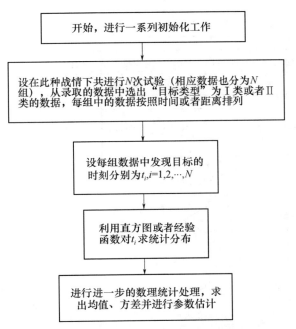

图 6.13　雷达抗压制性干扰效果评估模块

值得指出的是,这里的 $P_{dpt}[R]$ 是一个随距离变化的量,以免出现"成功率"要么等于零,要么等于百分之百的情况(因为 N 次战情是一样的)。

2. 欺骗干扰条件下"发现真实目标的时间/稳定跟踪真实目标的时间"的统计分布

多假目标欺骗干扰、有源诱饵欺骗干扰和无源重诱饵干扰的作用在相当程度上是延迟雷达系统发现真实目标的时间,为突防赢得时间。故而可以用与上面类似的方法来得到"欺骗干扰引起的发现真实目标的时间延迟"作为欺骗干扰效果评估的指标;欺骗干扰消耗了相控阵雷达系统有限的资源,使得雷达系统对真实目标建立稳定跟踪的时间也延迟,可以利用欺骗干扰条件下"稳定跟踪真实目标的时间"的统计分布来对干扰效果进行评估,主要是考虑这种分布的均值、方差和各种估计量。

用"发现/跟踪目标时间"统计分布评估干扰效果如图 6.15 所示。

6.8.8.3　雷达抗综合性干扰效果评估准则和指标

前面说明了在只有压制性干扰或者欺骗性干扰的条件下,雷达抗干扰效果的评估问题。但是在实际系统中,综合性干扰是一般的干扰形式,对其干扰效果评估具有更加重要的现实意义。

综合性干扰是指既有压制性干扰又有欺骗性干扰。在这种情况下,一方面,必须扩展上面的评估方法,提出新的指标和评估流程;另一方面,由于综合性干扰包含了压制性干扰和欺骗性干扰,所以其对应的评估指标在内涵上也应该包

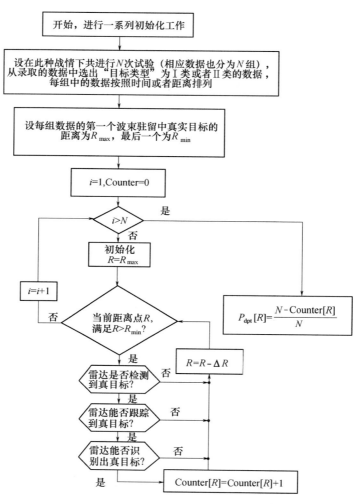

图 6.14 用欺骗干扰成功率评估干扰效果的流程图

含压制性干扰和欺骗性干扰的评估指标,也就是说,综合型干扰效果评估指标也可以用于压制性或者欺骗性的干扰效果评估。

无论是压制性干扰、欺骗性干扰还是综合性干扰,其作用都是使得雷达系统发现、跟踪真正突防目标的时间延后,故而提出"探测时间延迟 T_{del}"或者"突防深度 R_{pen}"作为综合性干扰效果评估的指标。

"探测时间延迟 T_{del}",是指在相同战情下,雷达系统在各种干扰组合的作用下探测到真实目标的时刻和无干扰作用下探测到真实目标的时刻之差。在压制性干扰下,"探测到真实突防目标的时刻"是指发现真实突防目标的时刻;而在欺骗性干扰和综合性干扰下是指发现并且跟踪和识别真实突防目标的时刻。它从时间的角度说明了各种干扰对防空武器系统的干扰作用。

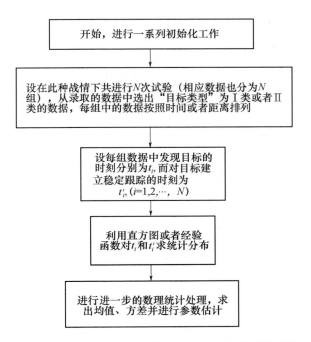

图 6.15 "发现/跟踪目标时间"统计分布评估干扰效果

与"探测时间延迟 T_{del}"对应的是"突防深度 R_{pen}",是指在各种可能的组合干扰作用下,雷达系统在 R_{pen} 的距离点(以雷达站为坐标原点)上才能有效探测到真实突防目标。其中,"有效探测到真实突防目标"在压制性干扰下是指发现真实突防目标,所以"突防深度"即是"自卫距离",而在欺骗性干扰和综合性干扰下是指发现并且跟踪和识别真实突防目标。同样地,作为折中考虑,可以认为只需要"发现和稳定跟踪"真实突防目标。

可见,"自卫距离"是"突防深度"在只有压制性干扰下的特殊形式。

上述两个指标之间的关系密切,如图 6.16 所示。

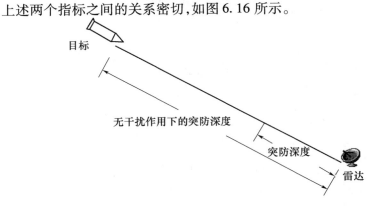

图 6.16 "自卫距离"和"突防深度"的特殊形式示意图

设无干扰作用下的突防深度为 R，有干扰的作用下突防深度减小为 R_{pen}，另设飞行器的平均速度为 $\bar{V}$，则

$$R - R_{pen} = \bar{V} \times T_{del}$$

为了充分利用半实物系统的优势，可以进行 M 次试验，然后取平均值。综合性干扰效果评估基本流程如图 6.17 所示。

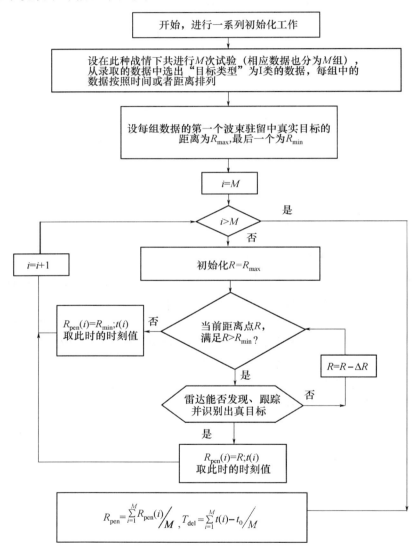

图 6.17　综合性干扰效果评估基本流程

注：图中的 t_0 指无干扰情况下雷达系统探测到真实目标的时刻，它也是多次测量的均值。

170

6.8.8.4　雷达抗电子战突防效果评估准则和指标

干扰的最终效果,不但和干扰方、被干扰方的装备、设施等有关,而且与双方实施的战术应用、对抗双方的信息获取等诸多因素有关,这些决定了干扰效果评估是一个非常复杂的问题。由于半实物仿真的优势,采用战术运用准则作为雷达抗电子战突防效果评估准则,围绕"导弹弹头电子战突防成功率"这个概率指标进行导弹的电子战突防效果评估。

弹道导弹弹头电子战突防成功是指真弹头到达发射区近界前,导弹武器系统对其发射拦截弹所需的条件一直得不到满足。

展开来讲,主要包括如下情况:

真实弹头目标的突防深度小于地空导弹武器的发射区近界($R_{pen} < R_{min}$),即多种干扰装置的作用使得雷达系统在探测到真实目标时,所余的可供发射拦截弹的时间已经小于地空导弹武器系统的响应时间;雷达系统由于受到多假目标欺骗干扰饱和而不能正常工作,当然此时雷达系统不可能有效探测真弹头目标;雷达系统虽然对真实目标能够建立稳定跟踪,但是即使到了发射区近界,其探测精度等仍难以满足对真目标发射拦截弹的要求;"弹道导弹弹头电子战突防成功率"这个指标的物理意义清晰,并且它将干扰效果与弹道导弹突防弹头的作战使命联系在一起,因而具有强的全面性和综合性。

为了使得电子战效果评估更好地服务于导弹武器系统整体的突防效能评估,不妨定义两类事件:A 事件——真弹头突防成功,指真弹头目标在整个突防过程中都不被地空导弹武器系统所拦截;B 事件——真弹头电子战突防成功,即指真弹头到达发射区近界前,导弹武器系统对其发射拦截弹所需的条件得不到满足。

传统的"单发杀伤概率"指在发现了目标且武器系统工作可靠的条件下,发射一发导弹杀伤给定的单个目标的概率。所以只是包括了制导误差、引战配合和目标易损性等方面,没有考虑搜索、跟踪雷达部分的影响,总是假设雷达系统总是能够无困难地发现、跟踪和识别目标。干扰条件下的单发杀伤概率在实际中主要用来说明干扰条件下单发杀伤概率相对于无干扰条件下单发杀伤概率的变化,也只包括了制导、引战配合等方面,不包括搜索雷达和指示雷达的对抗效果;比如,干扰条件下 S – 300 的单发杀伤概率下降 70%。为了在电子战条件下说明杀伤概率的变化,引入"全程单发杀伤概率 P_K"的概念,用来和上面二者区别,主要指包括了雷达对抗部分后,单发导弹对单个目标的有效杀伤概率。这个指标从整个突防过程的角度对单发导弹的杀伤概率进行了界定。

对于单发导弹拦截的战情,有

$$P_K = 1 - P(A) = P(\bar{B}) \times P(\bar{A} \mid \bar{B}) + P(B) \times P(\bar{A} \mid B)$$

其中,$P(\bar{A} \mid \bar{B})$ 指真弹头电子战突防不成功的条件下单发导弹对弹头的拦截概率。$P(\bar{A} \mid B)$ 指真弹头电子战突防成功的条件下,单发导弹对弹头的拦截概率。值得指出的是,在"真弹头电子战突防成功"的条件下,可能会出现武器系统被假目标所欺骗从而发射拦截弹的情况,甚至进一步"误打误着"突防的真弹头。在得到上述两个条件概率的前提下,只要进一步得到 $P(B)$,就可以根据上式得到真弹头突防概率 $P(A)$。而 $P(B)$ 的计算就是本仿真系统的任务。

设导弹武器系统的发射区近界为 R_0,而事件 B 为真弹头电子战突防成功,其含义指:在真弹头到达发射区近界前,导弹武器系统对其发射拦截所需的条件一直得不到满足。

图 6.18 为电子战突防效果评估基本流程图。

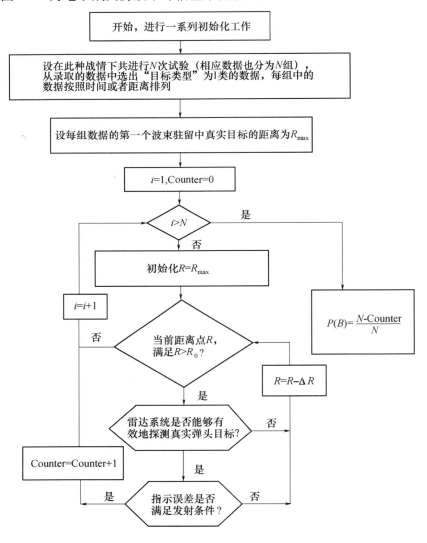

图 6.18　电子战突防效果评估基本流程图

172

6.8.9　雷达截获与定位的易受干扰性测试方法

6.8.9.1　雷达截获与定位的易损性分析

过去的雷达测试和评估任务主要关注雷达在有/无来自杂波、ECM 和其他信号干扰下随目标检测、跟踪或成像的性能。雷达信号易损性的新重点是包括 ARM 导引头寻的在内的截获与定位,这些需求发展了新的测试方法和设施。

1. 普通雷达的易损性

传统雷达可定义为,当雷达按照有或没有脉冲压缩调制,以低脉宽发射时,对其信号的截获。用于战场侦察、入侵检测、导航、空中防御、敌方武器定位的雷达,一直是截获和告警接收机的目标,近来更是反辐射导弹的目标。雷达装备的抗干扰性能是与涉及基本雷达—目标的几何关系的双程路径损耗相关的,与截获接收机的单路损耗相比,该损耗较大。

与雷达相比,目标上的截获接收机单程优点可见

$$Q = \frac{S_i}{S} = \frac{A_i}{A_r} \cdot \frac{4\pi R^2}{\sigma}$$

式中　S_i——进入截获接收机的可用信号功率;

　　　S——进入雷达接收机的可用信号功率;

　　　A_i——截获系统天线的有效孔径面积;

　　　A_r——雷达天线的有效面积;

　　　R——目标距离;

　　　σ——目标横截面。

典型情况下,$R = 30\text{km}$,$\sigma = 1.0\text{m}^2$,$A_i = 1.0\text{m}^2$,$Q = 10^9$,$10\log = 90\text{dB}$。这表明,截获接收机可在整个雷达频段(如 $B = 1\text{GHz}$)甚至于备频程内工作(如 $8\text{GHz} \sim 16\text{GHz}$);当与雷达反射信号严重失配时,仍对雷达信号保持很高的截获概率。

2. 低截获概率(LPI)雷达的易损性

一些现代雷达采用特殊频率、波形、低旁瓣天线方向图和工作过程,以减小截获的易受干扰性。称这类雷达为"低截获概率(LPI)"雷达。这些雷达设计方法如下:

(1)降低平均功率或"功率管理";

(2)降低峰值功率(如连续波或调制连续波);

(3)宽信号频谱(如宽带调制、跳频);

(4)低发射天线旁瓣;

(5)繁忙工作波段的频率选择;

(6)模拟通信信号的频率和波形的选择;

(7)大气层吸收波段的频率选择。

3．评估要求

传统雷达和低截获概率雷达的抗干扰性能的评估，与截获接收机的评估密切相关。事实上，许多低截获概率雷达的分析都依赖于与雷达信号最理想失配的截获接收机的特性。如果没有一套标准的截获接收机特性而评估雷达，那么任何波形的任何雷达均可宣称具有"低截获概率"特性。

无论在分析、计算机模拟，闭环（室内）测试或外场测试，评估的第一步都是建立雷达评估所用的截获接收机威胁模型。必须由熟悉现有截获接收机技术及其这项技术的未来趋势，和预测以及可能的使用状态的权威部门来定义这些模型。战略侦察、战术侦察、雷达警戒接收机、ECM 系统的间断观察接收机、ARM 导引头，需要不同的模型。

4．电磁环境

大多数低截获概率技术仅在密集的信号环境中生效，而截获接收机却可有效地被大量非相干信号干扰。雷达对截获的易受干扰性的评估，由截获接收机对一系列真实干扰信号的反应而决定。该环境模型最好由研制复杂电子战背景的机构生产。

5．物理环境

在许多情况下，雷达的信号截获易损形依赖于雷达的物理环境。它包括以下因素：

（1）信号的大气和气象衰减；

（2）地形和地物外形的信号散射；

（3）雨或箔片的信号散射；

（4）地形屏蔽。

如果依靠低旁瓣天线特性来防止信号进入截获接收机，那么主波束内辐射源的散射可为接收机提供意想不到的方法。在这种情况下，截获系统的定位精度很低（如 ARM 导引头），但接收机可依靠散射信号得到正确的频率和波形。

尽管模型可用于受到环境影响的分析和模拟过程，但是外场测试时仍需验证这些模型。

6．测试和评估设施

全面评估低截获概率雷达系统所需的设施如下：

（1）特殊的低截获概率波形产生器，用以在闭环测试中，模拟某一新型雷达设计的信号。

（2）天线方向图产生器，用以在远离主瓣的部分模拟新型天线设计的低旁瓣。

（3）多路径散射模型，用以模拟大量标准的地形情况和雷达站视线的影响。

（4）外场测试点，选择这些位置，用这些地形情况验证截获易损性的模拟和闭环测试结果。

（5）通用机载截获和搜索接收机，用于验证室内测试结果的外场测试，并提供定位和寻的带度数据（从模拟和闭环测试中很容易获得）。

（6）外场环境信号生成器，在涉及实体雷达设备的外场测试期间，放大并向机载接收机辐射缩比模型的电子战环境。

6.8.9.2　信号截获易损性的测试方案

对雷达的敌意行动可以采用被动 ECM、主动 ECM、闪避或直接进攻（如使用 ARM）。在该行动启用前，进攻方应利用智能资源或实时截获数据来判断雷达的寂静和工作状态。这两种状态的数据流可使用雷达波形和降低信号截获概率的工作措施来隐蔽。某些现代雷达设计具有低截获概率特性，其中一部分与传统雷达相同，而另一部分则是低截获雷达系统独有的。测试的目的是，评估在真实环境中的 ESM 接收系统截获雷达信号类型，以及基于截获数据的雷达定位的易损性。

建立正常的雷达工作模式，必须检查雷达性能指标，以确定这些模式的特征值，并定义雷达在测试期间的模式。这些数据包括：发射波形参数、天线扫描参数、雷达发射持续时间。

定义环境（物理的和电子的）：雷达位置和定性特性；可能影响用于雷达 ESM 系统能力的有关车辆和电子设备；雷达工作频段和相邻频段的友方信号环境。

定义对抗性的 ESM 系统位置和类型。预先分析雷达及其可能的工作环境，建立 ESM 位置和类型的合理值或期望值。例如，对于武器定位雷达，陆基的 ESM 距离为 15km～30km，机载的为 15km～100km。传统的截获接收机，与过去几十年使用的雷达信号相适应，对这些信号有很高的截获概率，但对低截获概率雷达的新型信号则不然。截获接收机同时测试传统的和低截获概率雷达信号是十分必要的。用于测试 ESM 系统的指标如下：

（1）接收机的作用距离和高度；

（2）输入的地形特性；

（3）天线扫描类型；

（4）接收机类型，及操作人员可使用的先验数据。

定义雷达定位中截获系统的任务：在 t_0 秒内所需的定位精度 $\sigma_{x,y,z}$ 或 σ_θ。预先分析雷达和 ESM 系统，确立截获时间和精度的合理值或期望值。

必须基于测试任务来定义通用测试过程。

（1）雷达位置和工作排序；

（2）ESM 系统位置和工作排序；

（3）信号环境模拟器的位置、类型和排序；

（4）其他设备（如机载平台的跟踪）；

（5）操作人员的测试准备；

（6）数据记录设施和方法；

（7）测试过程和结果的实时管理；

（8）测试数据的简化、说明及核实。

6.8.10 目标识别测试方法

现代雷达为确认不同类型的目标,建立威胁态势,应具有目标分选技术。典型地,这些技术利用所给目标类型的单一相位或幅度调制结果,或极高的距离分辨率。评估识别技术的一个较好方法是,利用真实目标类型,应包括可能识别和可能错误识别的代表性目标类型。测试过程与检测距离测量相同,评估准则以目标识别或分选指标为基础。当不便使用真实目标时,可利用模拟或记录的目标信号。另一种方法是,利用可用的目标进行外场测试,同时用记录的目标信号补充无法得到的真实目标的测试。

第7章 雷达系统效能试验与评价

7.1 概 述

现代高科技战争的进程和结局表明,战争不再仅由指挥员的指挥谋略和作战人员的作战能力所决定。从隐身飞机的横空出世到巡航导弹的精确打击,从侦察卫星的无孔不入到战略预警雷达的远程监控,武器装备所起的作用越来越大,地位越来越重要。因此,对武器装备的作战效能进行评估也随之而兴起,并逐渐成为一个专门的应用学科。通过对武器装备的作战效能进行分析和研究,可以了解武器装备在作战使用中的效能发挥,有助于准确、客观地把握武器装备的发展方向,有针对性地提出武器装备应重点解决的问题,并提出对策。雷达装备作战效能评估与仿真是雷达装备论证的一个重要方面,对雷达装备的研制与发展具有重要意义。研究雷达装备的作战效能,首先对概念要有一个比较完整的了解,对作战效能评估的意义要有一个正确的认识,在这种情况下,才能对雷达装备的作战效能进行合理而有效的评估。

雷达系统效能是指雷达系统在预定的作战使用环境(自然环境、电子声学战环境和存在威胁的环境)下,考虑到战斗组织、作战原则、战术、生存能力、易损性等情况下完成任务的总程度。雷达装备作战效能评估是对雷达装备在一定的作战环境(条件)和一定的作战时间内成功完成其规定作战任务、满足作战需要的能力的评估,是完成某种既定任务的程度指标的模糊综合定量评价。这一效能是以雷达装备的作战能力以及因此而获得的军事效益两方面的统一。

雷达是现代战争预警探测情报的主要来源,雷达装备作战效能的好坏直接关系到战场情报保障的质量。对雷达装备进行作战效能评估,有助于发现问题,提高雷达装备研制水平,优化装备结构设计,提高技战术参数,增强作战效果,发挥其最大的作战效能。雷达是一种高科技武器装备,其研制和生产都需要很多的人员和经费投入。在这种情况下,研究雷达装备的使用情况,分析其作战能力水平与实际需要之间的差距,有助于我们在新装备研制和旧装备改造中,准确地找到问题的突破口,以最小的花费达成最大的效益。

在雷达装备采办过程中,雷达系统效能和费用是判定雷达系统军事使用总价值的两个关键因素。在这两个因素中,雷达系统效能又是最难以确定和测量的,例如,系统费用可以投入资金的数额来确定,但系统效能没有这样的标准依据。由于系统效能固有的复杂性,其研究的课题已引起人们普遍的关注和争论,特别是在国防预算缩减的情况下,以最低的费用达到最大的系统效能变得更为重要。因此,研究雷达系统效能的关键问题已成为人们评价雷达系统效能的主要问题。

雷达系统必须在真实的作战使用环境下进行试验,以保证系统属性规格要求得到满足。在这一阶段中,应根据属性对系统所需效能的影响来评定这些系统属性,并用效能量度反映这些属性。对于效能量度不能直接试验,但其反映可以试验的作战用途。因此应说明可试验的属性变化与效能变化的关系。决策人员将效能量度同试验结果联系,利用试验结果来审查费用与效能分析的结果,再次证明所选的方案是一个满足作战要求的有效方案。如果所规定的系统效能限度值不能得到试验结果的证实,则应利用敏感性分析结果来帮助驱动水运系统是否仍然提供足够的军事效益,是否值得花费大量经费以及系统是否确实在作战上有效和适用。

7.2　系统效能模型

关于武器装备系统效能的定义目前并没有统一,目前业界大多数人认为较好的定义是(Weapon System Effectiveness Industry Advisory Committee,WSEIAC)的效能定义。本质上,系统效能是一个用来表征系统完成任务要求的能力的量度。武器系统效能评估问题是一个十分复杂的问题,评估人员因所处的地位不同,观察的角度不同,对许多系统评估问题持有不同的理解。从20世纪90年代,国内外军事系统工程方面的会议和杂志上陆续出现了有关武器系统效能评估方面的文章,人们从不同的评估目的出发,从不同的功能角度探讨和研究了很多关于武器系统效能的评估方法。通常这些评估方法涉及到层次分析法、指数法、专家评价法、SEA方法、模糊综合法、WSEIAC模型、作战模拟法等,这几种方法各有其适用性和局限性,在这些评价方法中,成熟应用的有ADC方法、层次分析法、模糊评价法,前沿应用的有云重心评价法等。

为使武器系统效能评估更为合理有效,必须针对武器系统的具体特点,选择合适的评价方法。系统效能测量需要使系统属性与效能联系,因此需要建立一些系统效能模型,这些模型可以根据系统完成任务来测量系统的效能,并提出系统属性与系统效能联系的框架。

7.2.1　乘法模型

乘法模型是建立在这样的前提和基础上的,即系统完成特定任务的效能是几个关键系统属性的积,这些属性的测量值表示为概率,对于一个系统,在某种程度上它们都必须被看成是有效的。根据乘法模型,对于最有效的系统是在规定时间内具有完成任务概率最高的系统。下面介绍美国武器效能鉴定的几种乘法模型。

7.2.1.1 WSEIAC 模型

WSEIAC 模型是美国武器系统效能工业咨询委员会建立的一个模型,它是一个通过判定系统可用性(A)、可靠性(D)和能力(C)这三个关键属性来评价总系统效能(E)的一个方程,其表示式为

$$E = A \cdot D \cdot C$$

式中　E——预测系统完成一组特定任务要求量度,它是系统可用性、可靠性和能力的函数。

这三个关键的系统属性的定义:

可用性 A 是一个行矩阵,它表示在任务开始时系统条件的可能状况,是硬件、人员和程序之间的关系函数;

任务可靠性 D 是一个方矩阵,它表示系统在执行特定任务时进入和占据其有效状态之中的任一个状态的概率和完成与这些状态有关的一些功能;

任务能力 C 是一个列矩阵,它表示给定执行任务条件时系统完成任务的能力,并具体说明系统的性能范围。

这种模型要依靠单项任务的演习试验。对于总任务范围,要说明每一可能的系统状况,并给出两个系统状况之间变换的概率来建立矩阵。三个矩阵的积等于系统的总效能。

7.2.1.2 HABAYEB 模型

HABAYEB 模型是美国海军航空武器分部武器指挥与控制技术管理人员提出的一种模型。这种模型是一个通过判定战备(sr)、可靠性(r)和设计充分性(da)这三个关键系统属性来评价系统效能的方程,它通过利用系统效能(se)概率的概念将三个系统属性代入一个分析结构中,其表示式为

$$P_{se} = P_{sr} \cdot P_r \cdot P_{da}$$

式中　P_{se}——系统有效概率。

这三个系统属性的定义:

战备(P_{sr})是在任何时刻,整个系统按要求操作准备的概率和特定任务条件下使用时满意操作使用的准备概率;

任务可靠性(P_r)是系统在规定条件下没有发生任务期间功能故障的概率;

设计充分性(P_{da})是系统在设计规格要求内工作时,成功地完成任务的概率,这是系统性能水平的量度。

表 7.1 给出了 HABAYEB 模型提供的上述三个关键属性所属的较低一级属性层次排列。

表 7.1　HABAYEB 模型系统属性的层次排列

战　备	可　靠　性	设计充分性
可运输性	可靠性	生存能力
可靠性	耐久性	易损性
可用性	质量	作战适用性
保障性		互适应性
维修性		兼容性
质量		耐久性
		质量

　　HABAYEB 方程要依靠单任务演习试验,其三个关键属性在运算上互相依存,总的系统效能都需要这三个属性。这些属性通常在不同的时间彼此独立地一步步定量确定,开始时将设计充分性这一属性加入到系统中,并固定下来,一直到环境发生变化为止。因此,在系统研制早期阶段要使设计充分性这一属性初步量化,然后在设计战备和可靠性这两个属性按规定要求的情况下,通过仿真或试验加以确定。

　　将可靠性这一属性加入到所研制的系统,并通过系统方框图、系统部件数目和硬件故障率的推导,使可靠性量化。可靠性的降低是时间和环境的函数,并假设设计充分性和战备这两个属性是按照规定要求的。

　　战备这一属性是指修理、维修、操作、后勤和训练等一些事件。它根据可靠性鉴定和平均修理时间(MTTR)进行估计,并假定设计充分性这一属性是按照规定要求获得的。HABAYEB 模型指出,在设计早期阶段就可以说明可靠性和战备的某些方面问题。系统效能量化是一个反复的过程,在这个过程中要利用反馈数据不断完善这三个关键属性的量化。

7.2.1.3　Ball 模型

　　这种模型是美国海军学院用来衡量飞机在特定演习试验中战斗效能的模型,它由以下方程表示:

$$MOMS = MAM \cdot S$$

式中　MOMS——任务成功的量度;

　　　MAM——任务完成的量度;

　　　S——生存能力。

下面是该方程式两个关键属性的定义:

任务完成量度(MAM)是系统进攻能力的效能;

生存能力(S)是系统防御能力的效能。

这两个属性的数值范围都在 0~1 之间,其中:

$$P_s = 1 - P_k \qquad (P_s \text{ 是生存概率})$$

$$P_k = P_h \cdot P_{kh} \qquad (P_h \text{ 是命中概率}, P_{kh} \text{ 是如果命中的概率})$$

MOMS 方程只提供战斗环境中系统作战性能的简单效能测量和生存能力对任务成功的影响。它可以用来说明任务完成量度值与生存能力之间的折中情况,例如,在许多战斗情况中,完成任务量度值有意减少,以提高生存能力。在这种情况下,具有较大生存能力的系统就可能有较小完成任务的量度值。

7.2.1.4 Opnavinst 模型

该模型有三个对确定系统效能(SE)十分重要的关键系统属性:作战能力(C_o)、作战可用性(A_o)和作战可靠性(D_o),其表示式为

$$SE = C_o \cdot A_o \cdot D_o$$

这三个属性的定义

作战能力(C_o)是指系统作战特性(包括距离、有效载荷、精度)和对抗威胁组合能力,用杀伤概率、交换比等表示;

作战可用性(A_o)是系统在规定作战环境下要求其在随机时刻执行规定任务时的准备概率;

作战可靠性(D_o)又称任务可靠性,是系统从任务开始一直保持到任务结束的良好状态。

这个模型要依靠单个任务演习试验,重点强调作战可用性作为系统效能一个关键要素的重要作用。

7.2.1.5 Marshall 模型

这是根据上述 Habayeb 和 Ball 提出的一个模型,它将作战可用性(A_o)、任务可靠性(Rm)和生存能力(S)以及任务完成量度(MAM)组合起来,利用以下系统效能(SE)方程推导系统效能的适用性性能(ESP)的模型:

$$ESP = SE = A_o \cdot Rm \cdot S \cdot MAM$$

这些关键属性的定义:

作战可用性(A_o)包括后勤准备,是指系统在需要时达到使用的概率;

任务可靠性(Rm)是系统在任务范围规定的条件下,于一定时期完成必要任务功能的概率;

生存能力(S)是系统避开敌方环境而不会降低其完成规定任务的能力;

任务完成量度(MAM)是任务效能,即在给出 A_o、Rm 和 S 时,系统完成所期望的任务的概率,这一概率建立在作战演习成功试验次数的基础上。

ESP 模型要依靠单个任务演习,它为国防部门提供一个通用的系统评价框架,即一种确定和评价总的系统效能的定量复合方法。这种模型要依靠全面观察系统性能及对性能有影响的系统属性。它用作制订系统层次结构的基础。

7.2.1.6 Giordano 模型

Giordano 模型系统效能(E)方程为

$$E = P_c \cdot P_t$$

式中　P_c——性能水平；

　　　P_t——性能的时变性。

性能水平(P_c)：没有提供专门的定义，但使用了上述 Opnavinst 模型所给出的作战能力相应的术语，因此，性能水平是指系统作战特性（距离、有效载荷和精度）和对抗威胁的复合能力，用杀伤概率、交换比等表示。

性能的时变性(P_t)：系统性能随时间恶化的参数，时间长短加上性能。

这个基本方程要依靠单任务演习试验，工程项目经理要根据特定属性要求和与完成任务有关的因素建立一个系统效能模型，并给出下面的事件次序。

首先，将较大的任务范围缩小到几个任务，如果这些任务完成，则它们就给工程项目经理提供了成功完成整个任务的置信度。任务阐述是构成效能分析的基础，在确定了成功地完成任务的属性要求后，再根据任务要求改变属性值。这样属性值的可接受程度便成为衡量对设备、故障、后勤、性能下降和时间要求敏感性评价的建模分析量度。利用仿真和建模的相互关系来建立和评价系统及其内部具体设计。可认为 Giordano 方程是一种以统一方式处理各种选定属性并把与设备性能恶化有关的属性看作是系统总性能一部分的方法。

在上述所有乘法模型中，只有 Giordano 方程可以扩展为多任务方程，对于多任务演习试验的系统效能测量，可以将上述 Giordano 的基本方程扩展为描述大型系统多任务演习时的系统效能方程，其表示式为

$$E = W(P_c \cdot P_t)/\text{LT}, W(P_c \cdot P_t)/\text{CA}, W(P_c \cdot P_t)\text{MP}, W(P_c \cdot P_t)/\text{CO}$$

式中　LT——提前时间；

　　　CA——采办费用；

　　　MP——劳力；

　　　CO——所获得的费用；

　　　W——有价值任务的量度。

LT、CA、MP 和 CO 系数都是基本方程可能修改的因数的例子，W 用来单独或组合处理多种任务情况时增加的变化。

应该注意，可以把 Giordano 多任务方程变成一个加法方程，其中利用 W 来分别加权担任任务的量度值，然后将这些量度值组合成一个总的多任务效能量度值。

7.2.2　加法模型(ASDL)

这里只介绍 ASDL 模型，这种模型是美国航空工程学院航空系统设计实验室使用的模型。它是一个判定五方面系统属性的方程，这五方面属性是经济承受能力、生存能力、战备、任务能力和安全，这些属性组合成一个系统效能的总量度，即总的评价准则(DEC)：

$$DEC = a(LCC/LCC_{BL}) + b(MCI/MCI_{BL}) + c(EAI/EAI_{BL}) +$$
$$d(P_{SWTV}/P_{SWTVBL}) + e(A/A_{BL})$$

式中 $a \sim e$——重要的系数,它们相加的和等于 1;

LCC——寿命周期费用;

MCI——任务能力指标;

EAI——发动机磨损指标;

P_{SWTV}——生存概率;

A——固有可用性。

下面给出这些属性的定义:

寿命周期费用(LCC)是经济承受能力总的量度,即在寿命周期内采办的总费用;

任务能力指标(MCI)是任务能力总的量度,即系统完成任务(满足或超过所有任务要求)的能力;

发动机磨损指标(EAI)是安全性的量度,即根据系统操作的总数估计和平时期所产生的磨损对发动机产生的 A 级故障的影响;

生存概率(P_{SWTV})是生存能力的总量度,即系统躲避探测和避免受破坏而造成的损失;

固有可用性(A)是战备的总量度,即系统在随机时刻要求其执行任务时最初的可操作程度和可用状态。

ASDL 方程的一个主要问题是确定加权系数方面的主观性,由于这些系数基本上是人们选择最优系统的量度,因此总价值准则(OEC)便成为优先选择系统的量度。根据优先选择量度,系统间的选择可能变化,但是系统本身及其完成任务的能力仍可能相同。实际上,如果人们对一个系统比其他系统更有偏爱时,那么不到 ASDL 方程表明选择的最佳系统具有最好效能之前都不可能改变这些系数,因此该模型的客观性较低。

7.2.3 模糊评价法

若 A 和 B 是 $n \times m$ 和 $m \times l$ 的模糊矩阵,则它们的乘积 $C = A \times B$ 为 $n \times l$ 阵,其元素为

$$C_{ij} = \bigvee_{k=1}^{m} (a_{ik} \wedge b_{kj}) \quad (i = 1,2,\cdots,n; j = 1,2,\cdots,l)$$

上式中,符号" $\vee$ "和" $\wedge$ "的含义分别为二者之中的最大和最小者。

模糊综合评价能够对一些不能统一度量的问题进行量化分析,可以得出一个比较全面的评价。但是,由于未涉及战术背景,只是从一个整体角度来思考问题,因此如果考虑到战术背景,可调整评估中一级指标的权重系数来重新评价装备的抗干扰能力,便可得到更加符合战场态势的评估结果。

7.2.4 云重心评价法

云是用语言值表示的某个定性概念与其定量表法之间的不确定性转换模型,云的数字特征用期望值、熵和超熵 3 个数值表征。它把模糊性和随机性集成到一起,构成定性和定量相互间的映射。

7.2.4.1 性能指标的系统状态表示

N 个性能指标可以用 N 个云模型来抽象,那么 N 个性能指标所反映的系统状态可以用一个 N 维综合云来表示。当 N 个指标所反映的系统状态发生变化时,这个 N 维云的形状也随着发生变化,N 维综合云的重心 T 用一个 N 维向量来表示,即

$$T = (T_1, T_2, \cdots, T_N)$$

当系统状态发生变化时,其重心变化为

$$T^1 = (T_1^1, T_2^1, \cdots, T_N^1)$$

7.2.4.2 云重心偏离度的衡量

一个系统在理想状态下云重心向量为

$$T^0 = (T_1^0, T_2^0, \cdots, T_N^0)$$

这样,可以用加权偏离度 θ 来衡量某一状态下与理想状态下综合云重心的差异情况,首先将某一状态下综合云重心向量进行归一化,得到一组向量:

$$T^G = (T_1^G, T_2^G, \cdots, T_N^G)$$

式中

$$T_i^G = \begin{cases} (T_i - T_i^0)/T_i^0, & T_i < T_i^0 \\ (T_i - T_i^0)/T_i, & T_i \geqslant T_i^0 \end{cases} \quad i = 1, 2, \cdots, N$$

经过归一化后,表征系统状态的综合云重心向量均为有大小、有方向和无量纲的值。其加权偏离度 θ 的值为

$$\theta = \sum_{i=1}^{N} W_i^\phi \cdot T_i^G$$

式中 W_i^ϕ ——第 i 个单项指标的权重值。

7.2.4.3 评语集定义

用云发生器来定义评语集,采用由 11 个评语所组成的评语集:

$$V = (v_1, v_2, \cdots, v_{11})$$

用语言描述为

$V =$(无,非常差,很差,较差,差,一般,好,较好,很好,非常好,极好)。将 11 个评语置于连续的语言值标尺上,构成一个定性评测的云发生器,将求得的值输入评测云发生器中,如图 7.1 所示。

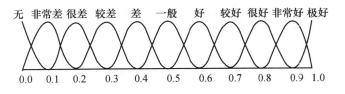

图 7.1 云发生器

雷达系统效能评估是指运用定量分析手段,计算和评估雷达系统各项指标对完成作战任务所达到预期目标的程度。在对系统效能评估的方法中,定性、定量相结合的指标构造云模型(Cloud Model),计算多维加权综合云的重心,通过云重心评价方法进行效能评估更为科学。

根据雷达工作性能特点,科学、客观、准确地评估其系统效能,有助于分析雷达的工作能力和作战使用过程中存在的问题。现在各国雷达性能优越,尤其相控阵体制雷达被广泛应用,因而具有如下特点:波形多、脉内特性复杂;多任务、多目标实时工作;功能多、探测距离远;反应时间短、数据率高;抗干扰能力强、可靠性好、自动化程度高及结构复杂、成本高、扫描范围受限等。所以评价其综合效能存在较多困难,采用云重心方法对其进行综合效能评估更客观。

7.2.5 系统属性层次

上述所提出的几个模型只把关键的一些属性与系统效能联系,得出的结果只是完成一个特定任务的系统效能的单个数值的测量值。虽然尚没有证实将系统属性的一些数值同系统效能单个数值的测量值组合的相关性,但必须了解系统属性与系统效能之间的关系。因此,这里先给出了使系统许多属性与关键属性相关的层次结构或树形结构,然后提出每一属性的量度。这种层次结构有助于研制人员和试验人员将许多系统属性同系统效能量度相关和综合对比。

通过了解任务完成的周期来建立有用的属性层次结构,图 7.2 给出了任务完成的周期,它包括可用性、可靠性、生存能力和任务能力 4 个关键属性。这一过程可以判定说明系统总性能的 4 个关键系统属性,对于一些系统,任务完成周期只是一次,但对于大多数系统,任务完成周期可能重复多次。虽然属性发生的次序可能变化,但任务完成的周期通常以系统对于给定任务可获得使用(可用性)开始,然后系统在执行任务期间不会由于功能故障失去作用(可靠性)或受损伤和被杀伤的失效(生存能力),最后以某种形式完成任务(任务能力)。

过程根据系统在预定作战使用环境下的规定时间内周期性使用的情况概况说明了关键的几个系统属性。由于大多数军事任务都是大型作战演习试验的一部分,这些试验包括系统在规定时间内以预定使用速度反复使用,因此,时间要素是一个重要的要素。由于系统的总效能量度必须考虑系统完成任务能力随时间降低的问题,因此必须评价任务完成准周期的超时问题。

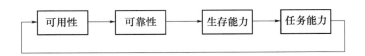

图7.2　任务完成周期过程

7.2.5.3　系统属性层次结构

系统属性层次或树形结构通常可以根据图7.2的4种关键属性按需要扩展,在其下给出较低一级的属性。这种层次结构为许多的系统属性同总的系统效能相关综合对比提供一种方法。利用任务完成的周期过程,可以建立系统许多属性与系统效能的相互关系,并在所建立的系统层次结构中说明这种关系。这种层次结构要包括可用性、可靠性、生存能力和任务能力4个关键属性,它们可以产生系统完成一个特定任务的效能量度。

7.3　雷达作战效能鉴定方法

7.3.1　系统效能鉴定计划

在制订作战效能鉴定计划中要考虑到如何衡量作战效能、需要什么样的数据元和怎样把数据组合成能够用来进行效能鉴定的公式等问题,此外,还要制订数据收集计划。图7.3给出了制订作战效能鉴定计划的基本步骤。这些步骤按顺序说明如下:

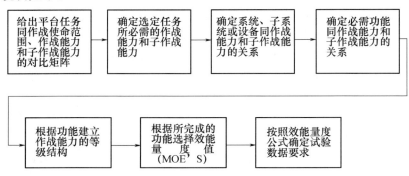

图7.3　效能鉴定计划阶段的具体步骤

第一步:列出总任务同子任务、作战能力和子作战能力的对比矩阵。

一般来说,每个系统都规定了总的任务。根据总的任务又可以划分多个子任务,特别是对于大型系统,如水面作战平台。作战总任务通常包括反潜、防空和水面作战等多个子任务。作战能力是子任务的细分,可更为具体地说明相应的作战能力,如反潜子任务可以分成探测、分类、定位和武器攻击等作战能力。

186

子作战能力又是作战能力的细分,它说明相应的专门任务,如武器攻击作战可以分为鱼雷攻击和火箭助推反潜鱼雷攻击等子作战能力。通过列出这样的对比矩阵详细地阐明总任务、子任务、作战能力和子作战能力的对比关系。

第二步:判定所选定任务的作战能力和子作战能力。

第一步得出的对比矩阵为第二步的实施提供了基本的方法。对于每个任务,其对应的作战能力和子作战能力的组合是不同的。另外,由于评价中所使用的效能量度通常都与该任务有关,因此对于每一个任务都要分别对待。更确切地说,每一个任务意味着需要有一组不同的数据。

第三步:判定系统和子系统或设备同作战能力和子作战能力的关系。

第四步:判定必需的功能同作战能力和子作战能力的关系。

第五步:根据功能安排作战能力的结构等级。

第六步:根据要完成的功能选择效能量度值。

第七步:根据效能量度公式判定试验数据要求。

7.3.2 雷达装备作战效能评估的步骤

对雷达装备的作战效能进行评估应遵循:分析评估对象、建立评估指标体系、构建模型、实施验证、对评估结果进行分析。

7.3.2.1 分析评估对象

首先对所要评估的某一具体型号的雷达进行分析,明确评估的前提、条件以及应遵循的规则、要求,评估所要达到的目的以及对评估结果的处理,获得必要的评估数据。

7.3.2.2 建立评估指标体系

在确定研究的对象并进行较为深入的研究和分析后,应着手制定合理的评估指标体系,该指标体系应既能反映所要评估的具体雷达的作战特点,又是在简化的基础上的一般抽象结果,因此,必须满足以下条件:①科学性原则。所确立的指标体系是评价对象的主要能力,能够正确表达评估对象的度量,与评估对象(雷达装备)的主要作战性能发生联系,应使评估指标体系能够反映主要问题。②独立性原则。所确立的指标体系相互之间应该相对独立,减少重叠和相关性,这样做的目的是在评估时降低模型的复杂度,有利于获得准确性较高的数据,进而得出结论。③可行性原则。所确立的指标体系既要考虑评估的基本要求,更要考虑到实战情况下的具体可行性和适应性,不能是对指标体系的过于理想化的想象,这样有利于模型在不同情况下的建立。④全面性原则。所确定的指标在评估对象的主要性能方面不应有遗漏。

7.3.2.3 构建模型

在指标体系已经确定的基础上,确定评估对象(雷达装备)各种指标的量化、计量或分级方法,即对每一个指标的评估构建合适的模型并采用适当的算法。最后将所有指标纳入一个数学或逻辑体系,形成定量的综合的评估指标体系,即形成综合评估模型。模型构造时应采取结构化和模块化的方法,按合理的层次结构组织。

需要注意的是,虽然从理论上来说,按照效能指标所建立的效能计算模型考虑的因素越多越好,但有时却并非如此。评估模型本身是对雷达装备作战性能的一种抽象,允许有假设和简化,模型建立得过分复杂反而可能会不准确。作为雷达装备的作战效能评估模型,应侧重于研究对雷达装备作战效能有重要影响的因素,应该"掌握全面,抓住重点"。

7.3.2.4 实施验证

输入一定的数据,通过模型运算得出评估结果。对于计算机仿真模拟系统,首先将数学模型转化为可运行的程序。在程序运行的过程中,可能会发现一些问题而需要对指标体系和评估模型进行一些修改,因而一般先编制一个可实现预定功能的简化程序,通过不断地运行、检验,提出修改意见,最后产生完整的程序。

7.3.2.5 对评估结果进行分析

得出评估结果后,首先对结果的可信度进行分析,确定结果后,再以此为依据分析如何对雷达装备的作战效能进行改进。

7.4 作战效能评价试验平台

通常进行作战适用性鉴定的最好方法是进行实际试验。但这种试验要用有代表性的生产系统在预想的作战使用环境下进行,且要由有代表性的军方人员操作维修。然而在某些情况下,很难做到上述的实际试验,此时作战试验人员也可用建模与仿真的方法进行。

雷达装备作战效能仿真是指将雷达装备在战场上的行为模型化(主要是数学模型和逻辑关系模型),以模型为依据,用计算机模拟技术对雷达装备的运行状态及作战过程进行模拟,并通过大量的模拟数据,了解雷达装备的作战效能。

雷达装备作战效能仿真的流程如图7.4所示。

效能评估平台系统(以下简称评估系统)由武器检测性能评估软件、数据库、数据下载及传输系统、系统硬件平台等组成(图7.5),主要通过试验方法、试验数据(原始数据)、评估方法,最终得到评估结果,所以,效能评估的核心是4个数据库。

(1)原始数据库:存储试验过程各个阶段、各个设备的原始数据信息,这些数据是武器系统性能检测并进行性能评估的依据。

(2)评估模型库:存储评估系统模型、算法及判据,评估系统将用这些模型、判据,分析存储在原始数据库中的数据,对武器系统进行性能评估。

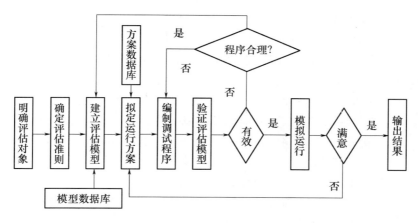

图 7.4 雷达装备作战效能评价流程图

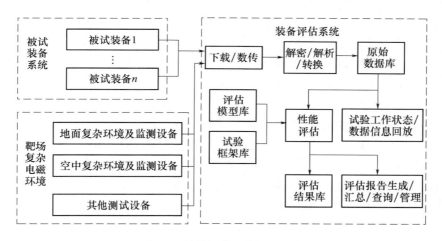

图 7.5 效能评估系统的组成图

（3）试验框架库：存储试验框架，包括试验条件、试验系统组成等评估限定条件，根据试验大纲的总体要求可对武器系统各种工作模式进行试验，性能评估都是针对某一具体的试验方式进行的。

（4）评估结果库：存储武器系统性能评估结果，并根据其结果，系统可进一步生成武器系统性能评估报告及其他各种相关文件。

从被试武器系统设备上下载的数据，一般来说是经过加密和按特定的格式存放的，在进入到效能评估系统之前，需进行解密和解析，并转换成评估所需的数据格式和存储内容，解密/解析/转换模块完成这一部分功能。它可以嵌入到效能评估系统的数据录入功能中，但为了操作方便和对下载的试验数据实地进行初步判断及验证，应将这一部分功能单独划分出来，具体实现思路是：针对不同的设备，由装在便携式计算机中的不同的解密/解析/转换软件来完成，对于被试武器系统,解密/解析软件可由被试武器系统研制方提供。

为详细考察试验过程的各个环节,试验状态信息及数据回放模块给试验人员提供了一个虚拟的试验环境。在这个虚拟环境中,操作人员可以在显示屏幕上观察到:被试武器系统、干扰设备、配试目标的试验动态及技术参数信息;各个设备的主要技术参数的变化情况;被试武器系统实际指标参数与理想值的差别对比情况。该模块同时给被试武器系统研制方提供了一个详细观察、详细分析关键阶段、关键技术点技术状态的平台和手段。该模块因其直观性、可对比性、可重复回放性,可以让试验人员更好地了解试验的全过程、了解试验的每一细节,这对被试武器系统的评定、故障分析都起着直接作用。

效能评估通过具有人机交互功能的评估软件来完成。评估软件录入整个试验环境的各个参试设备的相关参数,根据所定义的判据准则,通过软件自动比对分析及人工参与分析,定性、定量地评估被试武器系统的性能,给出被试武器系统的性能评估结果,并将评估结果存入到评估结果数据库中。每次试验结束后,系统将生成符合要求的性能状态评估报告,并进行汇总,存储到效能评估结果库中,同时还将试验数据和评估报告向上级领导和相关职能部门抄送及存档;同时按试验内容的密级不同,有选择地建立试验数据信息的查询系统,供相关部门使用,达到信息共享的目的。

仿真试验平台的出现,使得雷达装备作战效能评估不再是枯燥的数据和大量的人工计算,而是将作战效能评估方法与计算机模拟技术相结合,以综合集成和先进实用为原则而建立的一个综合化、集成化、智能化的试验环境。作战效能评估的全过程可以通过“图文并茂、声像俱全”的方式来表达。

仿真试验平台的主要功能:

(1)标准化的模型支持。仿真试验平台具备实时动态推演模型支持和效能分析模型支持。实时动态推演模型可以提供模拟实战环境下的武器装备的各种作战效能模型,包括不同型号、不同类别、不同工作方式的各种雷达装备,这些模型根据已设计好的战役战术想定,结合模拟战场环境数据,确定雷达情报保障需求和作战目标,进行实时推演,计算作战效能,从而达到在模拟实战条件下对雷达装备作战效能进行评估。效能分析模型可提供各类雷达装备作战效能的数学模型,包括效能指数模型、多指标综合体系模型等必要的数学模型,通过这些模型对雷达装备作战效能进行分析与评估,优化雷达装备的战术技术参数,提高作战能力。

(2)规范化的数据管理。建立由各种图像、声音、文字、数字等信息构成的大型雷达装备作战效能多媒体数据库,通过关系型数据库系统,对雷达装备作战效能评估使用的各种数据库进行有效管理。这些数据库一般由雷达装备的各种战术技术参数、声像资料、图片、作战想定、作战环境等信息以及仿真试验后推出的结果数据组成。

（3）可视化的用户界面。仿真模拟试验平台最突出的特点就是实现了可视化的人机交互界面,用户可以根据需要调用文字说明、模型、静态(动态)图像、数据等,及时关注仿真评估过程,使得评估过程的人机互动性和系统可操作性进一步增强。

（4）评估结果应用性高。利用仿真试验平台进行作战效能评估,可以得到大量形象化的图形、表格,这些图表是在对输出数据的统计、分析后做出的,这样就免去了人工对数据进行统计处理,使得评估结果直接具有可应用性。

7.5 复杂电磁环境下的雷达效能试验与评价应用案例

下面根据不同情况,用不同方法进行雷达效能评价举例。

7.5.1 基于 WSEIAC 模型评价雷达系统效能

以 WSEIAC 模型为基础,结合作战中实际的对抗情况,得出雷达系统在对抗条件下的效能模型为

$$E = A \cdot D \cdot C$$

式中　E——雷达系统的效能;

A——可用度,是雷达系统在开始执行任务开始时刻可用程度的量度;

D——可信度,表示已知雷达系统在开始执行任务时所处的状态,其在执行任务过程中所处状态的概率;

C——雷达系统的固有能力。

1. 可用度向量计算

为简化问题,在开始执行任务时,不考虑雷达侦察系统的降功能使用状态,系统只处于正常或故障状态,有效性为

$$A = \begin{bmatrix} a_1, a_2 \end{bmatrix}$$

式中　a_1、a_2——系统处于正常和故障状态的概率。

则有

$$a_1 + a_2 = 1$$

$$a_1 = \frac{\text{MTBF}}{\text{MTBF} + \text{MTTR}} = \frac{1/\lambda}{1/\lambda + 1/\mu}$$

式中　MTBF、MTTR——雷达系统平均无故障时间和平均修复时间,其中平均修复时间 MTTR 是修复时间 T 的数学期望;

λ、μ——雷达系统的故障率和修复率。

2. 可信度向量矩阵计算

执行任务过程中,雷达系统的状况会发生变化,用可信度矩阵 D 描述为

$$D = \begin{bmatrix} d_{ii} & d_{ij} \\ d_{ji} & d_{jj} \end{bmatrix}$$

d_{ij} 是系统开始时处于状态 i,而执行任务过程中时刻 t 时处于状态 j 的概率。系统处于正常工作时的状态为 0,故障时状态为 1。设系统正常工作时间和故障修复时间是一负指数分布的随机变量,其平均正常工作时间为 $1/\lambda$,平均修复时间为 $1/\mu$,在 Δt 时间内系统从正常工作状态变为故障状态的概率为

$$1 - e^{-\lambda \Delta t} = \lambda \Delta t + o(\Delta t)$$

反之,如果系统处于故障状态,在 Δt 时间内系统从故障状态恢复为正常工作状态的概率为

$$1 - e^{-\mu \Delta t} = \mu \Delta t + o(\Delta t)$$

把系统状态变化看成是时间连续状态离散的马氏链,根据随机过程理论,时刻 t 系统由状态 i 转变成状态 j 的转移概率函数 $P_{ij}(t)$ 满足柯莫哥洛夫前进方程:

$$\frac{\mathrm{d}P_{ij}(t)}{\mathrm{d}t} = \sum_{k=1} P_{ik}(t)q_{kj}, i,j \in 1,2,3,\cdots,n,t \geq 0$$

q 称为跳跃强度,并构成跳跃强度矩阵,可表达为

$$Q = \begin{bmatrix} -\lambda & \lambda \\ \mu & -\mu \end{bmatrix}$$

由柯莫哥洛夫前进方程可知:

$$\frac{\mathrm{d}P_{ij}(t)}{\mathrm{d}t} = P_{ij}(t)Q$$

根据常微分方程可知:

$$P(t) = e^{Qt+c}$$

当 $t=0$ 时 $c=0$,因此 $D(t) = P(t)$。

3. 固有能力向量计算

雷达系统的固有能力向量可以表示为

$$C = [c_1, c_2]^{\mathrm{T}}$$

其中 c_1、c_2 ——系统正常状态、故障状态时的固有能力量化值。

显然故障时 $c_2 = 0$。能力向量是系统性能的集中体现了多层次、多指标的雷达系统固有能力评估体系,也是求解效能的关键所在。构建指标体系如图 7.6 所示。

其中,各指标的权重可通过专家打分利用层次分析法确定,其评估方式采取由下至上逐级集成的顺序进行。首先从二级指标入手,按照评估模型进行评估,评估分值作为上一级指标评估依据,得出一级指标的评估分值,根据一级指标的

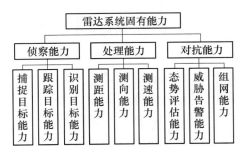

图 7.6 雷达系统固有能力指标体系

评估分值可以得出雷达系统固有能力的总分值。

4.验证

为对模型进行验证,现给出算例。以某次试验中在复杂电磁干扰环境下使用的某型炮位侦察校射雷达为例,对效能评估模型进行验证。根据该炮位侦察校射雷达系统的技术数据和参数进行计算,可得

$$有效性向量\ A = \begin{bmatrix} 0.990,0.010 \end{bmatrix}$$

$$可信度矩阵\ D = \begin{bmatrix} 0.930 & 0.070 \\ 0.085 & 0.915 \end{bmatrix}$$

通过在试验中现场采集的数据及专家打分,可得出指标权重及效能值如表7.2所列。

通过计算,可得固有能力向量

$$c = \begin{bmatrix} 0.68,0 \end{bmatrix}^{\mathrm{T}}$$

根据雷达系统作战过程中任意时刻所处的实际状态,利用 $E = A \cdot D \cdot C$,可求出对抗条件下雷达系统的效能值。

表 7.2 雷达系统固有能力效能

一级指标	权重	效能值	二级指标	权重	效能值
侦察能力	0.45	0.695	捕捉目标能力	0.35	0.657
			跟踪目标能力	0.3	0.689
			识别目标能力	0.35	0.567
处理能力	0.35	0.761	测距能力	0.35	0.815
			测向能力	0.35	0.749
			测速能力	0.3	0.712
对抗能力	0.20	0.503	态势评估能力	0.3	0.512
			威胁告警能力	0.35	0.445
			组网能力	0.35	0.554

7.5.2 基于模糊综合法模型评价雷达系统效能

1. 指标体系的建立

指标体系的建立应考虑:①指标的全面性。从系统整体角度出发,全面考虑雷达的本质特征,以反映雷达系统的作战效能。②指标的合理性。雷达的改进主要是改善雷达的探测性能和测量精度,增强系统的可靠性,所以效能指标体系的建立要重点突出,主次分清。③指标间的独立性。对指标体系中各指标要明确描述其内涵,排除指标间的相容性。

2. 用层次分析法确定权向量

在综合评判过程中,权重的确定很重要,它直接影响到综合评判的结果。采用层次分析法(AHP)确定各评价指标对应于上一层某指标的相对重要性的权值,具体方法如下:

(1)根据雷达组网作战效能的综合评价建立缔结的层次结构模型,如图7.7所示。

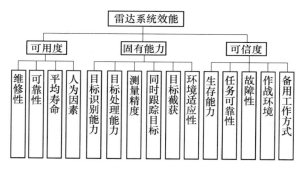

图 7.7 雷达系统效能指标结构

(2)应用 $1 \sim 9$ 的比例标度方法对同层因素两两比较量化,形成 $n \times n$ 的判断矩阵 $\boldsymbol{A} = (a_{ij})$。

(3)层次排序及其一致性检验。判断矩阵 $\boldsymbol{A}$ 的最大特征值所对应的特征向量,经归一化后得到同一层各因素对应于上一层某因素的相对重要性权值。由于判断矩阵是根据人们的主观判断得到的,不可避免地带有估计误差,因此要进行排序的一致性检验。方法如下:

用方根法求解 $\boldsymbol{A}$ 的最大特征根和所对应的特征向量。计算 $\boldsymbol{A}$ 每行所有元素乘积的 n 次方根。

$$\overline{w_i} = \left(\prod_{j=1}^{n} a_{i,j} \right)^{\frac{1}{2}} Aw, \ i = 1, 2, \cdots, n$$

将 w_i 归一化,得到

$$\boldsymbol{W} = \left[W_1, W_2, \cdots, W_n \right]^{\mathrm{T}}$$

即为所求特征向量的近似值。

$$w_i = \overline{w_i} \bigg/ \sum_{i=1}^{n} \overline{w_i}, \quad i = 1, 2, \cdots, n$$

计算 A 的最大特征值：

$$\lambda_{\max}, \lambda_{\max} = \sum_{i=1}^{n} \frac{(Aw)_i}{nw_i}, \quad i = 1, 2, \cdots, n$$

式中 $(Aw)_i$——向量 Aw 的第 i 个元素。

一致性检验。偏差一致性指数为 CI $= (\lambda_{\max} - 1)/(n-1)$；随机一致性指数 RI 见表 7.3。则相对一致性指数 CR $=$ CI/RI，当 CR < 0.1 时，可以认为判断矩阵具有满意的一致性，特征向量 $[W_1, W_2, \cdots, W_n]$ 就是我们所要确定的各因素权值。

当 CR $\geqslant 0.1$ 时，应该重新调整判断矩阵的元素，直到具有满意的一致性为止。

表 7.3 随机一致性指数

1	2	3	4	5	6	7	8	9	10
0	0	0.58	0.90	1.12	1.24	1.32	1.41	1.45	1.49

3. 建立隶属度矩阵

由于不同的评价人员可以作出不同的评价，因此评价的结果只能用"第 f_i 个评价项目作出第 e_j 评价尺度的可能程度的大小"表示。这种可能程度就称为隶属度，记作 r_{ij}。因为有 m 个评价尺度，即 $e = [e_1, e_2, \cdots, e_m]$，所以对第 i 个评价项目 f_i 就有一个相应的隶属度向量 $r_i = (r_{i1}, r_{i2}, \cdots, r_{ij}, \cdots, r_{im})$，$i = 1, 2, \cdots, n$。隶属度矩阵如下：

$$R = [r_{ij}] = \begin{bmatrix} r_{11} & \cdots & r_{1m} \\ \vdots & \ddots & \vdots \\ r_{n1} & \cdots & r_{nm} \end{bmatrix}$$

在矩阵 R 中元素 $r_{ij} = d_{ij}/d$。其中，d 表示参加评价的专家人数，d_{ij} 指第 i 个评价项目 f_i 作出第 e_j 判断的专家人数。由此可见，r_{ij} 值越大，说明对 f_i 作出 e_j 评价的可能性就越大。

4. 模糊综合评定向量

根据模糊集理论的综合评定概念，已知

$$R = [S_1, S_2, \cdots, S_m] = [W_1, W_2, \cdots, W_n] \begin{bmatrix} r_{11} & \cdots & \lambda_{1m} \\ \vdots & \ddots & \vdots \\ I_{n1} & \cdots & I_{mn} \end{bmatrix}$$

由此可见,模糊综合评定向量 S 是描述所有评价项目属于 e_j 评价尺度的加权和。

5. 计算方案的优选度

方案的优选度可用下述公式进行计算:

$N = SE^T$ 展开后,可得

$$N = \begin{bmatrix} S_1, & S_2, & \cdots, & S_m \end{bmatrix} \begin{bmatrix} e_1, & e_2, & \cdots, & e_m \end{bmatrix}^T$$

根据所得方案优先度值的大小,即可对各个方案进行优先顺序的排列,为决策者提供信息依据。

根据以上方法对某型雷达 P 及其改进型 Q 进行评估,得到其权向量,如表7.4 所列。

表7.4 权向量表

因素	权重	指 标	权重
可用度	0.2913	维修性	0.2664
		可靠性	0.3729
		平均寿命	0.1387
		人为因素	0.2220
固有能力	0.4660	目标处理能力	0.3590
		目标识别能力	0.3162
		测量精度	0.0813
		目标跟踪批数	0.0508
		目标截获	0.1561
		环境适应性	0.0363
可信度	0.2427	生存能力	0.2459
		任务可靠性	0.1537
		故障性	0.3443
		作战环境	0.1281
		备用工作方式	0.1281

接着由共10位专家组成的评价小组来确定每一指标的评价尺度集

$$e = \begin{bmatrix} 1.00 & 0.80 & 0.50 & 0.25 \end{bmatrix}$$

其模糊综合评定向量分别为

$$S_P = \begin{bmatrix} 0.19456 & 0.45682 & 0.26517 & 0.0686 \end{bmatrix}$$

$$S_q = \begin{bmatrix} 0.10991 & 0.63337 & 0.20778 & 0.04934 \end{bmatrix}$$

经上述方法计算得到两部雷达的优先度分别为:$N_P = 0.709751$,$N_q = 0.732831$。

由此说明该雷达经改进以后各个方面的性能都得到了一定的提高,同时,也验证了所选指标的合理性、可靠性,为下一步该型雷达的使用与改造提供了决策依据。

7.5.3 基于三级指标的相控阵雷达系统效能评价

在多指标体系效能评估中,存在两个主要问题。一是各分指标的权重确定。目前,确定权重的方法有多种,主要可分为两类:一类是主观赋权法,如层次分析法(AHP)法;另一类是客观赋权法。二是系统效能的综合评价。这方面成熟运用的方法主要有 ADC 法、模糊评价法,前沿应用有云重心评价法等。其中云重心评价法具有对定性指标和定性、定量相结合的特点,因此在实际应用中得到了充分的重视。

1. 指标体系的建立

相控阵雷达具有搜索、探测、识别、跟踪、制导等多种功能,而效能评估实质上是评价一个系统"怎么样"的问题,为此,参考相控阵雷达系统工作原理和战略用途,建立系统的指标体系。可以从两大方面予以考虑:工作能力和生存能力。通过分析,采用层次分析的方法,构建了由 2 个一级指标、5 个二级指标和 15 个三级指标组成的相控阵雷达系统效能评估指标体系,如表 7.5 所列。

2. 指标权重的确立

应该说,在多指标体系效能评估中,各分指标孰轻孰重,主要是由人的主观价值观来决定的,因此,客观赋权法确定的权重有时与分目标的实际重要程度相悖;而主观赋权法又存在一定的主观随意性,专家组对各分目标之间的比较、评分也存在较大工作量,最后确定的权重也是折中、调和的产物,很难使得人人满意。为了在一定程度上减少这种主观性,后来人们把群体决策引入了 AHP 法中。在把群体决策引入 AHP 法的研究中,主要有两种方向:一是把群体决策用在了判决矩阵的确定中,对其进行优化;另外一种就是在最终结果中引入群体决策,即把单个专家的判决矩阵通过一系列运算进行加权求和,这里采用将群体决策下的专家相对权重和指标权重相结

表 7.5 相控阵雷达评估指标体系

一级指标	二级指标	三级指标
工作能力	目标探测能力	最大覆盖范围
		定位精度
		目标截获概率
		虚警概率
	目标跟踪能力	跟踪方式
		跟踪间隔时间
		跟踪目标数
	制导能力	制导武器数量
		制导距离
生存能力	生存能力	抗干扰能力
		抗硬摧毁能力
		系统重组能力
	适应能力	平均无故障时间
		平均修复时间
		适应环境能力

合的方法来确定指标权重。这里简要给出群体决策下的指标权重的确立过程。

1)判断矩阵与单一专家情况下指标权重的确定

假设 m 个专家各自建立两两比较判断矩阵 A_k，$k = 1,2,\cdots,m$，对同一层次判断矩阵 A_k，有

$$A_k = \{ a_{ij}^k \}, 且\ a_{ij}^k > 0, a_{ji}^k = \frac{1}{a_{ij}^k}, \quad i,j = 1,2,\cdots,n; k = 1,2,\cdots,m。$$

在成对方式的判断矩阵中，具体地使用数字标度来代表一个元素针对准则超越另一个元素的相对重要性。数字标度定义并解释了递阶层次中每层元素针对上层准则进行成对方式比较时用数值 1~9 所代表的判断程度。当使用这种标度时，可以先采用词语的判断方式，然后再将它们转换成数字模式，即量化。这种量化所得的判断是近似的，它们的有效性可以通过一致性的测试进行判断，如表 7.6 所列。

表 7.6 数字标度

重要程度	定 义	词 语 描 述
1	同等重要	两个元素作用相同
3	稍强	一个元素比另一个元素作用稍强
5	强	一个元素明显强于另一个元素
7	很强	一个元素强于另一个元素的幅度很大
9	绝对强	一个元素强于另一个元素可控制的最大可能
2,4,6,8	以上那些标度的中间值	

指标权重的计算过程如下

计算判断矩阵 A_k 的每一行元素积 M_i^k，即

$$M_i^k = \prod_{j=1}^{n} a_{ij}^k, i = 1,2,\cdots,n$$

$$\widetilde{W}_i^k = \sqrt[n]{M_i^k}$$

归一化处理：

$$W_i^k = \overline{W_i^k} \Big/ \sum_{i=1}^{n} \overline{W_i^k}$$

式中 $\overline{W_i^k}$——第 k 个专家所求得的指标权重。

判决矩阵 A_k 的最大特征值为

$$\lambda_{\max}^k = \sum_{i=1}^{n} \frac{(A_k \cdot W^k)_i}{m W_i^k}$$

计算一致性指标：

$$C_1^k = (\lambda_{\max}^k - 1)/(n - 1)$$

在 AHP 中,当因素过多,标尺工作量过多时,一般采用 1~9 标度法获得判断矩阵,平均一致性标尺为 R_1^k,可以通过查表 7.7 得出。

一致性比例为

$$C_R^k = C_1^k / R_1^k$$

表 7.7　平均一致性标尺

阶数 k	1	2	3	4	5	6	7	8	9
R_1^k	0	0	0.58	0.90	1.12	1.24	1.32	1.41	1.45

当 $C_R^k = 0$ 时,A_k 具有完全一致性;$C_R^k < 0.1$ 时,A_k 具有满意一致性;$C_R^k \geqslant 0.1$ 时,A_k 具有非满意一致性,则应予以调整或舍弃。

2)群体决策专家相对权重确定

由于专家的知识结构和认知水平的差异,以致其给出的判断矩阵的真实性和可信性不同,因此需要对专家的权作用进行确定:

$$P_k = \frac{1}{1 + aC_R^k}, a > 0, k = 1, 2, \cdots, m$$

参数 a 起调节作用,在实际中一般 $a = 10$。

归一化处理得到专家权重:

$$P_k^* = P_k / \sum_{k=1}^{m} P_k$$

根据每位专家的判断矩阵得到各指标权重和各个专家的权重,将它们相乘即为该指标的权重,则第 i 个指标的权重为

$$W_i = W_i^k P_k^{*\mathrm{T}}$$

归一化处理得到指标综合权重:

$$W_i^* = W_i / \sum_{i=1}^{n} W_i$$

由以上分析可以看出,这种方法在确定指标权重的过程中,充分考虑了群体的作用,避免了单个专家的主观偏差,最大限度地保证了权重的真实性。

3. 综合效能的确立

1)求各指标的云模型表示

在给出的系统性能指标体系中,既有精确数值型表示的,又有用语言值来描述的。提取 n 组样品组成决策矩阵,那么 n 个精确数值型的指标就可以用一个云模型来表示,其中

$$E_x = (E_{x1} + E_{x2} + \cdots + E_{xn}) / n$$

$$E_n = [\max(E_{x1}, E_{x2}, \cdots, E_{xn}) - \\ \min(E_{x1}, E_{x2}, \cdots, E_{xn})] / 6$$

同时每个语言值型的指标都可以用一个云模型来表示,那么 n 个语言值（云模型）表示的一个指标就可以用一个一维综合云来表征,其中

$$E_x = (E_{x1}E_{n1} + E_{x2}E_{n2} + \cdots + E_{xn}E_{\daleth n})$$

$$(E_{n1} + E_{n2} + \cdots + E_{nn})$$

$$E_n = E_{n1} + E_{n2} + \cdots + E_{nn}$$

表 7.8 为语言评测值云模型标准化参照表。

表 7.8　语言评测值云模型标准化参照表

等级	无	非常差	很差	较差	差	一般	好	较好	很好	非常好	极好
E_x	0	0.1	0.2	0.3	0.4	0.5	0.6	0.7	0.8	0.9	1.0

2）用一个 p 维综合云表示具有 p 个性能指标的系统状态

p 个性能指标可以用 p 个云模型来刻画,那么 p 个指标所反映的系统状态就可以用一个 p 维综合云来表示。当 p 个指标所反映的系统状态发生变化时,这个 p 维综合云的形状也发生变化,相应地它的重心就会改变。p 维综合云的重心 $\boldsymbol{T}$ 用一个 p 维向量来表示,即

$$\boldsymbol{T}^i = (T_1^i, T_2^i, \cdots, T_p^i)$$

式中

$$T_j^i = a_j^1 \times b_j (j = 1, 2, \cdots, p)$$

当系统的状态发生变化时,其重心变化为

$$\boldsymbol{T}^{i*} = (T_1^{i*}, T_2^{i*}, \cdots, T_p^{i*})$$

3）用加权偏离度来衡量云重心的改变

一个系统理想状态下各指标值是已知的。假设理想状态下 p 维综合云重心位置向量为

$$\boldsymbol{a} = (E_{x1}^0, E_{x2}^0, \cdots, E_{xp}^0)$$

云重心高度向量为

$$\boldsymbol{b} = (b_1, b_2, \cdots, b_p)$$

其中 $b_i = w_i \times 0.371$,则理想状态下云重心向量为

$$\boldsymbol{T}_0 = a \times b\boldsymbol{T} = (T_{01}, T_{02}, \cdots, T_{0p})$$

同理,求得某一状态下系统的 p 维综合云重心向量为

$$\boldsymbol{T}_i = (T_{1i}, T_{2i}, \cdots, T_{ip})$$

这样,可以用加权偏离度 K_i 来衡量这两种状态下的综合云重心的差异

情况。

首先将此状态下的综合云重心向量进行归一化,得到一组向量:

$$\boldsymbol{T}^G = (T_1^G, T_2^G, \cdots, T_p^G)$$

式中

$$T_j^G = \begin{cases} (T_i^0 - T_j^i)/T_j^0, T_j^i < T_j^0 \\ (T_j^i - T_i^0)/T_j^0, T_j^i \geq T_j^0 \end{cases}, j = 1, 2, \cdots, p$$

经过归一化之后,表征系统状态的综合云重心向量均为有大小、有方向、无量纲的值(理想状态下为特殊情况,即向量为$(0, 0, \cdots, 0)$)。把各指标归一化之后的向量值乘以其权重值,然后再相加,取平均值后得到加权偏离度$K_i (0 \leq K_i \leq 1)$的值:

$$K_i = \sum_{j=1}^{p} (W_j T_j^G)$$

4)根据偏离度的大小判断待评系统效能优劣

显然,所求系统偏离度越大,此系统与理想状态相差越大,即效能越差;反之,偏离度越小,此系统与理想状态相差越小,即效能越好。

4. 一个简化的相控阵雷达系统实例

为了简化过程,现从相控阵雷达系统评价指标中抽取 7 个指标构成指标体系。对各个指标体的评定一般都是给出指标评定值,为了定量地评定各指标,一般还需要将各评定值进行量化,其过程即为参考表 7.8 进行标准化。

分别对 5 组系统进行评估,参考表 7.8 得到 5 组系统各指标期望值,如表 7.9 所列。

表 7.9　系统各指标期望值

	跟踪间隔时间	制导武器数量	跟踪目标数	定位精度	平均无故障时间	目标截获概率	抗干扰能力
雷达系统一	0.5	0.5	0.6	0.7	0.6	0.8	0.8
雷达系统二	0.5	0.4	0.6	0.7	0.7	0.8	0.8
雷达系统三	0.4	0.5	0.5	0.8	0.7	0.7	0.7
雷达系统四	0.5	0.4	0.5	0.6	0.7	0.7	0.7
雷达系统五	0.5	0.5	0.7	0.7	0.6	0.7	0.8
理想系统	0.6	0.6	0.7	0.8	0.8	0.9	0.9

3 个专家对各个指标的判断矩阵为

$$\boldsymbol{A}_1 = \begin{bmatrix} 1 & 2 & 4 & 5 & 6 & 7 & 8 \\ \frac{1}{2} & 1 & 2 & 3 & 5 & 6 & 7 \\ \frac{1}{4} & \frac{1}{2} & 1 & 2 & 4 & 5 & 6 \\ \frac{1}{5} & \frac{1}{3} & \frac{1}{2} & 1 & 3 & 4 & 5 \\ \frac{1}{6} & \frac{1}{5} & \frac{1}{4} & \frac{1}{3} & 1 & 2 & 4 \\ \frac{1}{7} & \frac{1}{6} & \frac{1}{5} & \frac{1}{4} & \frac{1}{2} & 1 & 3 \\ \frac{1}{8} & \frac{1}{7} & \frac{1}{6} & \frac{1}{5} & \frac{1}{4} & \frac{1}{3} & 1 \end{bmatrix} \quad \boldsymbol{A}_2 = \begin{bmatrix} 1 & 2 & 3 & 5 & 7 & 8 & 9 \\ \frac{1}{2} & 1 & 3 & 4 & 5 & 6 & 7 \\ \frac{1}{3} & \frac{1}{3} & 1 & 2 & 4 & 6 & 7 \\ \frac{1}{5} & \frac{1}{4} & \frac{1}{2} & 1 & 3 & 4 & 5 \\ \frac{1}{7} & \frac{1}{5} & \frac{1}{4} & \frac{1}{3} & 1 & 2 & 4 \\ \frac{1}{8} & \frac{1}{6} & \frac{1}{6} & \frac{1}{4} & \frac{1}{2} & 1 & 2 \\ \frac{1}{9} & \frac{1}{7} & \frac{1}{7} & \frac{1}{5} & \frac{1}{4} & \frac{1}{2} & 1 \end{bmatrix}$$

$$\boldsymbol{A}_3 = \begin{bmatrix} 1 & 2 & 3 & 5 & 6 & 7 & 9 \\ \frac{1}{2} & 1 & 3 & 5 & 6 & 7 & 8 \\ \frac{1}{3} & \frac{1}{3} & 1 & 2 & 4 & 5 & 6 \\ \frac{1}{5} & \frac{1}{5} & \frac{1}{2} & 1 & 2 & 5 & 6 \\ \frac{1}{6} & \frac{1}{6} & \frac{1}{4} & \frac{1}{2} & 1 & 2 & 4 \\ \frac{1}{7} & \frac{1}{7} & \frac{1}{5} & \frac{1}{5} & \frac{1}{2} & 1 & 4 \\ \frac{1}{9} & \frac{1}{8} & \frac{1}{6} & \frac{1}{6} & \frac{1}{4} & \frac{1}{4} & 1 \end{bmatrix}$$

则 C1R $= 0.050234 < 0.1$，C2R $= 0.046414 < 0.1$，C3R $= 0.063026 < 0.1$，故判断矩阵具有满意一致性。

群体决策综合指标权重为

$$w_1 = 0.3676, w_2 = 0.2624, w_3 = 0.1548,$$
$$w_4 = 0.1008, w_5 = 0.0551, w_6 = 0.0369, w_7 = 0.0224$$

综合云重心后得到 5 组数据的加权偏离度为

$$K_1 = 0.16008, K_2 = 0.19692, K_3 = 0.23056, K_4 = 0.23823, K_5 = 0.17369$$

可见，$K_1 < K_5 < K_2 < K_3 < K_4$，即雷达系统一的综合效能最优。

7.5.4 基于相控阵雷达系统二级指标效能评价

大型相控阵雷达是指采用相控阵技术体制，探测距离和探测高度分别在1000km、30km 以上的大型预警探测雷达，其主要探测对象包括各类弹道导弹、军事卫星、各种航天轨道攻击武器和空间碎片等。大型相控阵雷达具有多任务、多目标实时工作，功能多，探测距离远，反应时间短，数据率高，抗干扰能力强，可靠性好,自动化程度高,结构复杂、成本高,误差较大、扫描范围受限等特点。

1. 评价方法

该系统效能评估方法根据系统特点,采用确定系统效能评估指标体系,用层次分析法的改进解法——G1 法求解一级指标的权重,应用"云重心"理论对定性指标和定性、定量相结合的指标构造云模型,计算多维加权综合云的重心,通过云重心评价方法进行效能评估。

2. 指标体系

由于大型相控阵雷达既有常规地面对空情报雷达的一般特性,又区别于该对空情报雷达的特殊任务特性,故该系统效能评估的指标体系既要包括常规地面对空情报雷达系统效能评估指标,又要突出大型相控阵雷达特有的评估指标。大型相控阵雷达要完成多目标的探测、跟踪、测轨、编目、预报、识别等任务,通过分析,构建了由 8 个一级指标、20 个二级指标组成的大型相控阵雷达系统效能评估指标体系,见表 7.10。

表 7.10　相控阵雷达系统效能评估指标体系表

目标	一级指标	二级指标
大型相控阵雷达系统效能评估指标	探测能力	最大覆盖范围
		目标截获概率
		定位精度
		虚警概率
		漏警概率
	情报处理能力	处理容量
		处理速率
		识别率
	目标跟踪能力	跟踪方式
		跟踪间隔时间
		跟踪目标数
	目标预报能力	落发点预报精度
		落发点预报数据率
	目标编目能力	动态编目数量
		编目容量
	生存能力	抗硬摧毁能力
		系统重组能力
	环境适应能力	适应工作温度
		适应工作风速
		适应工作高度
	可靠性和维修性	

3. 效能评估模型

从大型相控阵雷达评估指标可见,该系统效能由探测能力、情报处理能力、目标跟踪能力和编目能力、生存和环境适应能力及可靠性和维修性组成,这些能力的效能用子模型描述,而可靠性和维修性无二级指标,可直接应用其性能指标计算。

1）探测能力效能子模型

$$A_1 = A_{11} \cdot A_{12} \cdot A_{13} \cdot (1 - A_{14}) \cdot (1 - A_{15})$$

$$= \left(\sum_{i=1}^{5} \alpha_i \cdot p_{11i} \right) \cdot A_{12} \cdot (p_{131} \cdot p_{132}) \cdot (1 - A_{14}) \cdot (1 - A_{15})$$

式中　A_1——探测能力的效能;

A_{11}——最大覆盖范围的效能;

A_{12}——目标截获概率的效能;

A_{13}——定位精度的效能;

A_{14}——虚警概率的效能;

A_{15}——漏警概率的效能;

p_{111}、p_{112}、p_{113}——对导弹、飞机、卫星最大探测距离的效能;

p_{114}、p_{115}——探测方位范围、探测仰角范围的效能;

p_{131}、p_{132}——雷达定位精度、雷达距离分辨率的效能。

2）情报处理能力效能子模型

情报处理能力效能 A_2 由处理容量效能 A_{21}、处理速率效能 A_{22} 和识别率效能 A_{23} 等组成,其中 A_{21} 和 A_{23} 是定量指标,A_{22} 是定性指标,建立情报处理能力效能状态表,见表 7.11。

表 7.11　情报处理能力效能状态表

状态	处理容量 A_{21}	处理速率 A_{22}	识别率 A_{23}
1			
2			
3			
4			
…			
理想	1	非常高	1

$$A_{21} = \begin{cases} 1, & Y_{21} \geqslant Y_{21}^0 \\ Y_{21}/Y_{21}^0, & 0 \leqslant Y_{21} < Y_{21}^0 \end{cases}$$

式中　Y_{21}——对目标的平均处理容量,$Y_{21} = (Y_{211} + Y_{212} + Y_{213})/3$;

Y_{211}、Y_{212}、Y_{213}——对卫星、导弹、飞机目标的处理容量值；

Y_{21}——完全满足作战要求的处理容量值。

$$A_{23} = S_H \cdot S_S$$

式中 $S_H = 1 + 0.1 \times (S_L + S_Z)/2$——事后识别能力效能，$S_L$、$S_Z$ 为分类识别率效能、在控目标国际编号识别率效能；

$S_S = [0.5(S_k + S_F) + S_T]/2$——实时识别能力效能，$S_k$、$S_F$、$S_T$ 分别为在控目标、非绕地目标和导弹目标等识别率效能。

采用云模型才能求出情报处理能力效能 A_2。

3）目标跟踪能力效能子模型

$$A_3 = \sum_{i=1}^{3} A_{3i} \cdot w_{3i}$$

式中 A_3——目标跟踪能力效能；

A_{31}、A_{32}、A_{33}——跟踪方式效能和间隔时间效能及目标数效能，A_{31} 依跟踪方式数在 [0,1] 区间内给出效能值；

$A_{32} = (A_j + A_z)/2$，A_j——精跟踪间隔时间效能值，A_z 为粗跟踪间隔时间效能值，与基准取值相比，取 0 或 1。

4）目标预报能力效能子模型

$$A_4 = (A_{41} + A_{42})/2$$

式中 A_4——目标预报能力效能；

A_{41}、A_{42}——落发点预报精度效能和预报数据率效能，其预报精度与基准取值相比较，A_{41} 取 1 或 0，同样，其预报数据率与基准取值相比较，A_{42} 取 1 或 0。

5）目标编目能力效能子模型

$$A_5 = A_{51} \cdot A_{52}$$

式中 A_5——目标编目能力效能；

A_{51}、A_{52}——动态编目数量效能、总编目容量效能，与任务需要比较，在 [0,1] 区间内给出效能值。

6）生存能力效能子模型

$$A_6 = \alpha_{61} \cdot A_{61} + \alpha_{62} \cdot A_{62}$$

式中 A_6——生存能力效能；

A_{61}、A_{62}——抗硬摧毁能力效能、系统重组能力效能；

α_{61}、α_{62}——抗硬摧毁能力和系统重组能力权重。

抗硬摧毁能力和系统重组能力属于定性指标，建立生存能力效能状态表，见表 8.12。由 $n(n \geq 4)$ 个专家采用无、非常弱、很弱、较弱、弱、一般、强、较强、很强、非常强、极强等 11 种评语值描述 2 个定性指标，采用云模型实现定性与定量的转化（取 $\alpha_{61} = 0.6$，$\alpha_{62} = 0.4$），求出生存能力效能 A_6。

表 7.12　生存能力效能状态表

状态	抗硬摧毁能力 A_{61}	系统重组能力 A_{62}
1		
2		
3		
4		
…		
理想	非常强	很强

7）环境适应能力效能子模型

环境适应能力效能 A_7 由适应工作温度效能 A_{71}、适应工作风速效能 A_{72}、适应工作高度效能 A_{73} 决定,该 3 个指标值难以定量表示。因此,建立环境适应能力效能状态表,见表 7.13。

表 7.13　环境适应能力效能状态表

状态	适应工作温度效能 A_{71}	适应工作风速效能 A_{72}	适应工作高度效能 A_{73}
1			
2			
3			
4			
…			
理想	极好	非常好	非常好

由 $n(n \geqslant 4)$ 个专家给出的 11 个评语值(不能、非常差、很差、较差、差、一般、好、较好、很好、非常好、极好)评定,采用云模型实现它们的量化,求出环境适应能力效能 A_7。

8）可靠性和维修性效能子模型

可靠性和维修性(A_8)的效能采用经典的可靠性和维修性效能的计算公式求出。

$$A_8 = \mathrm{MTBF}/(\mathrm{MTBF} + \mathrm{MTTR})$$

式中　A_8——可靠性和维修性效能;

　　　MTBF——大型相控阵雷达的平均无故障工作时间;

　　　MTTR——大型相控阵雷达的平均修复时间。

9）大型相控阵雷达系统效能综合评估模型

$$A = \sum_{i=1}^{8} \alpha_i \cdot A_i$$

式中 A——大型相控阵雷达系统效能；

A_i 和 α_i——8 个一级指标的效能和权重，由 G1 法求权重系数。

综上一、二级指标的效能求法，定量指标采用区间法、公式法等数学方法确定，定性指标和定量、定性相结合的指标采用云模型通过评语值求得。

7.5.5 基于模糊综合评价法的雷达抗干扰能力评价

抗干扰能力是构成雷达整体作战能力的一项重要指标。电子干扰虽然不从物理实体上对雷达装备进行摧毁，但是它可以从时域或频域上对装备的探测效能施以影响，使之大打折扣。同时，恶劣的电磁环境会让抗干扰能力薄弱的雷达装备形同虚设，或者变成一堆废铁。所以雷达装备的抗干扰能力显得尤为重要。

1. 评估指标体系

干扰技术种类繁多，抗干扰技术亦是层出不穷。雷达技术抗干扰能力的评价，并不针对某一种干扰形式，而是从雷达装备的抗干扰技术措施出发，对雷达整体抗干扰能力的一种度量。这里根据指标与评价目标的一致性、同体系内指标的相容性、各评价指标的相对独立性的原则，对常规雷达抗干扰能力的评价指标体系进行了设计，建立如图 7.8 所示的评价指标体系。

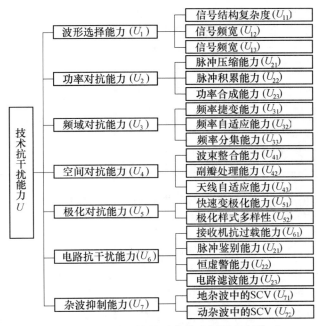

图 7.8 常规雷达抗软杀伤能力评价指标体系

2. 建立模糊综合评价模型

根据指标体系划分，将因素集 U 分成 m 个子集 $U_1, U_2, \cdots, U_m$，且 U 满足 $U = \{ U_1, U_2, \cdots, U_m \}$。对于每个子集 U_i，又可有其他的因素集 U_{ik}，$k = 1, 2, \cdots,$

n_i，且 $U_i = \{U_{i1}, U_{i2}, \cdots, U_{ik}\}$（$i = 1, 2, \cdots, m$），其中 n_i 为 U_i 的因素集所含元素个数。

1）指标权重确定的 AHP 法

权重用于描述各指标相对于上级评价指标的相对重要程度。权重集是与评价因素相对应的多级集合，如果给出 U_i（$i = 1, 2, 3$）中各评价指标的权重

$$W_i = (w_{i1}, w_{i2}, \cdots, w_{il_i}),\ i = 1, 2, 3$$

应有

$$\sum_{j=1}^{l_i} W_{ij} = 1$$

AHP 法是由若干专家把处于同一子集中的各指标相对于上级指标的重要性成对地进行比较，并把第 i 个指标对第 j 个指标的相对重要性的估计值记为 a_{ij}，这样所有专家的评分构成了一组模糊判断矩阵，再综合这些专家的意见，使这样的一组打分矩阵转化成为一个综合判断矩阵，然后求得各指标的权重。打分时为了能够比较明确地界定任意两指标之间的相对重要程度，采用了 1~9 的比率标度法来表示。

表 7.14　1~9 的比率标度法

相对重要程度	定　义	解　释
1	同等重要	2 个指标同等重要
3	略微重要	稍感重要
5	相当重要	确认重要
7	明显重要	确证重要
9	绝对重要	重要无疑
注:2,4,6,8	中间值	相邻判断值难以确定时取折中

这样一来，n 个指标成对比较的结果就可以用判断矩阵表示为

$$\boldsymbol{A} = \begin{bmatrix} 1 & a_{12} & \cdots & a_{1n} \\ a_{21} & 1 & \cdots & a_{2n} \\ \cdots & \cdots & \cdots & \cdots \\ a_{n1} & a_{n2} & \cdots & 1 \end{bmatrix}$$

若矩阵 $\boldsymbol{A}$ 为一致性矩阵，则矩阵 $\boldsymbol{A}$ 中的元素应满足 $a_{ij} = 1/a_{ji}$，$a_{ii} = 1$，$a_{ij} = a_{ik} a_{kj}$，即 $\boldsymbol{A}$ 为互反矩阵。由矩阵理论可知 $\boldsymbol{A}$ 的最大特征根 $\lambda_{\max}$ 必为正实数，其对应特征向量的所有分量均同号，且最大特征值 $\lambda_{\max}$ 对应的特征向量若为

$$\boldsymbol{W} = (w_1, w_2, \cdots, w_n)^{\mathrm{T}}$$

则

$$a_{ij} = w_i / w_j (i,j = 1,2,\cdots,n) ,\ \forall_{i,j} = 1,2,\cdots,n$$

因此要获得同一子集中的各指标相对于上级指标的权重,需要求解矩阵 $\boldsymbol{A}$ 的最大特征值 $\lambda_{\max}$ 所对应的正的单位特征向量就可以了。

矩阵 $\boldsymbol{A}$ 及 $\boldsymbol{A}_1$、$\boldsymbol{A}_2$、$\boldsymbol{A}_3$、$\boldsymbol{A}_4$、$\boldsymbol{A}_5$、$\boldsymbol{A}_6$、$\boldsymbol{A}_7$ 分别代表第一级指标和第二级指标中的各能力指标所对应的判断矩阵,$\boldsymbol{W}$ 和 W_1、W_2、W_3、W_4、W_5、W_6、W_7 分别代表各指标子集中各指标相对于上级指标的权重集。其中 $\boldsymbol{A}$ 及 $\boldsymbol{A}_i$ 通过对 10 位专家咨询并中和后,得

$$\boldsymbol{A} = \begin{bmatrix} 1 & 1/2 & 1/2 & 1/3 & 2 & 1 & 1 \\ 2 & 1 & 1 & 1/2 & 3 & 2 & 2 \\ 2 & 1 & 1 & 1/2 & 3 & 2 & 2 \\ 3 & 2 & 2 & 1 & 4 & 3 & 3 \\ 1/2 & 1/3 & 1/3 & 1/4 & 1 & 1/2 & 1/2 \\ 1 & 1/2 & 1/2 & 1/3 & 2 & 1 & 1 \\ 1 & 1/2 & 1/2 & 1/3 & 2 & 1 & 1 \end{bmatrix}$$

$$\boldsymbol{A}_1 = \begin{bmatrix} 1 & 3 & 4 \\ 1/3 & 1 & 1 \\ 1/4 & 1 & 1 \end{bmatrix}, \boldsymbol{A}_2 = \begin{bmatrix} 1 & 3 & 2 \\ 1/3 & 1 & 1/2 \\ 1/2 & 2 & 1 \end{bmatrix}$$

$$\boldsymbol{A}_3 = \begin{bmatrix} 1 & 3 & 2 \\ 1/3 & 1 & 1/2 \\ 1/2 & 2 & 1 \end{bmatrix}, \boldsymbol{A}_4 = \begin{bmatrix} 1 & 1/3 & 1/2 \\ 3 & 1 & 2 \\ 2 & 1/2 & 1 \end{bmatrix}$$

$$\boldsymbol{A}_5 = \begin{bmatrix} 1 & 1/2 \\ 2 & 1 \end{bmatrix}, \boldsymbol{A}_6 = \begin{bmatrix} 1 & 2 & 1/2 & 2 \\ 1/2 & 1 & 1/3 & 1 \\ 2 & 3 & 1 & 3 \\ 1/2 & 1 & 1/3 & 1 \end{bmatrix}$$

$$\boldsymbol{A}_7 = \begin{bmatrix} 1 & 3 \\ 1/3 & 1 \end{bmatrix}$$

求每个矩阵的最大特征值,它们分别为:7.6291,3.0092,3.0092,3.0092, 3.0092,2.0000,4.0104,0。由最大特征值所对应的单位特征向量,从而获得各级指标的权重集分别为:$W = (0.103,0.154,0.154,0.308,0.077,0.103)$,$W_1 = (0.634,0.192,0.174)$,$W_2 = (0.540,0.297,0.163)$,$W_3 = (0.540,0.297, 0.163)$,$W_4 = (0.163,0.540,0.297)$,$W_5 = (0.333,0.667)$,$W_6 = (0.236,0.152, 0.460,0.152)$,$W_7 = (0.75,0.25)$。

接下来对权重误差进行一致性检验。计算得到一致性检验指标值为 : 0.0079,0 0079,0.0079,0.0079,0.0079,0.0,0.0038,0.0。因此认为各判断矩阵一致性较好,得到的权重系数是可信的。

2）建立评语集

评语是对评价对象优劣程度的定性描述,评语集对各层次指标都是一致的。具体设定可依据实际情况及计算量的大小来确定。在这里我们的评语共分5级,用 P 来表示,有 $P = \{$优秀,良好,中等,合格,不合格$\}$。

3）进行模糊综合评价

由于雷达的抗干扰能力部分二级评价指标不能全部由模糊分布法求得,所以也用到了专家直接打分法对指标隶属于各评语等级进行综合考察,考察结果用评价(隶属度)矩阵 $R_i = (r_{ijk})(i = 1,2,3; j = 1,2,\cdots,l_i; k = 1,2,\cdots,5)$ 表示,r_{1jk} 表示 U_{1j} 对第 k 个评语的隶属度。评价矩阵 R_i 即为模糊映射 $U_i \to P$ 所形成的模糊矩阵。

若设置了多级指标,则最终评价结果需进行多级模糊综合评价,从最底层开始,逐步上移得出。这里设置的是一套二级指标体系,因此最终评价结果需要进行二级模糊综合评价。具体评价采用的模糊算法为:若 A 和 B 是 $n \times m$ 和 $m \times i$ 的模糊矩阵,则它们的乘积 $C = A \times B$ 为 $n \times l$ 阵,其元素为

$$C_{ij} = \bigvee_{k=1}^{m} (a_{ik} \wedge b_{kj})(i = 1,2,\cdots,n; j = 1,2,\cdots,l)$$

上式中,符号"$\vee$"和"$\wedge$"的含义分别为二者之中的最大和最小者。

具体评价过程由以下2个步骤完成:首先,计算第 $U_i(i = 1,2,3)$ 个指标的综合评价矩阵 $B_i(i = 1,2,3)$,即 $B_i = W_i \times R_i(i = 1,2,3)$;然后,对抗干扰能力作综合评价。其中 U 的评价隶属矩阵为 $B = (B_1, B_2, B_3)^\mathrm{T}$,权重为 $W = (0.634, 0.174, 0.192)$,作综合评价,得到 U 的综合评价矩阵 $A = W \cdot B$。

3.应用举例

表7.15是10位专家对某部改进型雷达的抗干扰性能的评价。

表7.15　抗干扰性能的评价

第一级指标	权重	第二级指标	权重	评价人数分布情况				
				优	良	中	合格	不合格
波形选择能力	0.103	信号结构复杂度	0.634	0.3	0.5	0.1	0.1	0
		信号频宽	0.192	0.2	0.5	0.3	0	0
		信号时宽	0.174	0.3	0.6	0.1	0	0
功率对抗能力	0.154	脉冲压缩能力	0.540	0.5	0.4	0.1	0	0
		脉冲积累能力	0.297	0.6	0.3	0.1	0	0
		功率合成能力	0.163	0.4	0.4	0.2	0	0
频域对抗能力	0.154	频率捷变能力	0.540	0.6	0.3	0.1	0	0
		频率自适应能力	0.297	0.5	0.4	0	0.1	0
		频率分集能力	0.163	0.3	0.5	0.2	0.1	0

第一级指标	权重	第二级指标	权重	评价人数分布情况				
				优	良	中	合格	不合格
空间对抗能力	0.308	波束整合能力	0.163	0.1	0.2	0.4	0.2	0.1
		副瓣处理能力	0.540	0.7	0.2	0.1	0	0
		天线自适应能力	0.297	0.5	0.3	0.2	0	0
极化对抗能力	0.077	极化快速变化能力	0.333	0	0.1	0.3	0.5	0.1
		极化方式多样性	0.667	0	0	0.1	0.7	0.2
电路抗干扰能力	0.103	接收机抗过载能力	0.236	0.2	0.6	0.2	0	0
		脉冲鉴别能力	0.152	0.1	0.2	0.5	0.2	0
		恒虚警能力	0.460	0.8	0.1	0.1	0	0
		电路滤波能力	0.152	0.3	0.5	0.2	0	0
杂波抑制能力	0.103	地杂波中的 SCV	0.750	0.8	0.2	0	0	0
		动杂波中的 SCV	0.250	0.8	0.2	0	0	0

得到该部雷达抗干扰能力的评价结果为

$A = W \cdot B$

$= (0.103, 0.154, 0.154, 0.308, 0.077, 0.103, 0.103) \cdot$

$(0.308, 0.297, 0.2, 0.163, 0.1)$

$$
\begin{bmatrix}
0.3 & 0.5 & 0.192 & 0.1 & 0 \\
0.5 & 0.4 & 0.163 & 0 & 0 \\
0.54 & 0.3 & 0.2 & 0.1 & 0 \\
0.54 & 0.297 & 0.2 & 0.163 & 0.1 \\
0 & 0.1 & 0.3 & 0.667 & 0.2 \\
0.46 & 0.236 & 0.2 & 0.152 & 0 \\
0.75 & 0.2 & 0 & 0 & 0
\end{bmatrix}
$$

将 A 标准化得到最后的评价结果为 $(0.288, 0.278, 0.187, 0.153, 0.094)$。

然后将评判的等级进行量化,将等级与相应的分数列出(表 7.16)。

表 7.16 等级与相应的分数

评价等级	优秀	良好	中等	合格	不合格
分数	100	85	75	65	45

于是便可求得该雷达的抗干扰能力值为 $100 \times 0.288 + 85 \times 0.278 + 75 \times 0.187 + 65 \times 0.153 + 45 \times 0.094 = 79.955$。

从此定量结果中可以看出一部雷达的整体抗干扰能力。这种评估方法也可用于装备采购时对多部雷达的对比评判,确定哪一种雷达的抗干扰能力更为突出。

7.5.6 基于云重心理论的相控阵雷达系统效能评估

7.5.6.1 相控阵雷达系统效能综合评估指标体系的建立

1. 指标体系设置原则

指标体系设置原则有以下几点:

(1)完备性。应从雷达满足作战要求的角度出发,对构成系统各项指标进行多方面综合考虑,以便能全面地反映该雷达系统效能。

(2)合理性。系统效能评估指标体系应选择能反映该雷达系统的本质特征的参数指标,突出重点,分清主次。

(3)科学性。系统效能评估指标体系的大小应合适,明确各描述参数内涵,排除指标间相容性。对系统效能有重要影响的指标应加以细分,其他指标则适当粗分,减少评估系统的工作量,保证评估的科学性。

(4)可操作性。采用的评估指标应具有可采集性和可量化性特点,各项指标能有效测量和统计。

2. 系统效能综合评估指标体系的构建

构建指标体系是评估系统的前提条件,根据相控阵雷达工作情况分析,影响其主要效能的指标包括探测能力、抗干扰能力、指挥控制能力和可靠能力 4 个一级指标、20 个二级指标(图 7.9)。

这些指标包括了一般相控阵雷达大部分的系统效能指标。

7.5.6.2 运用云重心理论模型对某雷达系统效能进行综合评估

1. 指标权重的确立

通过对各个指标的重要性进行打分,运用层次分析法得到各级指标的权重值。

一级指标权重:

$$\omega_1 = \{0.455, 0.320, 0.105, 0.120\}$$

二级指标的权重:

$$\omega_{21} = \{0.2378, 0.2270, 0.1622, 0.1622, 0.2108\}$$

$$\omega_{22} = \{0.0812, 0.1000, 0.0951, 0.1200, 0.1200,$$
$$0.1322, 0.1340, 0.1400, 0.0775\}$$

$$\omega_{23} = \{0.1911, 0.1935, 0.2100, 0.2211, 0.1843\}$$

$$\omega_{24} = \{1\}$$

2. 二级指标的属性值

二级指标的属性值是根据装备的性能指标及多次试验,通过专家对其打分

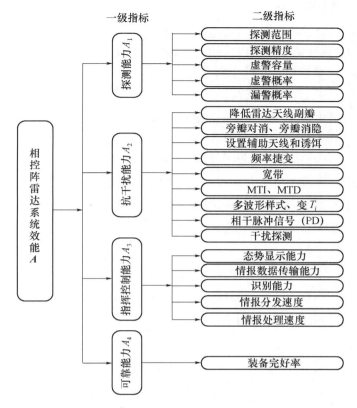

图 7.9 相控阵雷达系统效能综合评估指标体系结构

并结合数学模型计算得出,结果如表 7.17 所列。

表 7.17 二级指标属性值

指　标	属性值	指　标	属性值
探测范围	0.6222	MTI、MTD	0.8623
探测精度	0.8540	多波形样式、变 T_i	0.9621
探测容量	0.9245	相干脉冲串信号(PD)	0.8842
虚警概率	0.2100	干扰探测	0.6120
漏警概率	0.1824	态势显示能力	0.8795
降低雷达天线副瓣	0.7521	情报数据传输能力	0.7456
旁瓣对消、旁瓣消隐	0.7680	识别能力	0.6542
设置辅助天线和诱饵	0.8200	情报分发能力	0.6235
频率捷变	0.8300	情报处理能力	0.7985
宽带	0.8300	装备完好率	0.6522

3. 一级指标属性值

一级指标属性值采用云重心理论求取,因为二级指标值都是介于$[0,1]$之间的归一化的属性值。下面以探测能力为例,计算一级指标的属性值。

第一步,三维加权云的重心向量为

$$\begin{aligned}
\boldsymbol{T} &= (T_1, T_2, T_3, T_4, T_5)\\
&= (0.6222 \times 0.2378, 0.8540 \times 0.2270, 0.9245 \times 0.1622,\\
&\qquad 0.2100 \times 0.1622, 0.1824 \times 0.2108)\\
&= (0.1480, 0.1939, 0.1500, 0.0341, 0.0385)
\end{aligned}$$

第二步,计算理想状态下加权综合云的重心向量:

$$\begin{aligned}
\boldsymbol{T}_0 &= (0.2378 \times 1, 0.2270 \times 1, 0.1622 \times 1, 0.1622 \times 1, 1.2108 \times 1)\\
&= (0.2378, 0.2270, 0.1622, 0.2108)
\end{aligned}$$

第三步,进行归一化:

$$\begin{aligned}
\boldsymbol{T}^{\mathrm{G}} &= (T_1{}^{\mathrm{G}}, T_2{}^{\mathrm{G}}, T_3{}^{\mathrm{G}}, T_4{}^{\mathrm{G}}, T_5{}^{\mathrm{G}})\\
&= (-0.3776, -0.1458, -0.0752, -0.7898, -0.8174)
\end{aligned}$$

第四步,计算加权偏离度θ:

$$\begin{aligned}
\theta &= \sum T_i{}^{\mathrm{G}} \cdot \omega_i\\
&= (-0.3776 \times 0.2378) + (-0.1458 \times 0.2270) + (-0.0752 \times 0.1622) +\\
&\quad (-0.7898 \times 0.1622) + (-0.8174 \times 0.2108)\\
&= -0.4357
\end{aligned}$$

即距离理想状态下的加权偏离度为-0.4357,则探测能力的属性值$A_1 = 1 + \theta = 0.5643$。同理求出其他一级指标的属性值$A_2 = 0.8292$,$A_3 = 0.7347$,$A_4 = 0.6522$。

4. 总效能值

采用云重心理论求总效能值,同样按照上述方法求取,总效能值$A = 0.6775$。把总效能值与云发生器比较,可得雷达总效能值介于好与很好之间,偏向于很好。

第8章　雷达系统适用性试验与评价

8.1　概　述

根据美国空军的《作战适用性试验与评价》文件,作战适用性和作战效能是两个不同的概念,作战效能是指:"系统被具有代表性的人员在计划的或预期的系统使用环境(如自然环境、电子环境、威胁等)中完成任务的总体程度,考虑的因素有编制、原则、战术、威胁(包括干扰、初始核武器效应和核生化沾染威胁)";而作战适用性是指:"在考虑到可靠性、维修性、可用性、后勤保障性、兼容性、相互适应性、训练要求、运输性、安全性、人机工程、战时利用率、人力保障性和文件资料等情况下,系统令人满意地投入外场使用的程度"。即,作战适用性强调部署的合格程度,而作战效能强调任务的完成程度。对于这两方面的评价,都要写入作战试验与评价(OT&E)报告中。

现代雷达系统的作战适用性的重要作用已不容置疑,但是在系统试验与鉴定中,应包括哪些适用性要素,仍然是许多新武器系统研制工程项目的主要问题。既然已经清楚地看到作战适用性是系统成功的一种必不可少的属性,那么系统作战适用性鉴定问题又是什么呢? 这主要包含两个方面,其一是涉及适用性要素本身的性质;其二是涉及工程项目经理对适用性的看法和估计问题。

8.2　作战适用性的相关问题

在作战试验与鉴定中,对作战试验与鉴定部门或机构的特别要求是评定每个系统的适用性,由于作战适用性试验能力的许多限制,如资金、有形试验品可获得性、试验事件真实性和试验品数量等,满足这样的要求存在许多问题,其中主要有以下几方面:

(1)用于前期适用性试验的资金不足。在采办早期阶段,适用性试验费用通常不足,主要原因是适用性的数据要到采办阶段的后期才获得。

(2)有形试验品可获得性的限制。在采办早期阶段,一般的试验品都是总体模型、早期样机、试验性系统或带有动力的实物模型。这些试验样品只用于提出设计方案和进行可行性演示以及确定性作战效能目标,到初始作战试验与鉴定期间,这种情况并没有多大改变。在系统进行有限生产决策的前后,所研制的后勤保障基础设施常常还不足以完全评定作战适用性的各个方面。

（3）试验品逼真性的限制。除作战试验品可获得的情况,但还存在另一方面的问题,即使获得全面工程研制的模型,但它们都不是生产的系统。因此,在提出任何结果之前,必须小心地对其适用性的试验数据进行验证分析。

（4）取样量的限制。适用性鉴定除了试验品的数量和逼真性外,还有取样量的限制问题。在进行研制试验和作战试验时策划的大多数试验都是模拟试验,以测量作战效能的各方面目标。由于费用有限,各种作战效能的模拟试验不一定都能达到,且在几乎所有情况中,试验的时数有限,使大多数作战适用性试验结果都低于理想的可信度水平。

（5）演习试验的限制。演习试验几乎都是由作战效能要求和目标得出的。这并不意味着所达到的试验水平就能满足作战效能目标,也不意味着只有作战适用性试验才受限制。实际上,在作战试验与鉴定时,后勤保障要跟上预定战斗步伐,通常花费很高。只有在这种战斗情况下才能测量到有用的后勤测量值,也就是说怎样才能用很少的试验品就能模拟出战斗舰船的作战高潮。此外,演习试验还存在这样的一些问题:在试验时如何检验和平时期和战时的操作;试验环境同预定作战试验环境比较,其真实性怎样;在预定真实作战环境下(包括天气、冲击试验、尘埃、海水、战斗损坏等情况)能否评定适用性特性。在几乎所有情况下都不能使用或试验连接预定保障系统的总接口。

（6）新技术限制。作战试验的另一个主要问题是新技术的发展不断引入到武器系统中。为保持威胁的领先优势,常常要探索最先进的技术应用到国防系统中。这样要求作战效能和作战适用性试验也要探索新的技术应用到国防系统中。由于试验技术的发展总落后于武器技术的发展,因此这也大大制约了试验的能力。

8.3　采办各阶段的雷达系统适用性试验与评价

适用性方面的关键问题在系统定义研究与分析的早期阶段就应该确定,在最初的试验主计划中应说明这些问题。与关键作战问题有关的特性到方案阶段决策时就要确定,系统任务范围和寿命过程也应在此阶段中确定,并制订作战使用方式概述文件。寿命过程是指系统从制造到最终消耗所经历的事件和环境的阶段划分的说明。它包括一个和多个任务的说明以及储存运输、维修训练等事件和系统经历的环境等问题的说明。

在进入工程研制阶段时,工程项目经理和研制合同商已有一个较合理的系统设计。此时,作战试验机构应知道可靠性和维修性所需的程度,并提出维修诊断方法,制订维修方案和保障要求。另外还需要了解训练方案,系统可靠性和维修性的要求同维修方案之间的关系也应明确。同时预定后勤保障方案也要明确,依靠独特的后勤保障系统来保障系统有高的可靠性。在该阶段主要的问题是由于缺乏详细的知识,有可能随着系统的进展而引起一些问题。另外,也可能对有些问题定义不充分,使研制机构和合同商对此有不同看法。这样就会造成保障计划同系统详细设计不一致。

如果在采办过程中把全尺寸工程研制阶段进入到生产阶段的决策点3A(小量初始生产)和决策点3B(批量生产决策),那么支持决策点3B的作战鉴定报告(作战试验与鉴定的最初报告),应给出系统满足作战适用性要求的状况和解决适用性问题的情况。在试验上应该完成某些方面的作战适用性试验,并把所得的结果同评价准则比较,得出的评价结果报告上级主管机构。在初始生产决策点(3A)之后,进行批量生产决策(3B)时,作战试验与鉴定报告应在上述决策点3B的报告上进行修改。如果不完全,要增加和补充适用性鉴定方面的内容。试验与鉴定报告要将评价的结果同适用性的限度比较,并重点说明系统的目前状况以及修改的情况,即满意和不满意的情况。此时,评价报告应包括对问题最终的评定,即系统是否适用。

8.4　作战适用性要素

作战适用性试验要素有许多,其中主要有可靠性、维修性、可用性、后勤保障性、兼容性、相互适应性、训练要求、运输性、安全性、人机工程、战时利用率、人力保障性和文件资料等。这些要素不是每一个雷达系统都要试验的,究竟需要试验哪些要素,取决于系统的类型和试验阶段。例如,对于固定安装系统,可运输性要素就不需要试验。因此在制定作战试验计划时,常常要确定一些标准的适用性试验要素,其中主要有:

(1) 可靠性;

(2) 维修性;

(3) 可用性;

(4) 后勤保障性;

(5) 兼容性;

(6) 相互适应性;

(7) 训练要求。

这些标准适用性试验要素常用于初始作战试验后期阶段(OT-2),但也有其他一些情况,如可靠性不适用于初始作战试验早期阶段(OT-1),训练要求不适用于后期作战试验的后期阶段(OT-4)。一般来说,上述已规定的标准适用性试验要素的号码都不改变,即每个标准试验要素的号码都是固定的。但还可以使用其他合适的适用性试验要素。因此,在作战试验计划中有时甚至可以使用十多个适用性试验要素,这样也是正确的。

8.4.1 可靠性试验与评价

可靠性试验适用于 OT – 2 和 OT – 3 试验阶段,即试验系统的设计、制造和安装已接近预定生产系统的水平。在这两个阶段中,可以根据试验系统的性能估计作战系统的可靠性。在作战试验与鉴定的早期阶段(OT – 1),试验系统在功能上相当于生产系统,但在物理结构上(如试验样机)有很大差别,不可能推导出生产系统的平均故障间隔时间等问题。在某些试验系统中,在设计阶段初期,可以根据系统部件在类似系统中使用时发生高故障率来判定潜在可靠性的问题。因此,在初始作战试验初期是否进行可靠性试验需要分析判断,不能一概而论。

美国国防部在新修订的采办文件中重新强调可靠性工作决非偶然。他们发现近几年来近半数的采办项目在初始试验与验证过程中,既不具备作战效能,也不适用。经过调查研究,结果表明:高的适用性失败率是由缺乏严格的系统工程过程引起的,包括在系统研制期间缺少一个稳健的可靠性增长计划;研制试验与评价(DT&E)需要改进,但试验流程的变革不能弥补项目表达和执行中的系统性缺陷;可靠性、可用性和维修性(RAM)不足往往在研制试验过程中识别,但项目约束(进度和资金)通常阻止纳入改进并将其推迟到初始使用试验与评价(IOT&E)阶段;进一步强调综合试验能提高 T&E 过程效率,也便于降低项目成本。该计划应将可靠性增长作为设计和研制的有机组成部分。再多试验也无法弥补 RAM 计划表达中存在的缺陷。因此,报告要求至少落实下列与 RAM 有关的措施:

(1)必须在联合能力集成开发系统(JCIDS)中确定和定义 RAM 要求,并作为一项指定的合同要求。

(2)在来源选择期间,必须对投标方满足 RAM 要求的途径进行评价,具体内容包括:确保将 RAM 要求分配给转包商;确定能确保 RAM 要求得到满足的最重要标志。

(3)作为一项强制的合同要求,RAM 要求中必须包括一种稳健的可靠性增长计划,并将其作为每次重大项目评审的一部分。

(4)确保在技术评审过程的各个不同阶段开展可信的可靠性评估,并确保可靠性准则在作战使用环境下可以实现。

(5)增强项目经理对实现 RAM 相关要求的责任。

(6)制定一项易于在未来的合同中参考的 RAM 研制和试验军用标准。

(7)确保军种采办和工程办公室中有足够的经验丰富的 RAM 人员。

8.4.1.1 可靠性试验与评估需求

项目经理(PM)计划怎样评估系统的实际可靠性?如何使用研制试验(DT)和使用性试验(OT)结果来更新可靠性分析?该项目关于收集数据以评估可靠

性的计划是什么？分析计划采取什么措施来确保可靠性满足需求？计划了什么样的可靠性验证测试事件？

　　可靠性要求必须满足用户需求和期望（可实现的、合理的、可测量的和可负担的）。装备可靠性由任务可靠性和后勤可靠性两个部分组成,应该确定/制定它们的要求。任务可靠性是指在整个规定的任务期间,系统在没有任务致命性故障的情况下进行运行的概率;后勤可靠性是指不论任务是否关键,所有类型的平均故障间隔时间（MTBF）。任务可靠性是后勤可靠性的一个子集。任务可靠性利用平均任务影响故障时间间隔（MTBMAF）、致命性故障平均时间间隔（MT-BCF）、系统中断平均时间间隔（MTBSA）或规定的其他类似的有条件的平均故障间隔时间（MTBF）。从维修费用和保障费用到所有权费用（一个持续 KSA）都直接受系统的后勤可靠性影响。将从最早的项目阶段对后勤可靠性要求和所有权费用之间的关系进行考虑。在技术研发和系统研制及验证阶段,必须对能够达到的系统可靠性级别进行验证,以保障小批量试生产和 FRP 决策。规划、资助和验证工作必须开始于最早的项目阶段。在确定可靠性要求时,做出的设想必须有文字记录（在可靠性 & 可用性 & 维修性案例（RAM－C）报告和可靠性案例里）,在项目的整个寿命周期内也要进行必要的修改。在项目的整个寿命周期内,必须确定、记录并减少可靠性相关的风险。实际的任务可靠性取决于是怎样使用系统的。使用模式概要/任务剖面（OMS/MP）、使用频率（OPTEMPO）和运行小时的相关定义都是实现可靠性有效规划所必需的。必须对可靠性备选项进行研究以使系统装备可用性、使用可用性和寿命周期费用（LCC）最优。可靠性测量方法（平均故障间隔时间（MTBF）、平均任务影响故障时间间隔（MTB-MAF）、致命性故障平均时间间隔（MTBCF）等）,不论是预测还是测量,都应该包括需要考虑随机性（如置信区间）的评估。在项目的整个寿命周期内,必须考虑对变化的可靠性值的保障方法、寿命周期费用（LCC）和所有权费用的影响。

　　对于任何给定的可靠性,必需的工作时间（平均故障间隔时间（MTBF））的确定要求必需的工作时间和非工作时间必须成比例。因此,必须通过增加工作时间或减少非工作时间,或两种措施一起采用来提高可靠性。初步确定可靠性阈值有助于确定寿命周期费用（LCC）和后勤保障减少的交易空间。需要考虑的各个因素是增加的设计和采办费用与减少的运行和保障费用。

　　在概念开发阶段,进行的备选方案分析（AOA）必须包括粗略地对所有候选方法的可用性、可靠性、保障和寿命周期费用（LCC）（包括所有权费用）进行评估和优化,直至选择出首选的方法。之后,对首选方法的分析进一步改良,并将之纳入必需的项目文件（接口控制文件（ICD）、可靠性 & 可用性 & 维修性案例（RAM－C）报告等）。项目经理负责确保满足确定的可靠性要求。项目经理也负责对该项目寿命周期内达到的可靠性级别进行评估。全额生产（RFP）应该包括与可靠性相关的合同语言。

注:必须从用户说明的需求转化为合同可靠性需求。例如,用户的任务可靠性需求是"…在没有一个任务影响故障的情况下完成 10 个小时任务的 90% 的概率",必需的平均任务影响故障时间间隔(MTBMAF)通过下列方程求解:

$$0.90 = e^{\frac{10h}{MTBMAF}}$$

解得

$$MTBMAF = -\frac{10h}{\ln 0.90} = 94.91h$$

可靠性要求必须从系统级别到子系统、组件、部件和任何可修理的或可替换的零部件级别都进行分配。这些分配应该以技术研发(TD)阶段的主要子系统开始,并应该进一步对其进行精练至系统研制和验证(SDD)阶段适用的各个较低级别。

要求建立一个有力的可靠性项目,包括贯穿测试验证(TD)、系统研制与验证(SDD)和生产与部署(PD)阶段的可靠性增长,以确保可靠性在全额生产决策中是成熟的。一个有力的可靠性项目包括对验证结束的可靠性正在进行着的分析。可靠性项目应该被记录在一个可靠性项目规划里。这一可靠性项目规划应该详细描述预期的全部可靠性活动,包括与评估和提高系统可靠性相关的进度安排。各项可靠性活动都应该记录到 SEP 里。建模与仿真应该用于评估预测的整个寿命周期的系统可靠性。应该对所有检测活动的数据进行评估,并在适当的时候纳入到可靠性分析之中。

供应者拥有一个有效的可靠性项目方法,这是得到过去性能及其项目具体可靠性方法验证的。较差的生产过程会降低系统的固有可靠性,因此,该项目必须计划评估供应者生产过程并加强控制,以保障可靠性风险管理工作。必须对人机综合(HSI)进行明确阐述,以确保在系统维修、操作和处理期间产生的故障和操作者误差导致任务故障出现下列问题的概率降至最低。环境和应力负担对实际可靠性有所影响——对于现成产品(COTS)和非研制产品(NDI)尤其是这样,因此,这一项目应该执行较低级别的应力分析(包括在可能情况下对实际应力的测量),以保障可靠性风险管理工作。

必须把从测试验证(TD)和系统研制与验证(SDD)阶段获得的经验及教训,反馈到该项目的文件中,尤其是涉及到保障战略和使用方法及寿命周期费用(LCC)的文件中。在系统的研制和部署过程中,必须对可靠性模型进行更新,以充分保障比较评定、系统性能分析和系统最优化处理。对可实现的可靠性必须进行评估和记录,以允许对各系统保障方法、费用评估和改进工作进行更新和完善。

可靠性试验结果(包括增长试验),必须对其进行实时评估以确保实际可靠性可以充分保障全额生产(FRP)决策和初始作战能力(IOC)/全面作战能力

（FOC）各阶段。适当的可靠性风险管理要求对计划的与项目整个寿命周期的实际结果进行比较评估。对实际服役环境、使用频率（OPTEMPO）和实际可靠性进行评估，是确保对使用模式概要（OMS）/任务剖面（MP）和 FD/SC 进行更新、对系统可靠性和测试分析进行精确保障所必需的。

在研制试验（DT）和使用试验与评价（DOT&E）期间必须对可靠性测试进行规划、评审和记录，而且评估的各个结果都要纳入到该项目的可靠性文件。较差的生产过程会降低系统的固有可靠性，因此，该项目必须计划评估供应者生产过程并加强控制，以保障可靠性风险管理工作。项目经理负责确保满足确定的可靠性需求。项目经理也负责对该项目寿命周期的实际可靠性水平进行评估。根据总的寿命周期规划，项目经理（PM）负责对系统部署后如何运行进行评估。

8.4.1.2　环境应力筛选

要确定雷达装备的耐环境适应的性能，必须进行环境试验评价。而环境试验首先是选择合适的试验方法和试验条件（包括试验参数、周期等），其次是对设备的评价技术要求（性能项目及参数要求）。常规的环境试验按试验条件可分为人工模拟、自然条件和现场运行三类；按环境因素可分为气候、生物、腐蚀、机械、电磁和综合、组合及其他环境试验。

雷达电子设备组件的环境应力筛选试验，主要是对装入雷达设备中全部电子组件（如线路板）进行较严酷条件下的环境试验，如高低温冲击、高低温交变湿热、高低温交变湿热加随机振动的组合或综合试验等。

通过此类试验，可以将有缺陷的元器件或有工艺缺陷的组件筛选出来，显著提高设备的运行可靠性。而筛选试验的条件则可按雷达装备的高可靠性要求选定，即应选择较严酷的试验条件。而通过可靠性预计判断其设计正确性，对产品在环境试验过程中最可能出现的故障进行危害度分析和预测，从而指导改进产品设计工作。如果结合使用元器件应力分析预计方法，还可以揭示出其他需要进行更改的领域（如过应力元器件）。通过可靠性预计和元器件应力分析预计方法，结合环境试验程序、条件，对产品进行针对性的环境防护是提高产品质量和可靠性技术指标的一个重要方法。

环境应力筛选是确保雷达电子设备固有可靠性增长的有效方法。环境应力筛选实质是对产品施加振动及温度应力，使制造、工艺和元件中的缺陷迅速发展成故障而得到剔除的一种工序或方法。对由 3 个级别（印制板组件、单元分机、设备）组成的雷达产品应尽可能 100% 加以筛选。环境应力筛选就是施加振动和温度应力将这些设计的缺陷、试制生产中工艺的缺陷激活并使它们提前暴露出来，得到剔除，使可靠性得以增长，避免这些缺陷带到部队影响使用可靠性。为了激活和提前暴露缺陷，筛选应力条件的原则是：尽快暴露早期失效；不超过产品设计极限。

通常印制板组件级别是在不通电情况下通过振动和高低温冲击应力，提前暴露研制装配中的缺陷(工艺、结构、操作);而单元和设备级别是在通电情况下监控其电性能参数,通过振动和温度应力进行应力筛选。

对于电子产品来说,在众多的环境应力筛选方案中,根据环境应力筛选机理和产品的可靠性以及有关标准的要求,选取温度循环,以较高的费效比剔除早期失效的产品。随机振动主要是剔除结构设计与制造所带来的潜在缺陷;温度循环对于剔除电路设计、元器件和制造的缺陷则非常有效。环境应力筛选的原则是在不损坏产品的前提下,施加产品的环境极限应力,加速剔除产品由设计和制造所带来的潜在缺陷。

由于雷达装备所处的恶劣环境条件,其环境防护技术就显得尤其重要。环境防护就是研究和解决设备维持正常工作能力和设计性能而采取的防护措施和对策。因此,试验设备的条件如下:

(1)试验温度箱首先要考虑的是容积要求,温度箱内容积和受试品体积的比一般为3∶1。对于特殊的受试品,必须做特殊内尺寸的温度箱。

(2)环境试验温度箱的温度范围应严格按照环境试验规范要求,通常舰载电子雷达环境试验要求温度箱的温度范围为 -60℃ ~150℃。

(3)环境试验温度箱的变温率。根据国军标的规定,电子产品应力筛选试验和可靠性增长试验的最低要求的变温率为5℃/min,且要求线性变化。

(4)受试品的功耗。在进行可靠性增长试验时,在受试品通电的情况下要求箱温按一定变温率变化。这时,受试品的功耗发热对箱体的变温率有一定影响。因受试品是在通电的情况下进行试验的,所以要求环境试验温度箱必须处在良好的全功率工作状态下。

(5)由于需要加湿度的环境试验温度箱,加湿的水源应是离子交换处理的水源,这样在进行湿热交变试验过程中就可避免因水质产生的霉变、腐蚀的影响。

8.4.1.3 可靠性增长试验

初步设计阶段的可靠性预计分析是定位产品中的潜在的"不稳定"因素,而且在于制造成本和研制周期都能得到保证。因为通过可靠性预计和建立合理的系统可靠性模型,可得到整机系统、分机的失效率数据,以及每一个元器件的失效率,或者某些子电路块的失效,从而判断出设计的合理性和关键点,达到有序控制设计的进程,确保在一定环境条件下舰载雷达系统性能指标的实现。

可靠性增长试验是根据一个有计划地试验、分析系统性消除故障的机理,使设备的固有可靠性指标得到增长的方法和过程。在这个过程中,设备处在实际环境、模拟环境或加速变化的环境下经受试验,以便暴露和分析确定潜在的故障模式和机理,采取纠正措施并进行验证,防止这些故障模式和机理再现。因此,可靠性增长试验就成为"试验—分析—改进"的过程。所以,可靠性增长试验应在完成环境试验之后、可靠性鉴定试验之前进行。如果要使增长试验时间缩短,可同时进行分机设备级的环境应力筛选,使在正常应力下很长时间才能暴露的失效,在超常应力环境下提前暴露,采取有计划的故障分析纠正措施,在尽可能短的时间里提高可靠性增长的速度。产品的可靠性增长程度取决于通过增长试验是否能把设计和制造中的潜在缺陷暴露出来,以及对这些缺陷的分析和改进程度。在试验过程中首先要考虑的是环境因素。除环境因素外,其次重要的因素是器件本身的可靠性参数,包括内部结构、工艺、封装、应力等,而每种器件的内部结构不同其参数就不同,如 CPU 和电阻的结构差别很大。此外,要考虑的是电子系统加工工艺和结构,如器件插座、焊接、过孔数、贴片器件、连线等。这些因素也会导致系统不可靠。

国内外的装备研究实践证明:雷达装备和其他武器装备一样,其性能在设计定型时,能予以充分显示并基本固化,但其可靠性水平此时并不能达到成熟期指标要求。设计定型仅是可靠性增长过程中的一个关键控制点,必须继续进行有计划的可靠性增长,以实现成熟期的最终目标。

可靠性增长是新型装备的普遍规律,它已被总结为可靠性增长锯齿曲线规律,如图 8.1 所示。由此可以清楚地看到,可靠性成熟期的到来,远远落后于性能固化时刻。对这一客观规律的认识进一步促成了对雷达装备可靠性分段控制、分段增长的思想。

雷达装备研制、生产、使用的不同阶段进行可靠性增长工作的内容应根据不同阶段型号工作的特点而有所不同。设计论证之初应确定科学、合理的可靠性增长目标;方案阶段则应利用以往的信息制定增长计划,准备所需的资源;工程研制阶段是实施可靠性增长的最重要的阶段,应根据大量的试验和故障信息,对增长进行严格的控制,以获得最高效费比;定型后的生产、使用阶段是可靠性增长的持续阶段,应进一步跟踪、收集信息,深入了解装备可靠性情况。

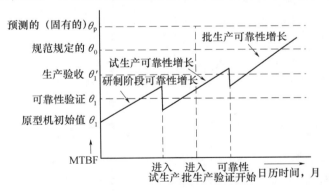

图 8.1　可靠性增长曲线

由于雷达装备复杂性的不断增加和新技术的不断采用,装备设计需要有一个不断深化认识、逐步改进完善的过程。这种有计划地通过分析、改进使固有可靠性水平获得确实提高的过程叫做可靠性增长。而实现增长的方法主要有两个:①通过专门的可靠性增长试验,寻求设计中存在的缺陷,采取有效的纠正措施,实现可靠性增长;②通过收集产品研制、生产、试验和使用过程中出现的故障信息,进行归纳、分析,找出薄弱环节,进行设计改进,达到可靠性增长的目的。

可靠性增长试验是通过试验的方法暴露产品潜在缺陷,进行分析、改进,使产品可靠性不断提高直至达到规定值。它是一种能在短时间内提高雷达装备可靠性的有效方法和手段。但需对整个试验过程进行严格控制,以达到最佳试验效果。其中最主要的工作有以下几点。

1. 确定试验环境剖面

可靠性增长试验采用的环境条件及其随时间变化的情况应能反映受试装备现场使用的环境特征,即应选用模拟现场的综合环境条件。但由于现阶段条件所限,增长试验通常只选择电、温度、振动、湿度4种应力,来模拟雷达装备使用现场的综合环境。在试验前充分了解参试雷达装备的任务剖面和寿命剖面,并把应力及其量级转化为按时间轴进行安排的试验环境剖面,以利于试验期间对应力变化进行检测和控制,确保试验的充分性和有效性。

2. 增长模型的选择与确定

可靠性增长模型反映了装备可靠性在变动中的增长规律,利用可靠性增长模型可以及时地评定装备在变动中任一时刻的可靠性状态。目前,雷达装备可靠性增长试验上最常用的模型是杜安模型及 AMSAA 模型。两种模型的比较如表8.1所列。

表 8.1　可靠性增长模型比较

模型	数学定义及公式	优缺点	适用范围
杜安模型	产品的累积故障率 $N(t)$ 与累计试验时间 t 呈函数关系:$\ln N(t)/t = \ln a \cdot m \ln t$ 或 $N(t) = at^{1-m}$	形式直观、简单;便于制定增长计划;对增长趋势一目了然	采用图解的方法分析可靠性增长规律
AMSAA	产品在区间$(0,t)$内的累积故障数 $N(t)$ 服从非齐次 Possion 过程:$E[N(t)] = at^{1-m} = at^b$	考虑随机现象;对 MTBF 进行点估计的精确度比较高,可以给出区间估计	对 MTBF 进行点估计和区间估计

注:杜安模型及 AMSAA 模型中,a 称为尺度参数,b 称为形状参数,m 称为增长率

由于杜安模型及 AMSAA 模型的各自特点,雷达装备在进行可靠性增长试验时,把两种方法结合起来使用效果较好,用杜安模型来确定试验方案、制定增长计划,用 AMSAA 方法进行可靠性参数估计。

3. 增长试验中故障的处理

雷达可靠性增长试验中,分析故障原因和机理,改进设计缺陷,是提高可靠性的关键。试验前应建立失效报告、分析及纠正措施系统;应对受试产品进行故

障模式、影响及危害性分析;确定故障判别准则,明确故障发生时的处理办法及程序。

故障发生时的处理办法及程序:

(1)受试设备发生故障时应先记录并报告;可以更换失效的零部件,以便在调查期间能继续试验。

(2)在查找故障过程中发现的所有故障都应纳入 FRACAS。

(3)故障定位到元器件或零部件的,必要时应进行失效分析。

(4)所有的纠正措施引入产品的设计环节之前,都应先验证它的有效性。

(5)在故障处理过程中,要严格按照,故障归零双五条进行,确保故障处理的正确性、合理性和有效性。

实践表明,对雷达装备进行可靠性增长试验,是提高其可靠性的重要途径。不过单纯依靠增长试验,对于某些复杂或高可靠性要求的装备,往往需要耗费大量资源。这时充分利用雷达装备寿命周期内的故障信息,分析可靠性的薄弱环节,改进设计,则是提高可靠性更有效的办法。

故障信息主要来自以下几个方面:

(1)外部经验:例如历史数据、科技文献、技术经验和当前正在使用的同类装备的信息等。这种信息虽然来自于本雷达装备之外,但仍有一定的参考价值。

(2)研制过程中的试验信息:在研制过程中进行的所有试验,如工程设计试验、环境适应性试验、安全与运行试验、可更换单元互换性试验、连续性与长时间考机试验等。这些非可靠性试验本身有大量的故障信息,它们所需的资源已在研制大纲中立项。充分利用这些资源,利用这些故障信息是完全合理的、可行的。但由于这些试验在环境条件、试验应力以及雷达装备的技术状态等方面都有不同,在利用这些信息时,需对这些信息进行处理。

(3)生产、使用过程中的经验:在雷达装备的生产过程中,特别是在交装后的长期使用中所暴露出的问题,由于使用环境就是装备的真实所处的环境,所以其故障信息更能反映装备的实际问题和缺陷。

在雷达装备论证和方案阶段主要应考虑的是外部信息;研制阶段是最重要的阶段,有大量的试验故障信息可以拿来分析、参考,在这个阶段进行设计更改,效费比也是最高的;而在装备改造、改型时,生产使用过程中的故障信息对分析可靠性的薄弱环节则是最有用的。寿命周期内不同阶段的故障信息自身特性和对雷达装备的可靠性增长效费比的影响是不同的。通常,设计阶段的信息比装备寿命周期的后期信息的效费比要高得多。但设计阶段的故障信息又带有许多未知因素,相比之下在后期由于硬件趋于成熟,未知因素越来越少,设计更改往往具有准确的方向,可靠性增长更有把握。

可靠性增长试验和利用故障信息实现可靠性增长是两种不同的方法,各有特点,各有不同的使用条件。要根据每型雷达装备的研制生产情况,合理地选择、应用。尽管几乎所有新研制雷达装备都需要可靠性增长试验,但从效费比角度考虑可靠性增长试验还是有一定的适用范围。一般说,在下述情况下进行可靠性增长试验的效益较高:①全新研制型号。这类装备相对复杂且技术水平要求高,可能的设计缺陷较大,设计更改更具有灵活性,通过增长试验加以改进的潜力大。②投产批量较大的型号。批量大的雷达装备,可靠性增长的前期投入,会在后期节省的维修费用中得到较大的回报。③装备部署的环境恶劣。由于恶劣环境的激发会暴露出很多设计问题,并通过设计变更加以改进。

实践证明,采用可靠性增长试验对促进和提高设计定型前的新研型号的可靠性水平是非常有效的。但应用于定型后批量生产且质量相对稳定、工艺基本成熟的雷达装备,不仅耗费巨大,且效果也不甚理想。相比之下,应用收集到的研制、生产甚至是使用阶段的各种故障信息,改进设计,进而提高可靠性的方法是较好的方法。采用此方法主要有以下优点:①针对性强。利用研制、生产、试验和使用中反馈的质量信息,进行分析处理,更容易准确地把握薄弱环节,进行设计改进。②时间短,效费比高。减少前期的试验时间,节约了大量的人力、物力和财力,提高效费比。③利用技术状态控制。采用试验的方法进行可靠性增长,由于产品一直在试验和改进的过程中,一些改进工作直接在实验室完成,不能直接落实到图纸上。而采用故障信息提高可靠性的方法,一次对所有故障进行分析,找出薄弱环节进行改进,便于技术状态的控制。

8.4.1.4 可靠性强化试验(RET)

目前,雷达的可靠性水平主要通过环境应力筛选、可靠性增长等手段进行改进提高。可靠性试验技术经历了从模拟试验到加速试验的发展历程,随着可靠性理论和技术的不断完善,加速可靠性试验将成为大幅提高雷达可靠性水平的重要手段。

常规可靠性工程试验是通过对雷达进行典型服役期的环境模拟试验来改进提高其可靠性水平,试验周期往往比较长,消耗也比较大。1988 年,G. K. Hobbs 博士提出了高加速应力筛选两种新的可靠性试验方法,波音公司将其称为可靠性强化试验。20 世纪 90 年代,美国波音公司为了减少产品研制费用,并在产品研制早期就能得到高可靠性的产品,以在激烈的市场竞争中占得先机,提出了可靠性强化试验(Reliability Enhancement Testing,RET)的概念。美国 G. K. Hobbs、K. A. Gray 和 L. W. Condra 等是最早从事这方面研究的专家。可靠性强化试验包含高加速寿命试验(Highly Accelerated Life Test,HALT)和高加速应力筛选(Highly Accelerated Stress Seining,HASS),前者针对产品设计阶段,后者针对产品生产阶段。HALT 采用步进应力的方法进行试验,与传统的可靠性试验不同,HALT 试验的目的是激发故障,即把产品中潜在的缺陷激发成可观察的故障。因此它不是采用一般模拟实际使用环境进行的试验,而是人为地施加步进应力,在远大于技术条件规定的极限应力下快速进行试验,找出产品的工作极限。然后,根据 HALT 确定的极限来制定 HASS 方案,并在生产过程中通过 HASS 来剔除生产制造缺陷,以使产品能快速地达到高的可靠性。

这两种新的可靠性试验技术解决了常规可靠性工程试验周期比较长、消耗比较大的问题。目前,加速可靠性试验技术领域的研究非常活跃,它代表了可靠性试验技术的发展方向。

常规可靠性试验基本体系如图 8.2 所示,代表可靠性试验技术发展方向的加速可靠性试验基本体系如图 8.3 所示,从中可以看到它们的对应关系与区别。

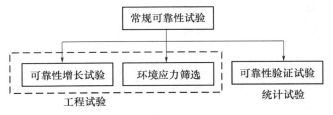

图 8.2　常规可靠性试验基本体系

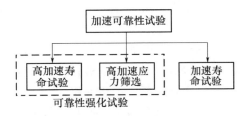

图 8.3　加速可靠性试验基本体系

1. 高加速寿命试验(HALT)

高加速寿命试验的目的是使产品和制造产品的工艺,在投入批生产之前就可达到成熟的程度,在使用中几乎不出因设计而引起故障的产品,同时又使研制设计时间保持最短。HALT 的根本的一点就是一旦制造出样件(硬件)就使用远超过产品设计规范规定的应力,激发缺陷变为故障,并通过更改设计来提高产品耐应力的强度,并进一步用更高的应力再激发故障,再更改设计,从而使产品耐应力强度更高。因此,HALT 应该应用于产品的研制手段,其所施加的应力要远高于产品在正常使用环境中的应力,以期逐步发现产品设计中的薄弱环节,这是一个反复的过程。

进行 HALT 的最终结果是得到高可靠性的产品,但是 HALT 并不能给出产品的具体可靠性值。同时也能得到产品的工作应力极限、破坏应力极限以及相应的工作和破坏裕度量值。

在产品的研制中进行 HALT 具有如下优点:

(1)利用高环境应力,提早使产品设计缺陷激发出来,快速发现和解决现行环境试验中不易发现的故障模式,从而消除设计缺陷,大大提高产品的固有可靠

227

性,确保产品能够获得早期高可靠性,从而使产品在外场使用中具有的可靠性水平;

（2）在很短的时间内模拟产品整个寿命期可能遇到的情况,使产品的研制周期大大减少,国外经验表明,一个典型的 HALT 只要 3~5 天时间;

（3）产品鉴定试验中的故障可大大减少,经过 HALT 的产品,鉴定试验已不重要;

（4）可找出产品的工作极限和破坏极限,为制定 HASS 方案、确定 HASS 应力量级提供依据;

（5）由于产品的可靠性水平大幅提高,因此产品的维修和售后服务费用也大大降低。

HALT 采用步进应力剖面,一个典型的 HALT 试验过程为:冷步进应力试验、快速温度变化试验、振动步进应力试验、温度与振动的综合应力试验。

HALT 的实施应按以下阶段进行:

（1）施加步进应力,直到产品失效为止;

（2）暂停试验,对失效进行根本原因分析,据此改进设计或工艺,并修复产品;

（3）从暂停处继续试验（应用步进应力）,直到产品再次失效为止,接着再进行失效分析,找出失效的根本原因,再据此改进设计或工艺,并修复产品;

（4）重复试验—失效—失效分析—改进并维修—再试验的过程;

（5）找出产品的工作极限与破坏极限,确定产品的工作裕度与破坏裕度。

必须指出,在 HALT 过程中,故障的根本原因分析和实施改进纠正措施是其核心内容。因此,在实施 HALT 过程中不能放过任何一个被激发出的故障,是设计问题就要改进设计,是工艺问题就要改进工艺,并实施纠正措施。

HALT 不是一种模拟试验,而是将产品中设计和工艺缺陷激发和检测出来的激发试验。因此,任何能用于暴露设计或工艺缺陷的应力都可作为 HALT 的应力,如温度应力、振动应力、温变应力、电应力等。

HALT 中应用的应力应是步进施加的,其起始应力一般应略低于或等于产品设计规范所规定的"规范应力",但最终必将一步一步地提高到远远超出"规范应力"水平的量值。国外的实践经验已经证明,使用远超过"规范应力"的高应力不仅不会诱发出与现场出现的不同的故障机理,而且可以大大缩短激发故障所需的时间,从而提高研制改进产品的效率。

HALT 步进应力的最终值到底定位何处事先是无法确定的,因此 HALT 试验的最终应力值是在 HALT 逐步进行过程中,根据进行产品设计和工艺更改所需的基本技术极限以及进行 HALT 所允许的时间和经费支持来综合确定的。应当指出,HALT 应力的最终值应当尽可能地大,如果应力没有加大到足够高的量值,则大样本量试验中出现的一些故障模式以及现场中出现的一些故障模式,仍有可能保留下来而未被发现,由于加大应力量值可以减少 HALT 的样本量和试验费用,因此在 HALT 试验中应当尽可能地使用高的应力量值。

HALT 应用于雷达的研制中,理论上可在从组件至整机的每一个组装等级上进行,但在实际的应用中还应根据产品特点进行分析和工程判断,从而决定 HALT 到底在产品的哪一个层次上更为有效和节省成本,并综合权衡。

2. 高加速应力筛选(HASS)

高加速应力筛选的目的与常规 ESS 是一样的,因此也要求对批生产产品百分之百地进行筛选。必须强调,与常规 ESS 相比,HASS 仅适用于研制阶段中应用 HALT 技术进行过强化设计,找出了应力极限并已获得了很大设计裕度的产品,应用 HALT 找出的应力极限是确定 HASS 应力的依据。HASS 应力同样远高于产品设计规范所规定的最高应力,国外的实践经验表明,使用高应力可使 HASS 时间缩短到 1h 左右,相比常规 ESS,其筛选时间大为减少,因而缩短了产品的生产时间和节约了生产成本,而且也不会消耗产品多少寿命,很明显,HASS 应用于产品的批生产阶段。

HASS 是利用高机械应力和高温变率来实现高加速的。典型的 HASS 的实施过程包括 HASS 设计、筛选验证和对产品实施 HASS 三个阶段。HASS 设计和筛选验证目的是提供一种最快、最有效的筛选方法。筛选的有效性是指能快速发现产品中的缺陷而又不会严重影响产品的寿命。产品 HASS 又分成 4 个步骤:加速筛选,即把产品的潜在缺陷转变成显性缺陷;检测筛选,即找出产品的显性缺陷;失效分析,即进行产品缺陷的根本原因分析;实施改进措施,即针对缺陷的根本原因分析结果实施改进纠正措施等。

HASS 的实施过程主要有如下三个阶段:

(1) HASS 设计。HASS 筛选剖面包括应力类型(振动、温度、温度转换时间、电应力等)、应力等级、驻留时间、试验顺序等。每个应力的极限值都应基于前面 HALT 结果。通常情况下,加速筛选极限值介于工作极限与破坏极限之间;检测筛选极限值介于产品设计所规定的极限与工作极限之间。

(2) 筛选验证。设计了最初的 HASS 应力剖面后,必须对其进行验证,以确定筛选不会引入额外缺陷或严重影响产品寿命。

(3) 对产品实施 HASS。对 HASS 筛选剖面进行验证后,就可对产品进行筛选,筛选中应对整个筛选过程进行监控,并且筛选剖面也应根据生产过程和实际现场使用得到的数据进行适当的调整。

3. 可靠性强化试验在雷达研制与生产中的应用

雷达研制生产中的可靠性工程试验通过传统的可靠性增长试验与环境应力筛选试验(ESS)进行,试验周期长,占用资源较多,费用也较高。其中的可靠性增长试验由于采用真实或模拟的环境条件,试验总时间通常为雷达预期 MTBF 目标值的数倍甚至数十倍,时间、资源、费用均耗费很大;而 ESS 按常规的环境应力筛选试验方法,其试验时间也长。采用可靠性强化试验可以从根本上解决这些问题,可靠性强化试验在雷达研制与生产中的应用如图8.4所示。

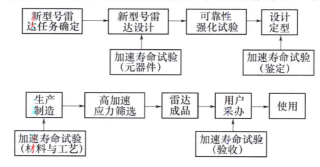

图8.4 可靠性强化试验在雷达研制与生产中的应用

实施可靠性强化试验的意义就在于:①大幅度提高了雷达的可靠性水平,降低了维修和保障的费用;②提高了试验效率,加速了研制生产过程,从而降低了雷达的研制生产成本;③缩短了试验时间,从而可节省资源,以提高产品的产量。但是也应指出,要实施强化应力还必须投入相应的设备,尽管采用传统的试验设备进行可靠性强化试验也能取得某种程度的成功,但是由于大多温度箱的温变率偏低,振动台多是单轴台,试验时需换向,还无法满足试验要求,因此,建议采用高温变率温度箱及三轴六自由度振动台等试验设备进行可靠性强化试验;另外,进行可靠性强化试验早期的费用也相对较大,对国产元器件也是严峻的考验。然而总地来说,采用可靠性强化试验方法可用最低的试验消耗来达到可靠性增长及可靠性控制的目的。因此,可靠性强化试验应当成为雷达研制生产过程中的一部分,这可以大幅度地提高雷达的可靠性水平,为雷达的研制生产带来高的附加值。

8.4.1.5 雷达可靠性综合评价

系统的可靠性是指在规定的条件下和规定的时间内,系统完成规定功能的能力。系统可靠性的定量评估是军用产品可靠性工作的重要工作项目之一。系统可靠性评估主要包括可靠性模型的建立、数据的收集和处理、综合评估等几方面的内容。雷达在不同阶段的技术状态不同,属变母体情况。变母体的试验数据在可靠性评估时不能进行累加处理。为了在小数据样本的情况下评估雷达的可靠性水平,并提高评估精度,通常所采用的途径是扩大信息量。一种重要的思路是将雷达在各个研制、使用阶段中的各种可靠性数据进行综合评估,如利用不同试验环境条件下的数据、使用或试用阶段数据甚至相似产品的历史数据。

雷达在研制各阶段产生的可靠性数据同时具有变母体和变环境的特点。因此,引入环境折合系数,应用一种利用雷达的变母体、变环境数据和相似产品数据的可靠性综合评估模型,可给出相应的综合评估方法。

1. 评估模型

雷达在研制试验过程中发生了故障,经过故障分析并采取了相应有效的纠正措施,其可靠性会因此而得到增长,使得雷达的母体发生变化。因此,这种可靠性增长的特性可以用可靠性增长模型来描述。但是由于研制阶段的可靠性增长不同于单纯的可靠性增长试验,其各个试验的环境也不尽相同,因此对变母体、变环境数据可靠性评估模型有如下基本假设:

(1)产品所经历的研制过程是一个变母体的可靠性增长过程。

(2)产品所经历的研制过程是一个变环境(相对于实际使用环境)的过程,这种变动可用环境折合系数 k_i 表示(i 代表产品所经历的试验阶段)。各个环境折合系数 k_i 可按试验阶段的目的与类型进行归类。

(3)产品在各试验段实际发生的故障数 r_i 可以用环境折合系数 k_i 进行折合,折合值 $r_i k_i$ 可以认为相当于产品在实际使用环境下的故障数。

(4)经过环境折合系数折合以后,产品在整个研制阶段的可靠性增长过程(每一个试验阶段为一个数据点)符合 Duane 模型。

(5)当产品的某个试验阶段故障数为零时,将其折合为 0.7 个故障(置信水平为 0.5 时,MTBF 单边置信下限对应的折合故障数)。

评估模型的已知条件:

(1)雷达在不同试验阶段的环境应力已知;

(2)产品在每个试验阶段中的试验时间 t_i 和故障数 r_i 已知($i = 1, 2, \cdots, n$)。

Duane 模型引入累积故障率 $\lambda\Sigma(t)$,累积故障率对于累积试验时间,在双边对数坐标上趋近于一条直线,即

$$\ln\lambda\Sigma(t) = \ln a - m\ln t$$

式中　　a 和 m——该直线在对数坐标上的截距($t = 1$ 时的确切截距是 $\ln a$)和斜率(确切的斜率为 $-m$)。

Duane 模型中定义累积 MTBF,用 MTBF_Σ 表示,根据模型的假设以及 Duane 模型中累积 MTBF 的定义,有

$$\text{MTBF}_\Sigma = \frac{1}{a} t^m$$

故有

$$\ln\text{MTBF}_{\Sigma i} = A + m\ln t_i$$

式中

$$\text{MTBF}_{\Sigma i} = \frac{t_i}{\sum_{j=1}^{t} k_j r_j}$$

$$t_i = \sum_{j=1}^{i} \tau_i$$

$$A = -\ln a$$

式中　a——综合评估的雷达在对数坐标纵轴上的截距；

　　　m——研制阶段的增长率；

　　　$\mathrm{MTBF}_{\Sigma i}$——第 i 个试验阶段的累积 MTBF 观察值；

　　　τ_i——第 i 个试验阶段的试验时间；

　　　t_i——第 i 个试验阶段结束时的累积试验时间；

　　　r_i——第 i 个试验阶段中发生的故障数；

　　　k_i——第 i 个试验阶段的环境折合系数。

设雷达系统在研制过程中顺序经历了 n 个试验阶段,每个试验阶段所对应的环境折合系数分别为 $k_1, k_2, \cdots, k_n$,对应放入试验时间分别为 $\tau_1, \tau_2, \cdots, \tau_n$,对应的故障数分别为 $r_1, r_2, \cdots, r_n$。所要解决的问题是得出该雷达系统的 MTBF 的评估曲线和试验历程结束后的评估值。可按下列步骤进行计算:

步骤 1　计算出各试验阶段所对应的累积试验时间 $t_1, t_2, \cdots, t_n$;

步骤 2　计算出各试验阶段所对应的累积 MTBF 的观察值 $\mathrm{MTBF}_{\Sigma 1}$, $\mathrm{MTBF}_{\Sigma 2}, \cdots, \mathrm{MTBF}_{\Sigma n}$;

步骤 3　在双对数坐标上拟合求出 $\hat{A}$ 及 $\hat{m}$,则雷达的综合评估曲线为

$$\ln \mathrm{MTBF}_{\Sigma i} = \hat{A} + \hat{m}\ln t_i$$

步骤 4　在试验结束时,雷达的 MTBF 的综合评估值为

$$\mathrm{MTBF} = \frac{1}{a(1-m)} t_n^m$$

2. 评估方法

根据前面所述的综合评估模型,可以给出雷达不同试验阶段可靠性数据综合评估的方法,包括对模型参数 (A, m) 及 MTBF 的最小二乘法点估计、综合评估模型的拟合优度检验及相应的增长趋势的检验。

1)评估模型的拟合优度检验

(1)经验相关系数的拟合优度检验。假设 N_i 为截止到第 i 个试验阶段的经环境折合的累积故障数:

$$N_i = \sum_{j=1}^{i} k_j r_j, \quad i = 1, 2, \cdots, n$$

为了对综合评估模型作拟合优度检验,可使用 $\ln N_i$ 与 $\ln t_i$ 间的经验相关系数 $\hat{\rho}$:

$$\hat{\rho} = \frac{l_{\Delta_i}}{\sqrt{l_{NN} l_{t_i}}}$$

式中

$$l_{N_i} = \sum_{i=1}^{n} \ln N_i \ln t_i - \left(\sum_{i=1}^{n} \ln N_i \right) \left(\sum_{i=1}^{n} \ln t_i \right) / n$$

$$l_{NN} = \sum_{i=1}^{n} (\ln N_i)^2 - \left(\sum_{i=1}^{n} \ln N_i \right)^2 / n$$

$$l_{t_i} = \sum_{i=1}^{n} (\ln t_i)^2 - \left(\sum_{i=1}^{n} \ln t_i \right)^2 / n$$

（2）利用 Duane 图的拟合优度检验。对综合评估模型的拟合优度检验,还可使用 Duane 图。若试验数据与拟合直线相当接近,则认为拟合较好;反之亦然。此方法可与上面经验相关系数的方法结合使用。当采用经验相关系数的检验方法拒绝综合评估模型时,不会指出拒绝的理由,而用 Duane 图却可显示出一些理由。如增长数据出现跳跃等,这时要分析出现这种情况的原因,是设备试验的环境条件与历史数据有显著不同,还是在研制阶段有明显不符合增长模型的情况。

2）评估模型的最小二乘估计

（1）传统最小二乘估计采用传统的最小二乘法,给出

$$\rho = \frac{\sum_{i=1}^{n} (\ln t_i - \overline{\ln t})(\ln \mathrm{MTBF}_{\Sigma i} - \overline{\ln \mathrm{MTBF}_{\Sigma}})}{\sqrt{\sum_{i=1}^{n} (\ln t_i - \overline{\ln t})^2} \sqrt{\sum_{i=1}^{n} (\ln \mathrm{MTBF}_{\Sigma i} - \overline{\ln \mathrm{MTBF}_{\Sigma}})^2}}$$

$$\hat{m} = \frac{\sum_{i=1}^{n} (\ln t_i - \overline{\ln t})(\ln \mathrm{MTBF}_{\Sigma i} - \ln \mathrm{MTBF}_{\Sigma})}{\sum_{i=1}^{n} (\ln t_i - \overline{\ln t})^2}$$

$$\hat{A} = \overline{\ln \mathrm{MTBF}_{\Sigma}} - m \cdot \overline{\ln t}$$

其中

$$\overline{\ln t} = \frac{1}{n} \sum_{i=1}^{n} \ln t_i$$

$$\overline{\ln \mathrm{MTBF}_{\Sigma}} = \frac{1}{n} \sum_{i=1}^{n} \ln \mathrm{MTBF}_{\Sigma i}$$

（2）改进的最小二乘估计。普通最小二乘法估计中,每一个数据点在拟合中具有相等的地位和作用,但考虑到雷达研制过程的特点,最后一个数据点是经过了前面各种试验并不断地改进,使设备的可靠性达到了当前水平时的综合反映。这个节点所包含信息量最多,是一个很重要的点,使拟合直线通过该点更能反映雷达设备的真实情况。因此,采用使拟合直线过末点的拟合方法。这种拟合方法也是美军标 MIL – SID – 1635 推荐的方法,但该标准未给出计算法,这里结合评估模型推证的结果如下:

$$\hat{m} = \frac{\sum\limits_{i=1}^{n}(\ln t_i - \overline{\ln t})(\ln \text{MTBF}_{\Sigma i} - \ln \text{MTBF}_{\Sigma n})}{\sum\limits_{i=1}^{n}(\ln t_i - \ln t_n)^2}$$

$$\hat{A} = \ln \text{MTBF}_{\Sigma n} - \hat{m}\ln t_n$$

$$\rho = \frac{\sum\limits_{i=1}^{n}(\ln t_i - \ln t_n)(\ln \text{MTBF}_{\Sigma i} - \ln \text{MTBF}_{\Sigma n})}{\sqrt{\sum\limits_{i=1}^{n}(\ln t_i - \ln t_n)^2}\sqrt{\sum\limits_{i=1}^{n}(\ln \text{MTBF}_{\Sigma i} - \ln \text{MTBF}_{\Sigma n})^2}}$$

（3）MTBF 的综合评估。根据上述的综合评估模型,雷达在不同试验阶段可靠性数据的综合评估中,其 MTBF 的综合评估值代表了设备在试验历程结束,即最后一个试验阶段结束后不再进行其他可靠性改进时,雷达处于使用环境下的可靠性水平。因此,用上述综合评估模型,可以根据雷达在研制的不同试验阶段的可靠性数据,评估出雷达在未来使用环境下的可靠性水平。

MTBF 的综合评估值为

$$\text{MTBF} = \frac{1}{\hat{a}(1-\hat{m})}t_n^{\hat{m}}, \hat{a} = \text{e}^{-\hat{A}}$$

3）环境折合系数的确定

从上述评估模型中可以看出,如何确定雷达在不同的试验环境下的环境折合系数,是综合评估的重要问题。环境折合系数可以根据相似产品试验数据,利用相应的统计方法分析取得。

以下通过实例加以说明。

收集雷达研制阶段 5 种试验的数据,见表 8.2。

表 8.2　不同试验数据

试验名称	环境折合系数	工作时间/h	故障次数
联试	1.00	2443	13
性能试验	1.04	248	1
环境试验	0.14	400	4
适应性试验	0.32	1000	4
可靠性鉴定试验	0.82	580	1

对本试验数据在双对数坐标纸上采用改进的最小二乘法的 Duane 曲线,如图 8.5 所示。

可以看出,数据点近似在一条直线上,试验数据与拟合直线相当接近,表明此雷达系统的可靠性增长模型符合 Duane 模型。

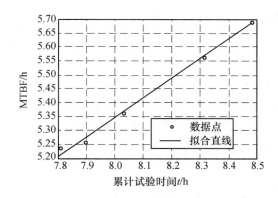

图 8.5　雷达试验数据的 Duane 曲线图

对表 8.5 的试验数据,评估结果为

$$\hat{m} = 0.3738, \quad \hat{a} = 0.1107$$
$$\rho = 0.9885, \quad \text{MTBF} = 342.53\text{h}$$

对雷达系统不同试验阶段可靠性综合评估的方法和模型,针对工程中普遍存在的不同试验环境问题,有工程可行的解决方案。一方面,当雷达系统研制历程结束后,可用试验数据评估出雷达当前,即研制历程结束时的值。另一方面,利用同类设备的环境折合系数,根据雷达系统前几个阶段的试验数据,利用 Duane 模型的外推方法可以综合预计其研制结束时可达到的 MTBF 值,为雷达的设计定型提供参考。

8.4.2　维修性试验与评价

维修性试验的条件与可靠性试验的条件十分相似。但要注意,从作战观点出发,如果不是由舰队型人员完成维修,则维修性参数(如找故障和修复故障的平均时间)几乎没有用处,而对于可靠性参数却不一定如此。另外,有时维修性可能不是一个主要问题,例如,一个在维修协议中规定要维修的靶标,在所需的作战特性中有可靠性和可用性参数,但没有维修性参数。

维修性的定义:由合格的人员,按照规定的程序,使用给定的资源,在每个规定的维修等级上,使系统保持或恢复到预定条件的一种能力。

检验系统维修性有三个重要尺度。其一是使系统恢复到其任务能力状态所需的平均故障检修时间,这一维修特性是说明系统在任务重大故障发生后修理的时间多长;其二是在任何故障发生后,为使系统恢复到原来状态的平均时间有可能比任务重大故障维修时间长或短;其三是完成修理工作所需的劳力。

根据维修性不同的尺度,维修性参数也不同,主要有:

表示系统恢复到任务能力状态所需时间长短的参数,用作战任务故障平均修复时间表示,其表达式为

$$作战任务故障平均修复时间 = 作战任务故障发生后使故障系统恢复$$
$$其执行任务能力所用的有效故障修复$$
$$时间的总时数 / 作战任务故障的总数$$

表示修复所有故障所需时间的参数,用平均故障维修时间表示,其表达式为

$$平均故障维修时间 = 系统所有故障维修所需的有效维修时间和$$
$$总时数 / 所需维修事故的总数$$

用于说明所有故障维修时间的参数,还可以用平均维修时间表示,其表达式为

$$平均维修时间 = 故障维修时间的总和 / 故障维修行动的总数$$

对于软件密集型系统,可用恢复功能平均时间这一参数,其表示式为

$$恢复功能平均时间 = 恢复因重大故障中断的任务功能所需的$$
$$总维修时间 / 重大故障总数$$

这一参数涉及计划内和计划外的维修时间。

维修性需求必须满足用户的需要和期望,而这些需要和期望是可实现的、合理的、可测量的且可负担的。必须考虑到维修性需求的随机性(也就是置信区间),以确保需求得到详细说明。可用性、可靠性与维修性需求一旦确定就必须对其进行持续的评估,之后根据需要再对其进行变更。

在装备采办过程中,为了确保向用户交付易于保障的装备,型号办公室要与使用司令部一起,督促承包商开展"综合后勤保障"(也就是现在所说的"综合保障")工作,使交付的装备本身容易保障,并在交付装备的同时提供配套的各种保障资源。美军在 F-16、F-22、F-35、C-17 等飞机型号研制过程中,非常重视这项工作,目的是使这些飞机具有良好的可靠性、维修性和保障性。据报道,在 F-22 项目的前期论证过程中,40% 的工作与维修保障有关。

装备维修保障力量的构成分为三个方面。第一个方面是"建制维修",第二个方面是"承包维修"(或合同维修),第三个方面是军种间支援维修。承包维修有各种不同的形式,可以是整机的或单件的,也可以是长期的或临时的。承包维修与军方整个维修能力的规划和建设有直接关系。一种装备或某种机件是否需要采用承包维修,要经过详细的必要性、可行性和经济性分析,通常在装备研制过程中通过维修规划来加以确定。除此以外,承包维修还要受有关法律的限制。例如,美国的法律规定,用于承包维修的经费不能超过当年维修总经费的 50%。随着军队规模的缩小,特别是新装备的不断交付使用,维修保障方面的投入越来越大,美、英等西方国家开始倾向于由地方工业部门承担更多的装备维修保障工作(特别是后方维修)。因此,承包维修所占的比例不断提高,而且通过采用新的承包形式,如美军的"基于绩效的保障(PBL)"和英军的"完好率承包"等,来激励承包商提高维修保障效率,降低维修保障费用。

近些年来,美、英等国在维修保障方面实行装备保障的转型。在转型过程中,通过运用"精益"理论、约束理论、价值流、"6 西格玛"、流程再造等方法,改进维修作业流程,提高维修保障的效率,缩短维修周期。在此基础上,美国空军于 2005 年开始推行"21 世纪精明作业"(AFSO 21)计划,将上述做法向全空军推广。它要求在全空军形成一种持续过程改进的文化环境,通过人人参与,消除各项工作过程中不能增加价值的浪费现象,提高效率,从而进一步提高空军的战斗力。

8.4.3 可用性

可用性是系统准备好执行任务的概率,通常在任务可靠性成为主要问题时,可用性也成为主要问题。

可用性是一种衡量系统在未知时刻执行任务时,其可操作程度和投入战斗程度的量度。可用性鉴定参数通常使用以下两种:

可用性鉴定参数 A_0 = 总的可用时间 /(总的可用时间 + 总的停歇时间)

可用性鉴定参数 A_0 = 准备的系统数 / 拥有的系统数

前一种可用于子系统作战试验时使用,此时系统可能处在既不是可用状态,也不是不可用状态,而可能是由于重新调整试验力量、配置试验系统或进行其他活动而处在中止状态。因此,必须清楚地说明这段没有进行试验的时间的起止时刻,除非不同的系统使用不同的可用性参数。有时也可以用诸如"人往哪里"(MC)、"全任务能力"(FMC)和"部分任务能力"(PMC)作为可用性鉴定的量度。实际可用性不考虑行政管理和后勤方面的停歇时间,其参数为

实际可用性 = 操作时间 /(操作时间 + 总故障维修设计 + 总预防维修时间)

与使用可用性的传统测量方法不同,当评估装备可用性系统不能从实际上分配任务(在负责修理的基地、在变化条件下,储备如备件等)时,就可以考虑对其进行调整直至可以进行任务分配。

装备可用性(和使用可用性)的评估要求对使用模式概要/任务剖面(OMS/MP)、使用频率(OPTEMPO)、可靠性与维修性的随机测量及工作小时的准确界定要有全面的了解。

对于一个指定任务来说,使用可用性而不是一个 KPP,是一个系统适用性的重要测量方法。一个给定系统的使用可用性的值将随着任务剖面、关键功能需求和使用频率的变化而发生变化,因此,应该在使用模式概要/任务剖面(OMS/MP)时确定每一任务的使用可用性的阈值和目标值。

通常情况下,实际可用性是该系统的正常运行时间(平均故障间隔时间 MTBF)和维修停机时间(MDT)的一个函数。可以通过提高可靠性(增加必要的采办费用)、减少维修停机时间(MDT)(这将增加保障费用),或者综合采取这两种

方法。

可测量的装备可用度(MA)需求应该连同预期的可用度评估方法一起纳入招标书。应该在项目早期确定所有主要系统工程项目的装备可用度的标准数值,并对其进行必要的评估和更新。研制试验(DT)和使用试验与评价(DOT&E)活动很少使用一个真实的保障结构,因此,可能只根据试验结果对可用度进行评估。同样地,应该使用关于可靠性 & 可用性 & 维修性(RAM)的建模与仿真来确定贯穿该系统寿命周期的预期和/或实际可用性。

当全部的系统停机事件需要的时候,这一项目必须有一个适当的方法对其进行监控、评估、记分并开始纠正措施。

装备可用度(KPP)要求对这一项目可达到的值进行评估。在整个寿命周期里,必须对装备可用度风险进行持续评估和记录(在 RAM‐C 报告、风险管理计划、ICD/CDD/CPD、SEMP 等),以保障实现评估的数值。在该项目的寿命周期内,应该利用所有相关的数据对 RAM 建模与仿真工作进行。对服役的实际环境、使用模式概要/任务剖面(OMS/MP)和使用频率进行详细分析,是准确评估和预测可靠性 & 可用性 & 维修性(RAM)所必需的。

为了验证满足这些测量方法,该项目必须经常对生产与部署阶段达到的实际的可靠性 & 可用性 & 维修性(RAM)性能进行评估。

8.4.4 后勤保障性

在 OT‐2 和 OT‐3 阶段中常常需要后勤保障性试验。有些系统是早期试生产样机,可以从后勤保障性的观点在初始作战试验的早期阶段对其进行检验。一些需要特殊服务要求的系统或使用寿命短的部件,还应在初始作战试验的早期阶段进行后勤保障性检验,以判定其在舰队中的潜在后勤保障问题。

后勤保障性是系统设计特性和计划后勤资源满足系统和平时期战备要求和战时使用的程度。这种适用性要素涉及系统后勤保障实际需要和计划后勤保障要求之间的平衡问题。可靠性和维修性等其他一些适用性要素也涉及这种平衡。后勤保障性虽然在某些方面可以用定量的方法鉴定,但主要是用定性的方法鉴定。例如,供应保障可以通过检验供应件的百分比或补充率这样的参数来鉴定。

鉴定后勤保障性应把评估早期的综合后勤保障计划作为一部分,这些早期的后勤保障活动对作战适用性的早期作战评估(OA)十分重要,它们可提供系统后勤保障方面的临界信息。后勤保障行检验开始时主要集中在作战试验计划涉及的国家适用性方面。综合后勤保障计划可能出现的问题之一是力图保障一些不同的武器系统,这种计划可能正确,但对于其他的或总的后勤保障要求则有可能不正确。

综合后勤保障计划是评估预定后勤保障地基础,通过审查后勤保障计划的情况可以对后勤保障性进行早期评估。后勤保障计划的完善程度在很大程度上决定系统后勤保障的合格程度,也可以按照约定后勤保障的产地来源仿真来分析系统满足其某些方面适用性要求的能力。

试验计划必须涉及对试验系统的保障。在制定作战试验计划时,必须判定保障的物品(如备件、试验设备和运输设备),并要进行适当的作战试验。如果保障物品无法获得,则很难评定系统的适用性,且不能评定保障件的性能。

作战试验数据应与综合后勤保障计划的数据比较。综合后勤保障计划鉴定应该是作战试验机构支持决策点3决策时起草作战试验报告的一部分。应该将作战试验数据同后勤保障计划数据比较,并加以评定,以确定计划所提出的数据是否反映系统的实际需要情况。如果试验数据包括所要求的比率(如平均保障间隔时间),则应该将这些比率同后勤保障计划所预测的比率比较。计划的参数和系统的参数不育症的主要原因之一是系统不能满足战场使用的可用性要求。

应考虑软件保用性。对于配有主要软件的系统,系统软件保障可能成为提供整个后勤保障能力的一个重要因素,软件后勤保障计划包括劳力资源和设备资源两方面。在作战使用时,维护和修正软件的人员必须有使他们能够完成其工作的足够文件。作战试验鉴定可以弄清软件后勤保障计划的适用性。

考虑到作战试验的供应补给保障有可能不真实,在试验时应准备大量的备件和更换件。在这种情况下,鉴定试验结果必须修正试验系统后勤保障方面这种不真实的情况。

8.4.5 兼容性

在 OT – 2 和 OT – 3 阶段中常常需要进行兼容性试验。另外,在早期阶段,虽然试验系统是临时装配的先期研制模型,但此时进行兼容性试验可以揭示设计人员没有预料到的问题。这对于受条件限制的水域或空域,不可预料的干扰源和其他设备输出功率不好会降低探测设备的灵敏度等,这方面十分重要。早期判定潜在兼容性问题可以很容易改变系统不同的安装位置来解决,以防止系统在初始作战试验后期阶段(OT – 3)发生故障。

兼容性是指两个或多个武器(或设备)处在同一系统或同一环境中而不发生相互干扰的能力。兼容性参数包括系统特性多个方面不同的测量值。虽然大部分详细的兼容性试验都是研制机构的任务范围,但作战试验机构在作战试验时也要观测和鉴定兼容性,且常常在增加或扩大试验环境条件下进行真实的作战试验,因此可能在作战试验期间发现在研制期间没有发现的兼容性问题。

在装备采办过程的早期研制阶段应该监视兼容性的要求,以保证在试验计划中涉及所有的兼容性方面的问题。跟踪研制试验的结果可以帮助制订作战试验计划,避免试验工作重复。早期作战试验可能会发现未预料到的兼容性问题。

早期作战试验阶段应包括兼容性的问题,以保证该阶段试验中考虑的作战兼容性问题是研制试验中没有发现的问题。识别设计人员没有预料到的潜在问题可能是电力变化、不可预测的电干扰等问题。

正常的操作有可能不会暴露出不兼容的问题。因此,需要专门的试验来测定系统以鼓掌方式和在各种极端操作情况下可能受到的干扰。

作战试验人员必须说明对兼容性试验特殊资源/系统的需求。如果作战试验需要特殊的兼容性试验设施、仪器设备和模拟器,则需要预先制订计划,否则就有可能会耽误试验工作的进行,或不能完成试验的某些目标。

系统的修改或改进可能会引起兼容性问题。武器系统增加新的能力,有可能会引起潜在的兼容性问题。例如,如果系统的修改采用较先进的计算机和电子系统,则原来的常规设备有可能不能给新系统提供足够的冷却,结果新电子器件要在较高的温度环境中工作,造成可靠性降低。同样,把非研制性项目引入到武器系统中,也可能会产生兼容性问题。

操作程序兼容可能是系统性能方面的一个因素。两个系统的兼容性在很大程度上取决于所用的操作程序和如何遵守这些程序。例如,在试验一个系统时,已发现主系统与指挥控制系统不兼容,原因是主系统用全自动方式进行控制,而辅助系统则用手动,由于辅助设备产生的噪声,有可能妨碍从手动到自动的操作人员之间的通信。

8.4.6　相互适应性

相互适应性是指系统、单位或部队之间相互提供服务和接受服务,并利用这样的交换服务使它们能够有效地一起工作的能力。鉴定相互适应性通常是以定性方式进行,但是在某些方面也可能以定量方式说明。确定试验系统相互适应性的一种方法是判定系统在与另一种系统使用时对操作产生什么限制。

在早期试验与鉴定主计划中需要确定保障的系统或互换的系统。在决策点1决策时,就应确定同试验系统进行主要互换操作的系统,并在相应的采办文件中加以规定。在早期的试验与鉴定主计划中应着重强调这些互换性系统,并要有证明相互适应性所需要的试验样件。

在考虑保障系统或互换系统问题时,也要考虑到正处在研制中的其他系统。在系统处于研制阶段时,采办试验样品常常遇到困难。在这种情况下,正在研制的两个系统进行成对试验可能成为问题,作战试验与鉴定主计划必须说明关键相互适应性试验的问题。如果由于两个系统不能同时试验,使这样的成对试验不可能,那么相互适应性的鉴定必须说明其作战试验的限制或问题。

必须了解互换系统的成熟程度。如果互换系统不够成熟,以致不能提供预定的真实程度,那么作战试验得出的结果是无效的。另外,应该评定战场使用的大概成熟程度。如果在战场上使用时系统的适用性取决于互换系统,那么需要将这方面潜在问题向决策者作重点说明。

足够相互适应性的确定与保障系统或配对系统的性能有关。在确定试验系统的适用性时，也应把保障系统或配对系统可接受的程度作为评定的一部分。

相互适应性有可能限制系统的使用。由于两个系统相互接近，在某些情况下相互适应性有可能限制系统的使用或操作。例如，当一台雷达发射机靠近另一台雷达或通信装置时，其中一台工作时，另一台必须停止。同样当使用干扰器材时，本船的一些探测也要停机。

在决策点 3 决策时，作战试验与鉴定应涉及相互适应性。在决策点 2 时，试验与鉴定主计划应说明作战试验要检验的相互适应性范围。在石油资源方面也要说明什么样的配对相同或保障系统对系统至关重要。试验资源计划人员需要保证这些配对相同或保障系统在试验期间可以获得。

8.4.7　训练要求

训练和训练保障是指对负责操作和支援武器系统的军事人员和非军事人员进行培训，它包括训练方法、程度、技术、设备和设施等方面。训练要求包括单人训练、操作小组训练、初始训练、正式训练、在职训练以及训练设备采办与安装和后勤保障计划等。

在作战试验与鉴定期间，应评定预定计划的项目及其训练设备与设施，并在武器系统研制过程的各个阶段提出训练项目和保证性器材，包括说明书、在职训练文件、训练设备等。

训练要求参数用"演练的关键任务"表示，它是受训人员在标准时间内按照确认的程序演练关键任务数同尝试任务总数的比。这一参数可以用于计算每一维修级别。

可以根据作战试验的经验修改训练要求。鉴定报告应该说明是否修改了训练要求。同时，还必须评定训练辅助设备、模拟器、保障设备，以保证它们足以支持作战要求。

作战试验计划必须说明训练项目什么时候进行鉴定。所有必要训练器材和设备的供应有可能跟不上作战试验与鉴定的进度，例如，训练手册在早期阶段常常不能按时制定。另外，在正要试验时，软件的更改可能引起系统操作的重大变化，或者试验项目所用人员接受的训练不是预定人员所接受到的训练。如果作战试验计划不考虑这些问题，作战试验与鉴定有可能不能评定该训练项目。

在制订作战试验计划时必须考虑到训练、文件资料和人机工程等要素之间的关系。这种组合评价很有好处，在作战试验与鉴定计划制订时应加以考虑。在实际系统操作时应通过对人员的行为审查来评定这种十分复杂任务训练的足够性。

训练任务和作战任务应密切相关。应该分析训练任务和作战任务之间的相互关系,判定没有进行人员训练或训练不充分的那些任务。另外还有一些训练任务可能被认为是不必要的。

应该判定造成人员问题的特殊要求任务或难以做到的任务。在某些情况下,训练的要求和预定计划的训练都是建立在对系统操作或维修活动不精确了解的基础上的,因此作战试验可以判定需要重新进行训练评价的特别任务,这种活动与人机工程密切相关。

8.4.8　可运输性

可运输性是指系统通过铁路、公路、水道、空中航线等手段或靠自推、拖曳、携带等方式的移动或搬运能力。这种运送能力要全面考虑到预定运输工具的可获得性、印刷计划安排以及系统及其保障设备对作战部队战略运动转移的影响。

可运输性参数必须涉及现有运输设备的特性,如果计划使用新的运输设备,则应该评定这种新运输设备可接受的程度,其主要参数是:

(1) 使用单位是否有装卸荷运输的标准措施;

(2) 系统是否通过较好的运输方式送到战区或操作区;

(3) 在操作区内系统是否有足够的机动性;

(4) 对于每种可能的运输方式,系统的尺度和重量是否在所要求的限制条件内。

可运输性评价应该确定独特的运输要求。在系统早期等计划文件中应该说明系统的可运输性要求,采办机构和用户机构都应根据现在运输设备的能力鉴定这些要求。作战试验计划人员的任务是检验这些运输要求,并确定作战试验是否需要运输设备的试验资源,特别是要说明可运输性和特殊试验事件。如果有关键可运输问题,需要在最初的试验与鉴定主计划中明确。

系统可运输性检验应作为作战试验的一部分。如果系统主要是靠铁路、飞机或船只运输,则应说明它与这些运输工具的兼容性。通常研制机构要检验这种兼容性,但它只从技术的观点出发。虽然研制机构通过可运输性鉴定确定了运输的要求,但这种要求往往没有考虑到作战的因素。作战试验的目的是检验在预定作战条件下是否可以由正规的作战部队运输操作。作战真实条件下得出的可运输性结果同研制机构得出的结果是不同的。

可运输性鉴定应包括预定的各方面操作。由于大小、重量和系统特性等原因,可运输性可能受到地理环境操作方面的限制,因此必须充分分析武器系统的全球性作战使用问题,以保证了解和满足各方面的运输要求。如果系统有独特的运输要求,则应在系统的计划文件中说明,并作为作战试验检验的一部分。

可运输性应包括系统在作战区域内的机动和移动性。应检验运输系统的装载能力及其对所运输系统维修性的影响。应保证新武器系统的大小、重量在所需作战环境中得到运输网站、公路和铁路桥梁的运输保障。

运输试验对某些系统可能十分重要。对于某些系统,为证实所运输的系统在运输后是否会降低其作战能力,应进行这方面的作战试验。在作战试验演习中要包括运输真实性演习和实际运输操作试验等。这种演习与试验,其重要作用因系统不同而不同。

8.4.9 安全性

安全性是指不会发生可能造成人员伤亡、职业病或引起设备损坏和财产损失以及环境破坏等情况。安全性的鉴定通常是在作战试验时通过观测系统的使用和维修进行。系统的安全性参数与规定类型危险的数目和这些类型危险预定出现的频率有关。

安全性鉴定时,作战试验要提供使观测有预定技术熟练水平的人员操作和保障系统的机会。在作战试验前,操作和维修系统的人员,其经验和技术熟练程度可能比预定作战使用的人员高。因此,作战试验是考察具有预定技术水平和经验的人员操作系统的首次机会,利用这一机会来观察早期试验没有观察的潜在安全问题。应注意检查试验计划是否还需要说明对人员造成新的或不可预料的危险问题。这种观测鉴定与人机工程的鉴定有关。

作战试验观测人员应对重大危险的潜在性十分敏感。如果发现有1、2类危险苗头,应立即停止试验。在大多数情况下,作战试验应无外部干扰,但安全性除外。

安全性试验应考虑到系统的操作环境。任何与安全性有关的试验都要考虑到整个预想的环境范围。有些安全特性在好的环境下效果很好,危险性可能很容易看出,也易于避免。但在不好的环境有可能产生意想不到的危险。

软件故障可能会产生不可预料的危险。应当评定软件软件故障对危险环境的潜在影响。例如,导弹的软件故障有可能影响其飞行安全。

8.4.10 人机工程

人机工程是指影响人们使用武器系统有效完成作战任务的系统操作与维修等要素。人机工程鉴定参数通常利用系统的人机工程检验表进行定性鉴定,但有时也可以通过完成定时任务进行定量鉴定。可以根据额定时间、响应时间、误差率、精度等收集鉴定数据,利用操作人员和维修人员的谈话、调查、汇报等获得有关显示、人机接口、易接近性、轻便性、任务难度、不必要步骤、工作空间、人员疲劳程度等情况。

8.5 案例分析

此案例为某舰载雷达的适用性评价。

评估指标体系的建立需要遵循系统性、实用性、可行性等原则。评估指标的建立可以充分考虑舰载雷达装备实际使用的设计功能、性能指标、使命任务等参数。下面以某型雷达装备为例建立如表8.3所列的评估指标体系。

表8.3　某型雷达装备的评估指标体系

评估指标		评估方法	评估结果(技术状态)
设计功能	发射功能 接收功能 …	建立评估模型	良好
性能指标	方位分辨率 距离分辨率 …		勘用
使命任务	对海警戒 导航 …		故障

舰载雷达装备技术状态评估方法研究的是在建立的评估指标体系的基础上,解决各个独立指标的数值量化及权重问题,并建立评估数学模型,得出详细的技术状态信息。因此,研究技术状态评估的重点是相关评估指标的权重选择和评估数学模型的建立。借鉴 ADC 方法,其评估模型为结合模糊综合评价法的 ADC 模型。ADC 模型中的三要素分别为装备可用性(A)、装备可靠性(D)和装备任务完成能力(C)。

以某型雷达装备为例,对装备进行分解,确定与技术状态有关的变量,并且依据变量间的相互关系及影响、隶属关系,进行组合,形成一个雷达装备技术状态评估模型,具体结构如图8.6所示。

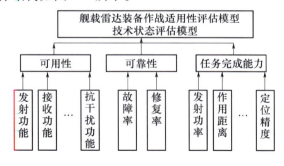

图8.6　舰载雷达装备适用性评估结构模型

评估因素由建立的评估指标体系决定,通常包括装备的主要功能、技术指标等。具体将装备的哪些功能及指标参数作为评估因素,需要在实际应用中根据装备的实际使命任务,参考专家意见进行选取。对于某型雷达装备,可以确定相应的评估因素,如图 8.6 中最底层所示。

1. 装备可用性评估

装备的可用性评估采用模糊综合评价方法。通过对电子装备功能完整性的统计分析,得到装备可用性指标。

选取能表征该电子装备技术状态的主要功能作为评价因素,具体参与评价的功能项目通常可以由专家选取。表 8.4 给出了表征雷达装备可用性的 7 个评价因素。

表 8.4　某型雷达装备的可用性评价因素

评价因素	参与评估的功能	评价因素	参与评估的功能
1	发射功能	5	天线与伺服功能
2	接收功能	6	跟踪功能
3	信号与数据处理功能	7	抗干扰功能
4	显示功能		

分别判断每种功能的状态,功能状态指的是装备使用中统计数据记录的实际功能与装备的设计功能比较后的状态描述,反映了装备功能的正常程度。可以将功能状态分为功能正常、功能基本正常、功能故障(丧失)三种,同时为每一种功能状态赋值,如功能正常为 0.9,功能基本正常为 0.7,功能故障为 0.5,得到装备功能等级矩阵 M:

$$M = \{0.9, \quad 0.7, \quad 0.5\}$$

在实际应用时,可以由装备使用人员按装备的实际状态填写表 8.5。

表 8.5　功能状态打分表

评价因素	功能 1	功能 2	功能 3	功能 4	功能 5	功能 6	功能 7
正常(0.9)	√		√		√	√	
基本正常(0.7)		√		√			√
故障(0.5)							

最终,可以根据表 8.5 得到某型雷达装备的功能状态矩阵 U:

$$U = \{u_i\} \quad , i = 1,2,\cdots,7$$

根据这些功能相对评价雷达可用性的重要程度,采用专家打分法,确定每一功能的相对权重,得到权重矩阵 B:

$$B = \{b_i, \quad 0 \leqslant b < 1\} \quad , i = 1,2,\cdots,7$$

可知

$$\sum_{i=1}^{7} b_i = 1$$

采用加权法可求得某型雷达装备可用性矩阵 A：

$$A = U \times B^{\mathrm{T}} \times M = (a_1, \quad a_2, \quad a_3)$$

式中　a_i——装备分别处于功能正常、功能基本正常、功能故障状态的概率。

2. 装备可靠性评估

装备的可靠性是指装备正常工作的概率。通过对装备各种故障发生的频率、故障修复的时间等数据进行统计分析，可以得到装备可靠性矩阵 D：

$$D = \begin{pmatrix} d_{11} & d_{12} & d_{13} \\ d_{21} & d_{22} & d_{23} \\ d_{31} & d_{32} & d_{33} \end{pmatrix}$$

式中　d_{ij}——装备从一种状态（功能正常、基本正常或故障状态）转变到另一种状态的概率，且

$$\sum_{j=1}^{3} b_{ij} = 1$$

具体应用中，由平时记录的装备平均故障间隔时间（MTBF）和平均修复时间（MTTR）或其对应的故障率（λ）和修复率（μ）来求得装备可靠性矩阵 D。

3. 装备任务完成能力评估

装备的任务完成能力是指装备能完成的使命任务占设计的使命任务的比例。利用装备的性能指标及设计时的任务使命，结合装备所要完成的任务，在建立的数学模型的基础上可以计算装备的任务实现能力，以下为具体的步骤。

结合装备具体任务，选取装备完成该任务能力的主要评价因素，通常为装备与实现该任务有关的主要指标参数。表8.6给出了当雷达装备完成对海警戒任务时，其任务完成能力的7个评价因素。

表8.6　某型雷达装备的任务完成能力评价因素

评价因素	参与评价的指标	评价因素	参与评价的指标
1	发射功率	5	目标处理能力
2	作用距离	6	目标录取能力
3	定位精度	7	抗干扰能力
4	接收灵敏度		

根据实际性能指标与正常性能指标间的差值确定装备任务完成能力的隶属度，将评价因素量化，差值越小，性能越高；差值越大，性能越差。

根据差值大小判断每个性能指标的状态：性能正常、性能基本正常（可降级使用）、性能故障（丧失）。分别为每一个指标赋值，如性能正常为0.9，性能基本正常为0.7，性能故障为0.5，得到装备性能等级矩阵 M：

$$M = \{0.9, \quad 0.7, \quad 0.5\}$$

实际应用时,由装备使用人员按装备的实际状态填写表8.7。

表8.7 装备性能指标状态打分表

评价因素	指标1	指标2	指标3	指标4	指标5	指标6	指标7
正常值	√	√	√	√	√	√	√
实际值	√	√	√	√	√	√	√
差值	0.2	0.1	0	0	0	0.2	0.1
指标等级	0.7	0.9	0.9	0.9	0.9	0.7	0.9

由填写的指标等级,可以得到性能指标状态矩阵 V:

$$V = \{v_i\} \quad , i = 1,2,\cdots,7$$

根据这些性能指标相对评价雷达完成对海警戒任务能力的重要程度,采用专家打分法,确定每一个性能指标的相对权重,得到权重矩阵 B:

$$B = \{b_i, \quad 0 \leqslant b < 1\} \quad , i = 1,2,\cdots,7$$

可知

$$\sum_{i=1}^{7} b_i = 1$$

最后可以利用加权法求得装备任务完成能力矩阵 C:

$$C^{T} = V \times B^{T} \times M = (c_1, \quad c_2, \quad c_3)$$

式中 c_i——装备处于某一种状态(功能正常、基本正常或故障状态)时完成指定任务的概率。

4. 评估舰载雷达装备的作战适用性

在以上步骤基础上,由装备的可用性 A、可靠性 D 和任务完成能力 C 可以评估出装备完成某一指定任务时的作战适用性,评估模型如下:

$$E = A \times D \times C$$

由计算得出的状态值 E 可以评估出单装雷达的作战适用性,分为三种状态:良好、勘用、故障。这三种状态的 E 值范围,应根据实际情况来确定。例如可以划分如下:良好($E \geqslant 0.8$)、勘用($0.8 > E \geqslant 0.6$)、故障($E < 0.6$)。可以看出,针对不同的任务,装备的作战适用性是不同的,因此,评价时应密切结合装备任务来进行。

第9章 战场复杂电磁环境构建

安装后的系统试验设施构建为评价装在主平台上或与主平台交联的系统提供了一个安全的手段。用威胁信号发生器将被试系统激励,对其产生的响应进行评价,以提供关键的综合系统性能信息。其主要目的是评价在装机状态下的综合系统,对完整的全尺寸的武器系统的具体功能进行试验。

9.1 现代雷达所面临的复杂电磁环境特点

未来战场电磁环境将是一个多频谱、多参数捷变、大带宽、高密度的电磁信号环境,将有四大主要特征:

(1)极高的电磁信息密度。在航空母舰编队参加的海战中,战区中将有上百万个脉冲/秒量级的电子信号密度;在重要的军事集结海域、大纵深、立体化的海战可能导致海上战场的信号密度达到上千万个脉冲/秒的量级。

(2)复杂的信号形式。为在频域、时域和空域上反侦察反干扰,海上辐射源几乎毫无例外地采用了各种复杂的信号调制样式,其中包括:频率捷变、频率分集、重频参差、重频抖动、重频编码、脉冲压缩、脉内调频、调相以及相位编码等。而且还采用边跟踪边扫描、群脉冲发射、同时发射、猝发脉冲短暂发射、连续波等方式。

(3)极宽的信号频段。电磁信号几乎占据整个电磁频谱,包括从高频到微波、毫米波、红外、激光等波段。

(4)大的信号动态范围。海上辐射源的功率和距离可以在非常大的范围内变化,因此环境中的电磁信号幅度也有极大的变动范围。所以,电子战接收机必须具有高灵敏度和高动态范围,才能截获环境中低可观测信号或无意辐射信号在内的微弱信号以及大功率近距离的辐射信号。

目前电磁环境的脉冲密度在每秒 100 万～1000 万个脉冲之间,比 10 年前提高了一个数量级。同时,信号波形也变得越来越复杂。在这个快速变化的环境中,威胁辐射源正呈现出多种发展趋势。雷达的脉冲重复间隔和脉冲重复频率更加捷变,具备了更强的电子抗干扰性能。脉冲多普勒和高占空比辐射源数量的急增使脉冲分选更加困难。而随着老式导弹以及旧体制目标监视雷达的退役,越来越多的威胁采用了单脉冲跟踪技术。另外通过在更大的频率范围内使用功率管理波形、扩谱技术、类噪声波形和频率捷变,从而使截获概率变得更低。其他方面的发展包括,由于目标定位和惯性导航系统变得越来越先进,反舰导弹将缩短并推迟其辐射源开机时间,从而减少了电子战系统的反应时间。导弹导引头在为所需的在更短距离上探测和跟踪目标提供足够功率的同时,通常采用窄脉宽以降低箔条的效果。随着固态雷达的出现,也出现了另一种采用更大脉宽的趋势,借助脉内编码维持距离分辨率。这些固态雷达通常比普通雷达的频带更宽,同时具有更多的波形,其占空比更高,而峰值功率更低。这些特点结合起来就使其脉冲串更难被探测和去交错。更高的占空比提高了脉冲重叠的可能性,并且使脉宽测量更加困难。

9.2　战场复杂电磁环境构建策略

9.2.1　战场电子战环境构建思路

鉴定雷达的性能,真实可行的方法就是使用相对抗的对方真实的电子战飞机在真实的战场环境中进行检测,或者使用与对方电子战飞机功能相同的己方电子战飞机代替,但是由于面临多方面的困难,完全做到这一点难度很大。因此,对于雷达试验来说,比较现实可行的方法是用逼真的电子战模拟系统代替真实的对方电子战飞机,对雷达在复杂电磁环境下的战术技术性能和作战效能进行检验。

战场复杂电磁环境构建平台应从以下几点入手:

(1) 复杂电磁环境构建平台应采用开放性的体系结构。复杂电磁环境构建平台如果不采用先进的开放性的体系结构,投入巨资建成的仿真平台,在短时间内就可能面临推倒重来的压力。

(2) 能逼真地再现密集、复杂、多变的战场电磁环境。单纯以外场实体设备的堆积和真实测量数据的研判,已远不能满足复杂战场环境下电子信息装备试验与评估的需求。仿真试验设施在信号密度的复杂性、仿真模型的可重用性、生成环境的可控性和信息集成的灵活性上具有独特的优势。可通过外场的真实设施设备与内场的构建仿真环境、虚拟仿真环境来共同完成复杂信息化战场环境的构建,通过外场真实数据的测量与内场仿真数据的分析来共同完成科学鉴定与评估。

为了逼真地再现密集、复杂、多变的战场电磁环境,对系统的信号环境生成提出了更高的要求。首先,必须能模拟生成每秒数百万个脉冲信号,达到所需的信号环境密度;其次,必须再现复杂的信号特征和各种参数;最后,模拟的场景应该是灵活可变的,以反映战场电磁环境的剧烈变化。

（3）生成逼真、定量、可选、可控的电磁威胁环境。由于实际威胁环境处于动态的发展之中,如何确定与各类威胁生成设备密切相关的可接受的风险级别,如何确定实际威胁与虚拟威胁所占的比例以及如何利用替代品和模拟器来有效地与被试品交战,成为威胁电磁环境生成技术的难点和重点。

（4）提供典型的战术应用态势。复杂电磁环境要考虑到武器系统未来作战环境的复杂性,应具有自卫、随行、远距离支援等干扰环境信号的模拟和雷达环境信号的模拟。

（5）复杂电磁环境的监测。复杂电磁环境的监测设备,对当前的复杂电磁环境提供实时检测,保证产生的电磁环境达到设定要求,以得到可靠和定量的测试结果,为评估武器系统和电子对抗设备的性能提供所需的数据。

（6）效果评估。评估系统的输出数据作为一组数据,复杂电磁环境监测设备输出的数据作为另一组数据,由评估模型分析处理,得到所需的评估结果。抗干扰性能评估软件,用于评定武器系统的抗干扰性能。

9.2.2 战场复杂电磁环境的总要求

作为雷达试验的主要活动,涉及两个重要方面:一是模拟逼真的威胁环境,造成接近于战场环境的作战态势,检验雷达装备的对抗能力,测试对被保护目标的效果指标,以评估雷达装备的实际作战能力;二是设置一个符合抗干扰环境要求的、可控的和有一定定量标准的威胁环境,以对雷达系统的抗干扰能力作出定量或定性的评估。

复杂电磁环境要考虑到雷达系统未来作战环境的复杂性,应具有自卫、随行、远距离支援等干扰环境信号的模拟和雷达环境信号的模拟;同时,要有试验电磁环境控制与监测以及数据记录和评估设施。具体来说,主要有以下几方面:

（1）模拟随队干扰、远距离支援干扰和分布式干扰的干扰模拟设备。要求这些设备功能上和技术指标上达到现代干扰机的先进技术状态,具有快速引导能力,以形成当前和今后面临的电磁威胁环境,尤其要具备检验相参体制雷达的抗干扰能力的干扰模拟设备。

（2）干扰导弹导引头、指令接收传输系统的干扰模拟设备。

（3）模拟无源干扰的干扰模拟设备。

（4）产生雷达目标回波信号的模拟设备。

（5）产生雷达背景信号(各种杂波)的模拟设备。

（6）产生红外干扰的面源型红外诱饵干扰设备。

（7）复杂电磁环境的监测设备,保证产生的电磁环境达到设定要求,以得到可靠和定量的测试结果。

（8）抗干扰性能评估软件,用于评定武器系统的抗干扰性能。

9.3 构建战场复杂电磁环境的关键技术

为雷达系统建立一种定量、可选、可控的电磁环境,从技术的角度来讲,主要有四个子系统:

(1)复杂电磁环境生成设备。由雷达信号/干扰信号/回波信号/杂波信号模拟器构成:雷达信号模拟器模拟产生各种雷达信号,各种参数定量、可选、可控,为武器系统和电子对抗设备提供辐射源目标信号;干扰信号模拟器模拟产生各种干扰信号,主要有压制和欺骗两大类干扰信号;回波信号模拟器模拟产生雷达信号的相参/非相参回波信号;杂波信号模拟器模拟产生相参的雷达杂波信号。各种参数定量、可选、可控,为武器系统提供干扰环境和各种雷达目标回波模拟信号。

(2)复杂电磁环境检测设备。对当前的复杂电磁环境提供实时检测,为评估武器系统和电子对抗设备的性能提供所需的数据。

(3)电子对抗仿真系统。可以在模块、分系统、系统以及整个战场环境等不同层次、不同级别上进行仿真试验。

(4)评估系统。武器系统和电子对抗设备的输出数据作为一组数据,复杂电磁环境监测设备输出的数据作为另一组数据,由评估模型分析处理,得到所需的评估结果。

上述四个子系统的设备从装载平台来说,又可分为机载和地面两个系列,在地面设备部分,可进一步分为内场设备和外场设备。所以,电子战试验场的复杂电磁环境由"两个环境、四个子系统"组成,能够产生定量、可控、可测的电磁环境,为雷达及武器系统生成相参的雷达目标回波模拟信号、欺骗干扰模拟信号、压制干扰模拟信号和地面杂波模拟信号,并对当前复杂电磁环境实时监测,对武器系统和电子对抗设备进行定量/定性检测,通过电子对抗仿真和效能评估,对武器系统和电子对抗设备进行比较完整全面的考核和评价。

9.3.1 干扰/回波/杂波信号模拟器

图 9.1 为干扰/回波/杂波信号模拟器组成框图。

干扰/回波/杂波信号模拟器模拟产生压制干扰模拟信号、欺骗干扰模拟信号、相参雷达目标回波模拟信号和相参杂波模拟信号,主要功能:

(1)接收外部辐射的雷达信号,并进行测频引导和分选识别。

(2)模拟产生多个相参的雷达目标回波信号。

(3)产生各种类型的噪声类干扰信号:噪声调频干扰(包括阻塞噪声和瞄准噪声)、函数扫频噪声干扰、间断噪声干扰、杂乱脉冲干扰、噪声调频和函数扫频的复合干扰。

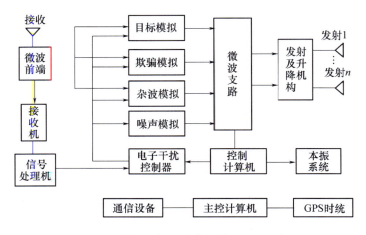

图 9.1　干扰/回波/杂波信号模拟器组成框图

（4）对接收信号进行欺骗干扰。可产生速度欺骗干扰、距离欺骗干扰及速度和距离组合干扰等多种欺骗干扰信号。

（5）模拟产生相参杂波射频信号，并可与目标、干扰等信号综合输出。

（6）对当前工作状态及参数实时记录，为效能评估提供相关数据。

9.3.1.1　标准目标模拟器

雷达目标模拟方法可以分为两大类：用发射电磁波的方法或者用反射体（如角反射器等）。采用发射电磁波的方法，又可分为两种：雷达引出信号或者雷达发射脉冲载波提取及脉冲提取。

雷达引出信号：由雷达引出发射载波信号及发射调制脉冲信号，通过在这两种信号上引入所需的信号特征，如目标多普勒频率、距离因子、目标 RCS 起伏、目标时延特征等，可以模拟目标回波信号。但是，这种方法最大的局限是被试雷达必须是点频载波发射信号，且雷达容许引出这两类信号。

雷达发射脉冲载波提取及脉冲提取：采用雷达发射脉冲信号前向波接收，载波提取与脉冲提取相结合产生连续的雷达发射载波信号及雷达发射调制脉冲信号。有了雷达发射载波信号及发射调制脉冲信号，就可以采用第一种方法产生所需的射频信号。

雷达目标模拟通常是建立在以下三个模拟平台上的，即频域、时域和幅度模拟平台，对于非相参雷达来说往往只需要时域和幅度模拟平台。

时域模拟平台：雷达目标回波特征在时域上主要体现在随着雷达与目标之间距离的增加而增加的延迟时间。距离延迟电路是一个可控回波的射频信号时间延迟电路，信号的时间延迟反映出目标距离的信息。以往采用声表面波延迟等方法可以实现，但信号质量较差，带宽较窄。通过采用组合光纤直接延迟法，可以解决这些难题，且损耗低、频带宽、动态范围大。

频域模拟平台:雷达目标回波特征在频域上主要体现在随着雷达与目标之间相对速度的变化而变化的多普勒频率,特别对 PD 体制雷达来说,目标的多普勒信号的质量将直接影响到雷达的检测跟踪性能。而雷达要求多普勒信号频率分辨率较高,而一般的频率综合器很难达到指标要求。采用 DDS 技术可满足频率分辨率的要求,由于雷达或导引头多普勒滤波器带宽至少几十赫兹,而 1 Hz～2 Hz 的多普勒步长对于 DDS 技术并不难实现,亦完全满足应用要求。

幅度模拟平台:雷达目标回波特征在幅度上主要体现在随着距离、目标 RCS、天线方向图调制等因素变化带来的回波幅度大小的变化。为了模拟在幅度上的目标回波特征,需采用幅度电平处理电路(即程控衰减器组合)得到具有一定幅度变化规律的发射信号,幅度变化规律是由距离、目标 RCS、天线方向图调制等因素变化决定的。

9.3.1.2　多目标模拟器

要能适应相参体制雷达的试验要求,采用高性能数字储频器(DRFM),由多套高性能数字储频器实现多个通道的目标信号模拟,每个目标通道可模拟多个不重叠的具有相同多普勒频率的目标信号。基于高性能 DRFM 技术的目标模拟系统具有较高的复制信号质量并且控制接口简单、扩展性能好,结合 DDS 技术可以满足目标信号模拟的逼真度要求,多套 DRFM 既可用于进行目标信号的产生,也可用于欺骗式干扰的产生。

9.3.1.3　相参杂波模拟器

杂波模拟器本质上是一个转发式干扰机,由侦察接收机提供的雷达中频波形作为输入信号,模拟器的任务就是对该输入波形以距离单元为单位进行多次加权延迟(距离单元约为100ns),要求多次加权延迟后的中频输出信号覆盖整个脉冲重复周期(PRI)。

每个延迟波形的幅度用杂波数据进行加权,而杂波数据满足服从一定的幅度分布和谱分布。

杂波分机由 A/D 采样、数字混频、FPGA 构成的复卷积电路、数字上变频、杂波模型和 D/A 组成,利用数字方式产生各种杂波。

9.3.1.4　数字干扰模拟器

在现代雷达等电子设备中,噪声干扰测试已经成为检验设备是否具有良好抗噪性能的一个重要的环节之一,因此对于噪声源的要求也就会越来越高,而传统的模拟方式尤其在带内平坦度和频率凹口噪声动态方面的表现都不尽如人意。这样会直接影响到抗噪检测的准确性。而如今数字化的设计具有频率高、控制精确的优点,不仅可以提高噪声源的带宽和带内平坦度,同时也降低了系统本身的噪声干扰。最大的特点还在于可以通过主控计算机对源输出性能参数进行灵活控制,满足各种条件下的测试需要。因此,数字噪声是国内外研究和发展的必然趋势。

基于数字技术的噪声产生系统,应能够产生宽带干扰噪声、梳状波干扰噪声和频率凹波干扰噪声三种噪声形式。

9.3.1.5 宽带欺骗干扰模拟器

采用多套大瞬时带宽的 DRFM 组合可以实现多重拖引,适应多目标试验要求。

干扰样式:距离欺骗干扰、距离拖引干扰、多重距离拖引干扰;

速度欺骗干扰:速度拖引干扰、多重速度拖引干扰;

组合干扰:距离 + 速度相关/不相关欺骗干扰。

欺骗式干扰主要实现假目标的距离模拟和拖引、速度模拟和拖引。从欺骗式干扰的角度来看它类似于雷达目标信号模拟(RTS),在时间、幅度、频率三个参量反映出目标特征信息。侦察接收分机接收到的信号需先进行下变频,使其频率落入 DRFM 的瞬时带宽之内,以便进行时间延迟处理。

9.3.2 雷达信号模拟器

雷达信号模拟器有几种系统结构,但其基本组成相似,包括主控计算机、控制单元、数字频综、射频分配单元。主控计算机根据雷达信号排序的优先级,可计算出脉冲丢失概率。满足要求后,生成模拟雷达信号的脉冲描述字,数据通过以太网传送到通道控制单元。通道控制单元将雷达信号脉冲描述字分解为频率(相位)字、幅度字、脉宽(周期)字和开关控制字。然后去控制数字快速频率合成器,产生模拟的雷达信号,经射频分配单元的功率放大及幅度控制后从天线辐射出去。整个系统采用图形用户接口完全可编程,使操作员可以完全控制所有的模拟功能。场景模拟完全是动态的,雷达辐射源辐射的变化可以预先编程加入到场景中,或者根据场景几何条件自动启动;操作员和外部计算机系统可以对平台或辐射源联机控制。图 9.2 为雷达信号模拟器的组成方框图。

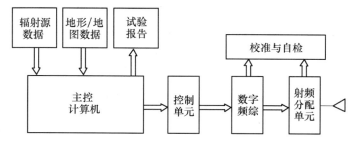

图 9.2 雷达信号模拟器组成方框图

系统工作过程主要分两步:场景产生和场景处理。在场景产生期间,首先由用户输入或外部数据库产生地图绘制文件和地形文件;然后,用户根据特定的试验要求确定雷达辐射源参数、平台位置与运动、辐射源启动的方式。在场景处理期间,软件执行已经编程的场景。操作员采用各种显示窗口监视模拟,并能修改模拟;然后,这些变化作为对场景数据库的永久更新记录;程序根据外部信息接收命令,以实时方式控制模拟。

9.3.3 复杂电磁环境监测与分析系统

9.3.3.1 复杂电磁环境产生原因分析

所谓复杂电磁环境,是指在一定的战场空间内,由空域、时域、频域、能量上分布的数量繁多、样式复杂、密集重叠、动态交叠的电磁信号构成的电磁环境,其形成与发展及其对信息化战争的影响。从空间角度讲,电磁波可能来自地面、海上、空中或太空。从敌对属性来讲,电磁波可能来自敌方的电子设备,也可能来自己方的电子设备,还可能来自非敌对双方所属的电子设备和自然界。从辐射源种类讲,复杂电磁环境主要由电子对抗环境、雷达环境、通信环境、光电环境、敌我识别电磁环境、导航电磁环境、民用电磁环境、自然电磁环境等构成。每一类型的电磁环境又由不同类型的电磁辐射源生成,并对不同的信息化武器装备产生影响,进而会影响到整体作战。

1. 系统内的电磁兼容

由于海、陆、空三军用于战略、战役、战术等现代高科技各种武器装备都包含有大量的电子装备,这些军用电子装备的抗干扰问题对电子装备可靠性水平有重大的影响作用,也越来越引起各国军方的高度重视。在现代战场上,以过密电磁辐射频谱运行的武器系统迅速增加,造成战场上各军兵种武器系统间电磁干扰(EMI)的可能性不断增大,当两个系统以足够接近的频率和间距运行时,就会出现电磁干扰。其对武器系统性能和可靠性将造成恶劣的影响并由此而产生极其严重的后果,这其中就包括信息不准确、无法探测敌方目标、引信过早点火、飞机飞行失控和制导武器失灵等,因此这些装备的正常运作都必须解决电磁兼容(EMC)的问题。

例如在对敌作战中,常常要靠以战斗机等装备为首的武器系统,在现代战争中它们对于抢占先机具有极其重要的作用。在战斗机狭小的空间里,必须装备很多复杂的通信、导航设备以及雷达和敌我识别等电子设备,如此众多的电子设备在飞机有限的空间内要同时工作,除了电子设备的质量和可靠性水平直接影响着战斗机的作战性能以外,设备的密集所带来设备之间的相互干扰问题也不能忽略;另外,占用的电磁频谱越来越宽,所传输的信息量越来越大,因而机载电子设备之间的电磁兼容问题也越来越突出,甚至会使整架飞机的工作陷于混乱状态,而机群的电磁环境还可能使飞机的飞行控制、雷达、通信、导航、电子战、火控和导弹控制系统的性能降低,这些不利影响随着放射功率的增强、接收灵敏度的提高,体积更小和更敏感的固态电路的应用而变得更加明显。

2. 电子战造成的复杂电磁环境

电子战可分为电子进攻、电子支援、电子防护,电子进攻就是利用电磁频谱的直接能量打击敌人的战斗能力,包括电子干扰、电子欺骗、反辐射导弹和定向能武器等,电子支援是监视整个电磁频谱,以便进行威胁估计,电子防护是在受到进攻时,保护己方的战斗能力;军事欺骗的目的是以假乱真,干扰打乱敌人的计划,以达到己方军事行动的突然性;精确制导战是以精确制导武器对敌目标进行精确打击的一种作战样式;计算机网络战分为网络黑客的进攻与防护、病毒的进攻与防护两种。这几种样式之间是相辅相成、相互渗透的,要依据战场环境和作战需要灵活运用。

电子战技术的发展导致电磁环境复杂,复杂电磁环境致使作战信息获取渠道不畅,指挥控制困难,火力拦截难以达到预期效果,从而导致作战效能的降低。作战效能是以可靠获取信息,有效的指挥控制和准确及时的火力拦截为基础的。获取信息的难度增强,将导致指挥控制和火力拦截的可靠性降低。在新军事变革中,电子防御建设,通信系统正朝着多元化、数字化、网络化和自动化方向发展。微波通信模拟信号已被数字信号取代,短波通信广泛应用跳频、扩频和自适应等技术,超短波制电磁权对于作战胜负的影响作用越来越重要。

9.3.3.2 复杂电磁环境监测系统构建思路

构建外场复杂电磁环境监测与分析系统应具备以下特点:

(1)复杂电磁环境平台化。通过复杂电磁环境的构建平台,可以产生装备在用的各种通信信号和雷达信号,也可以产生在研的各种复杂的无线电信号,还可以复现现场的电磁环境。既可以用于系统内部电磁兼容的可靠性考核,也可以用于电子战的干扰对抗考核。

(2)信号的截获、识别概率高。对于瞬态信号、调频信号及其他复杂调制的信号的截获、识别概率高。N6820E 在峰值功率 $-125dBm$ 的接收机本底噪声下,搜索频率范围 500MHz 和分辨率带宽 140Hz 条件下,可以截获幅度为 $-114dBm$ 的脉宽为 10ns,周期为 200ns、$1\mu s$、$10\mu s$、$100\mu s$、1ms 的脉冲信号,截获概率大于 20%。对于 2GHz 跳频范围,信号驻留时间 $5\mu s$,频率跳变速率 50kHz 的跳频信号,N6820E 搜索 10s,能截获到全部频率点,每个频率点截获次数为 1~4 次。

(3)完整的测量分析能力。系统的频率覆盖包括短波、超短波、微波及毫米波段,被测设备包括各类电台通信、雷达发射机、卫星、电子干扰等。

(4)灵活性与可扩展性。根据测试设备的要求,灵活地组合各种测试仪表,以满足对整个系统或关键部件的测试要求。系统随着技术和使用环境要求的变化,可以对测试设备相应扩展能力,适应测试对象发展变化的需求。

图 9.3 是外场复杂电磁环境监测与分析系统示意图。

整个监测平台具备两个功能,一个是评估各军兵种的通信和雷达等无线电

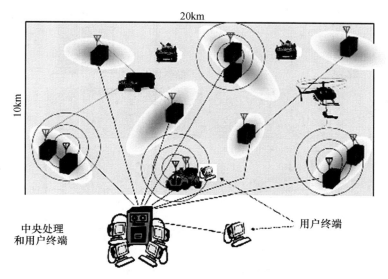

图9.3　复杂电磁信号监测平台示意图

设备在复杂电磁环境以及各种地形地貌、天气气候条件下的工作性能;另一个是评估这些设备在使用时被截获的可能性。

9.3.3.3　复杂电磁信号侦测系统结构

高性能无线电信号侦测系统,采用多DSP技术实现电磁环境的监测,突发信号的捕获,干扰信号的捕获,模拟信号的解调,信号调制特性的识别等功能。其最大的特点是高灵敏度和大动态下,利用宽带的步进FFT接收,在很小的频率分辨率条件下实现高速的扫描。特别是通用信号侦测器(USD)功能,能够对未知信号进行学习,得到并记忆信号的属性,如时间特性、频率特性、频谱特性、调制特性等,再根据记忆的信号属性去捕获属性相同或相似的信号。

图9.4为高性能信号监测系统的结构框图。其中硬件由下变频器、ADC、DSP处理器、数据接口构成。应用程序库包含了硬件控制、图形、软件接口、识别解调等,通过编制动态链接库和修改配置文件,用户可以不需要源程序扩展系统软件的功能。

信号监测系统是模块化结构,各模块的优秀性能,实现了整系统的高性能。下面是各模块的分别描述。

1. 核心器射频前端模块

射频前端模块根据频率范围,可以配置下列模块:

N6820A 100kHz ～ 30MHz

E2730B 20MHz ～ 2.7GHz

E2731B 20MHz ～ 6GHz

E4440A 20Hz ～ 26.5GHz

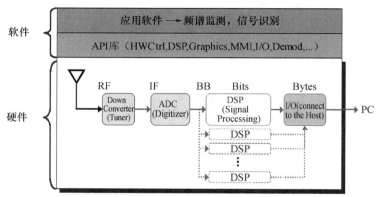

图 9.4　信号监测平台硬件结构框图

2. ADC 模块

信号监测系统的 ADC 模块利用 E1439D,是理想的模块。E1439D 的件是高性能采样器,为信号的监测提供了高宽带、低失真采样。其采样率为 95MHz/s,具有 0~36MHz 的可调带宽;采样后的数据经过内置的数字滤波,降低了噪声,提高了信噪比。数字滤波器通过对数据的筛选,又提高了的处理效率。优良的无寄生动态范围,对信号监测的影响降到最低;E1439D 的高采样率,产生了190MB/s 的数据,利用了光纤接口传输数据,光口的数据传输速率为 250MB/s。

3. DSP 模块

信号监测系统的核心模块是 E9821A DSP 处理卡,可以配置三对双 DSP 模块,每个模块内置 512MB 内存,可以再配置 1 块 32 通道的数字下变频模块,用于多信道的信号解调。在信号搜索方式下,DSP 模块用作并行数据处理,实现10GHz/s 的扫描速度。工作在信号解调方式下,其中 1 个 DSP 模块用于 36MHz带宽的固定 LO 的搜索,第二个 DSP 用于预触发,第三个 DSP 由于对数字下变频的信号处理,其处理能力达到 32 个通道。

信号监测系统的所有操作都由 N6820E 软件完成。软件界面的设置是集成式的,方便于信号的监测工作。软件配有 4 种方式的信号门限功能,用于频谱监测、电磁环境信号的监测、信号捕获等工作。软件配置丰富的信号特征判别条件,准确地得到特征信号的信息。软件配置了强大的数据库工具,并可以得到信号统计结果。图 9.5 为信号监测平台软件结构框图。

通过硬件可以获得每次几十万频率点的数据,然后通过各种条件的设置,从拥挤的频谱中找出符合某种或几种属性的能量,将这些能量数据放到数据库中,

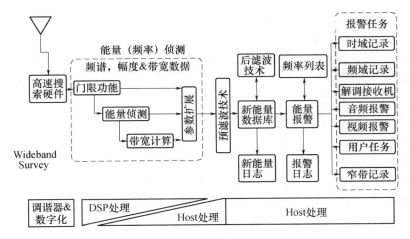

图 9.5 信号监测平台软件结构框图

形成能量历史,然后利用各种算法对这些能量进行进一步的分析,如果满足要求,可以进行告警,最后执行相应的任务。整个系统的工作模式如图 9.6 所示。

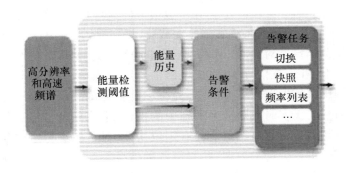

图 9.6 软件工作模式图

其主要功能如下:

(1)战场电磁环境侦测和频谱分配管理。信号侦测系统用于战场的电磁环境侦测和频谱分配管理的工作。记录战场信号的频谱分布、各信号的带宽、信号占有率、功率、调制参数等信息。E3238S 系统具有高灵敏度和快速扫描速度的特点,高动态范围下,保证了大小信号的无失真快速记录。软件提供了不同分辨带宽的设置、不同的平均设置、多种的门限条件设置等功能,保证了记录的准确性。

(2)信号的截获、识别。系统应提供背景信号门限功能,用于捕获特殊信号。将已有信号频谱作为背景门限,系统在侦测过程中,实时地与已有信号进行比较,一旦发现超过这一门限的信号,就自动记录下来,并提供该信号的信息报告。系统提供高灵敏度下的快速扫描功能,大大提高了特殊信号的捕获概率。

259

另外,再配合信号特征识别功能,提高了信号捕获的准确性。系统的快速刷新能力,提高了瞬时信号的捕获功能。

另外,以上这些判决方法可以综合使用,一台 N6820E 可以同时截获 28 种指定属性的信号,在 851MHz 和 865MHz 频段内同时搜索指定的 Smartnet、EDACS、iDen 三种信号,分别用三个窗口显示。

（3）信号记录功能。系统提供手动记录和自动记录两种方式,记录捕获的信号,便于事后分析。既可以记录时域数据,也可以记录频域数据。记录的信号支持硬件回放和软件回放,复现战场信号状态。

（4）多通道信号记录。在 NBR 模式下,系统可以同时最多监测 96 通道的信号的频谱,对模拟信号可以解调输出,并同时记录解调的音频信号,或直接同时记录通道的射频信号。

（5）功能扩展。N6820E 的硬件是 VXI 结构,非常方便与其他系统集成在一起,如定向系统等。N6820E 的软件是. NET 结构,与多种软件开发工具兼容,同时提供软件功能扩展接口,用户定制自己的功能算法,在 N6820E 的软件上增加自己制作的滤波器和信号处理器,对特殊的信号实现特殊的功能。N6820E 提供了 Socket 接口,利用 TCP/IP 协议可以很方便地将几台或几十台 N6820E 组成监测网,对不同的无线电系统实施监测截获,提高战场的制电磁权的能力。

电磁环境监测设备对试验、训练区域的电磁环境进行实时监测,主要监测雷达、预设干扰和意外干扰信号等,完成电磁信号定量测量、分析、记录和处理,全面建立试验训练区域电磁环境态势图,为靶场试验训练决策和结果评定提供电磁信息,主要包括:①实时截获地面和空中的雷达、干扰信号,对不同角度、工作频段的多路射频信号实时监测。②具有定位功能,对目标进行定位测量。③对截获的射频信号进行分选和识别,并测量各种信号特征参数。可监测压制干扰的中心频率、带宽、噪声频谱;雷达、欺骗干扰及假目标的载波频率、频谱、脉宽、重频、脉内调制规律等;可对信号进行频谱分析、脉内分析、视频分析、时域分析。④具有完备的信息记录和处理功能。

在雷达系统试验中,监测试验区域内电磁信号环境,精测战情选定的信号参数,为被试品评估提供比对数据;兼顾测量场区异常信号参数,为试验数据处理提供现场真实的环境数据。在雷达干扰/抗干扰试验中,测量试验场周围的干扰信号,确定出干扰样式、干扰强度和干扰源方位角等参数。把测得的辐射源数据（主要是各干扰源的参数）及时向录取设备传送,以 GPS 时钟为基准同步记录。

第 10 章　复杂电磁干扰环境构建
难点问题解决方案

10.1　复杂电磁相干干扰环境的构建

针对现代相参雷达系统,设计基于多路相干欺骗干扰,实现复杂相干干扰环境的构建。"方程 $v(t) = V_0 \sin(\omega t + \phi)$ 的二次以上的谐波振荡被称为在时间间隔 t 上相干,假设它们之间的相移在时间间隔 t 上是不变的。通常,如果雷达信号的相位结构是关联的,且这种联系规律是已知的,就可认为雷达信号是相干的。"以上的定义是根据雷达的观点给出的。脉冲多普勒雷达、脉冲压缩雷达、频率捷变雷达、脉冲编码雷达和任何成像雷达(如合成孔径雷达 SAR、逆合成孔径雷达 ISAR 技术)等都是相干系统。相干所带来的优势是:照射在目标上的能量更强;自适应地管理辐射功率;距离分辨率提高;杂波抑制能力增加;定位与跟踪能力增强;抗干扰容限增大。从电子攻击的角度看,相干干扰的准确定义是通过射频(RF)滤波/匹配处理将能量传送到雷达的中频(IF)级的任何调制方案。相干干扰的效果直接与有多少干扰信号下变频到中频有关。因此,对相干干扰来说,攻击雷达系统的关键是要了解雷达信号的相位结构或雷达信号的类型。

相干的优势——对抗相干雷达的最有效的电子攻击信号是采用雷达波形来生成对抗技术。如果将雷达希望看到的时间(距离)、频率(速度)、极化方式再现给雷达,那么雷达将很难抵抗干扰。

可以产生的三种相干电子攻击波形为:

(1)采用被干扰雷达信号的先验知识进行直接数字合成(DDS);

(2)测量雷达波形并开始直接数字合成;

(3)采用转发式干扰机。

利用雷达信号相位结构先验知识的 DDS 系统可以产生相干电子攻击波形。它具有这样一个优点,就是接收机不会对干扰机的大小、重量和成本产生明显的影响。如同电子防护技术一样,雷达将采用频率或脉压捷变来扩展所需的干扰信号带宽。通常,要成功对抗雷达捷变所需的干扰带宽非常大,这将使干信比不足,除非大大提高干扰机的发射机功率。因此,为了将干扰能量集中到有效的子频带上,可以将接收机加到基于 DDS 的系统以便跟踪雷达的频率移动。如前面所述,采用雷达波形生成电子攻击波形是最有效的相干干扰方法,所以说转发式干扰是非常引人注目的技术。如果转发器的带宽足够大,则捷变可以自动操作,这种情况很常见。但是,由于转发器在工作频带内的指定频率上连续进行接收和发射,因此隔离就成为一个关键的技术问题。

有时,将干扰波形转发使电子攻击看起来好像不是来自一个点源是有利的。对基于 DDS 的系统而言,转发电子攻击是很简单的事情。但是,基于接收机的电子对抗系统必须先截获,然后转发该信号,或者是再传送该信号并以适当的间隔输出该射频信号。第一种技术采用数字射频存储器(DRFM)部件实现,第二种技术采用可使用声音、微波或光电技术的分段延迟线。无论是采用 DDS、DRFM 还是采用延迟线的相干干扰机都充分利用了雷达的信号处理。有两个主要增益,即脉冲压缩增益和检波前积分增益(这时雷达回波的相位是很重要的)。脉冲压缩增益通常为 20dB,检波前积分增益可以达到同样的数量级。因此,非相干波形必须附加 40dB 的发射功率来弥补该差额。采用相干或非相干干扰技术的旁瓣干扰必须用发射功率来弥补主瓣电平和副瓣电平之间的差额。采用设计良好的天线,该发射功率可以达到 40dB 以上。尽管这个功率有点大,但是它可以根据被干扰雷达的类型来考虑。例如,监视雷达旨在远距离探测小目标,所以其接收机的动态范围很大。此时,要通过旁瓣干扰来破坏其精确监视就不必要求干信比 J/S 为正。

10.2 针对单脉冲雷达的干扰对策

现代雷达导引头通常采用单脉冲测角技术。这种技术通过比较两个或多个同时天线波束的接收信号来获得精确的目标角位置信息。由于同时多波束具有从单个回波脉冲形成角误差估值的能力,所以能有效克服回波脉冲幅度波动对角误差提取带来的影响。这不仅消除了能有效对付圆锥扫描雷达的调幅干扰的可能性,还使单脉冲雷达能有效跟踪噪声干扰信号,从而使单脉冲雷达导引头在受到压制干扰的情况下转入被动跟踪干扰源的工作模式,以继续实现对目标角度的跟踪并引导导弹飞向目标的功能,因此如何实现对单脉冲雷达导引头角度跟踪环路的有效干扰至今仍是研究的热点问题。目前对单脉冲雷达的干扰技术一般分为两类,一类是依赖于可被干扰机利用的单脉冲雷达设计和制造中的缺陷,如镜像干扰、交叉极化干扰等;另一类是多点源技术,目的是使到达单脉冲雷达天线的电磁波达到角失真,使单脉冲跟踪器的指向偏离目标方向,或者虚假调制被引入跟踪器的伺服系统引起失锁,如闪烁干扰、编队干扰、交叉眼干扰等。

10.2.1 闪烁干扰

闪烁干扰是一种多源非相干干扰,分为同步闪烁和异步闪烁两大类,目的是攻击雷达角度跟踪环路的动态特性。双机闪烁干扰是指用两部在空间上分开,但都位于跟踪雷达天线主瓣波束内的干扰机,以一定转换速率对干扰发射信号进行通断控制,而且两干扰源间的信号相位特性是随机的。同步闪烁干扰意味着两干扰机间的干扰信号通断控制时序是严格同步的,即当一部干扰机处于干扰发射状态时,则另一部干扰须处于干扰关断状态;反之亦然。双机异步闪烁干扰是指两干扰机按照各自的转换速率对干扰发射状态进行控制,即在某一时刻,可能只有一部干扰机在发射信号,也可能两部干扰机同时发射信号或都不发射信号。当两干扰机交替发射干扰信号时,跟踪雷达从一个干扰源转向另一个干扰源就激励起了角跟踪伺服装置的步进响应,则雷达天线将在两个干扰源之间移动。

闪烁干扰的仿真主要包括干扰样式信号仿真和干扰信号通断控制仿真两个部分。干扰样式采用调频噪声干扰,利用数学方法产生一定带宽的调频噪声信号中频采样数据流作为干扰发射信号,并根据预先设置的闪烁周期,在仿真过程中进行干扰信号选通或关断的时间调制。

仿真实现的振幅和差式单脉冲雷达导引头采用高重频脉冲多普勒工作方式,导引头对目标的跟踪过程分为三个阶段:第一阶段导引头对两架飞机的角度跟踪呈周期性跳跃;第二阶段导引头跟踪上了其中一架飞机,但角跟踪误差要稍微大一些;第三阶段导引头能稳定跟踪目标,并引导导弹飞至惯性飞行区域,此后导弹沿惯性飞行弹道成功进入爆炸区。

在同步闪烁干扰的仿真试验中,闪烁周期分别设置为不同值,根据仿真试验结果数据中可见,导引头对目标角度的跟踪随着干扰闪烁周期做周期性跳跃,闪烁周期越短,导引头角度跟踪跳跃得越频繁,随着弹目距离的接近,导引头在角度上逐渐跟踪上了其中一个目标,但由于受到闪烁干扰的影响,角跟踪误差较大,这在闪烁周期较短的仿真试验中表现明显。

在异步闪烁干扰的仿真试验中,两个干扰机的闪烁周期分别设置为不同值,根据仿真试验结果数据,可分别得到导引头角度跟踪数据统计图。

通过对以上仿真试验数据的分析并结合大量仿真试验的结果,可初步得到如下结论:

(1)无电子干扰条件下,对两个均位于导引头天线主瓣波束内且距离和径向速度都在导引头跟踪波门内的目标,导引头能逐渐稳定跟踪上其中一个目标,并最终会成功引导导弹攻击该目标。在初始跟踪阶段,导引头的角度跟踪会呈现周期性跳跃的现象,周期性跳跃的持续时间与两目标相对导引头的距离差、速度差和角度差大小有关。若两架飞机之间相对导引头的距离差、速度差和角度差都较大,则导引头从一开始就能跟踪上其中一个目标,而且对该目标的跟踪很快就变得比较稳定,其角度、速度和距离的跟踪误差都会越来越小。

(2)在闪烁干扰实施的初始阶段,两架飞机都必须位于导引头天线主瓣波束内,使导引头能对两架交替发射干扰信号的干扰飞机进行角度的跳跃式跟踪。

(3)闪烁干扰采用调频噪声干扰样式,可对导引头的目标检测起到压制作用,使导引头的信号处理得不到目标的距离和速度信息,而只能依靠导引头数据处理的跟踪滤波算法来外推目标的距离和速度值,并用预测的目标距离和速度单元信号提取目标的角偏离误差。若导引头在跟踪过程始终得不到目标的速度信息,则会使飞控系统无法使用修正比例导引律,这在一定程度上将影响导弹弹道性能的改善。

（4）采用同步闪烁干扰时,在导引头的任何一个相干处理周期内都能保证有干扰信号进入,这可以实现对导引头目标检测过程产生连续性的压制作用,使导引头对目标距离、速度预测误差越来越大而最终导致目标回波信号不能进入导引头的距离和速度跟踪波门内,即导引头跟踪波门内只有干扰信号。而异步闪烁干扰的优点是工程实现较同步干扰容易,而且在一个雷达相干处理周期内有两个来自不同角度的干扰信号进入的概率要大一些,这使导引头对每个目标的连续角度跟踪时间变短,但最好还是尽量减少两个干扰机同时处于干扰关断状态的时间,因为若导引头主动发射信号,则导引头在这段时间内可能会检测到目标的距离和速度信息,这将有助于提高导弹引导精度。

（5）闪烁干扰条件下,随着弹目距离的逐渐接近,导引头在角度上可能会最终跟踪其中一个目标。若导引头对该目标的角度跟踪比较稳定,则导弹攻击目标的成功概率比较大;若导引头对该目标的角度跟踪误差较大,则导弹一般都不能有效攻击目标。闪烁周期的长短对伺服系统控制导引头天线跟踪目标的稳态性能有影响,闪烁速率太高,则导引头天线总在两目标之间的角度位置徘徊;闪烁速率太低,则导引头天线能交替地稳定跟踪每个目标。

10.2.2 "交叉眼"干扰

"交叉眼"干扰是专门针对难以对抗的单脉冲雷达和射频导弹导引头研制的。单脉冲雷达采用单脉冲定向法测角,原理如图 10.1 所示。

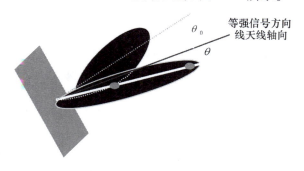

图 10.1 "交叉眼"干扰样式原理图

单脉冲定向法:

（1）一个回波脉冲,给出目标角位置的全部信息。

（2）幅相平衡的多路接收信号比较,实现单脉冲定向。

（3）每个定向坐标平面都要采用两个独立的接收支路;方位平面内两个支路,俯仰平面内两个支路。

"交叉眼"技术至少需要两个相参的辐射源,其机理是构造一个失真的波前。对于被干扰的雷达,其方位扭曲的效果可以用图10.2来说明。当雷达接收机接收到这个失真的波前时,它总是认为目标在与最合适的等相面垂直的方向上,从而造成一个角度的失真。根据这个原理图,我们可以明显地看到,失真的角度 d 完全取决于波前失真的程度。这不但表明了角度是可以欺骗的,而且,欺骗所造成的距离向的线性移动 D 是完全可以预期的。那么,为什么在早一些时候人们没有采用这样的欺骗技术呢? 原因很简单,稍微仔细一点分析交叉眼的原理,就可以发现它要求一个非常严格的对干扰信号的幅度和相位的控制。只有当幅度被控制在1dB内,相位被控制在比较少的几度内,我们才能够获得所需的效果。这就要求我们的干扰机必须采用重复或重叠的路径、采用同一个天线作接收和发射、采用类似有源相控这样的电控相位的格调、采用多比特的数字储频技术,实现对信号的幅度和相位进行精确的控制。

"交叉眼"的发射机可安装在两个翼尖上,它可使干扰对象接收到的来自发射机的入射波前畸变,这样飞机蒙皮和干扰机的复合回波信号会在不同于飞机的另一位置处形成一个虚假目标。

图10.3 所示"交叉眼"使雷达信号的入射波前畸变,返回一个失真信号。假如雷达到飞机的方向是与回波垂直的,那么雷达将错误地将目标定位在"虚拟"飞机的位置。

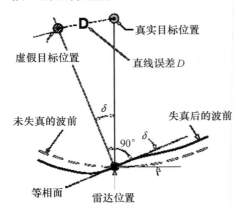

图10.2 "交叉眼"技术的原理

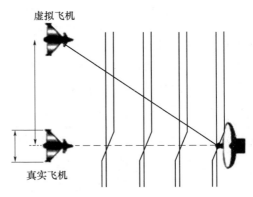

图10.3 "交叉眼"使雷达信号的入射波前畸变,返回一个失真信号

拖曳式诱饵的应用越来越广泛,它能有效地诱偏导弹,但对多个攻击的防护却受到战术飞机可携带的诱饵数量(目前飞机最多可携带 4 枚诱饵)的制约。

即使诱饵未被导弹击中,也必须在飞机着陆前丢弃,因此其使用成本很高。诱饵还有一个不太为人所知的缺点就是存在着一个圆锥形模糊区。在导弹迎面攻击的情况下这将对飞机极为不利,因为那时跟踪上诱饵的导弹可能恰好在离飞机很近的地方飞过并在击中诱饵前引爆(图10.4)。机载投掷式诱饵是对抗单脉冲雷达的另一种方案。虽然它们易于安装,同箔条一样能产生虚假位置,但它们必须用于确定的威胁,而且飞机携带的诱饵数量有限也是作战时需要考虑的因素。

拖曳式诱饵:圆锥形模糊区

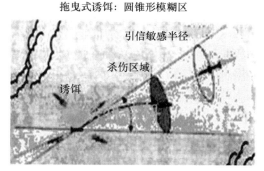

图10.4　在导弹迎面攻击的情况下,某区域中跟踪诱饵的导弹

直到最近,有源相控阵、快速信号处理、实时校准和相干处理技术的发展才使采用双发射机的"交叉眼"干扰成为可能。以前,技术上的欠缺是"交叉眼"未能成功研制的主要原因。但是,认为该系统只适用于极大或是极小的平台以及只能对近程或远程目标发挥作用的错误观念也阻碍了其发展。另外的一些制约因素是认为"交叉眼"需要极高的干信比、不能对付半主动导弹、难以调谐、将受机动和振动的影响。实际上,关键是要获得所需的技术并找到正确的使用方法。

如图10.5所示,如果没有"交叉眼",导弹将聚焦在飞机上。但有了"交叉眼",图10.5所示的四枚导弹将各自攻击一个不同位置上的"虚拟"飞机。意大利电子公司的试验证明了长基线能引入较大的角误差(使导弹距目标更远),其

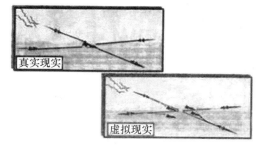

图10.5　"交叉眼"干扰使四枚导弹将各自攻击一个不同位置上的"虚拟"飞机

至可能打破雷达的锁定,但是需要预先拖引距离门。10m 左右的短基线是天线间的最佳间距。因此,舰船和飞机采用短基线方案将会收到很好的效果。

另一个需要选择的是系统是针对大的导弹脱靶距离(但成功率较低)还是适中的脱靶距离(但可靠性更高)而设计(图 10.6)。通过提高增益可将脱靶距离增大至 400m,但可靠性将降低。意大利电子公司的负责人认为,脱靶距离大于 30m 就已经足够了。系统必须在飞机蒙皮回波时间内重复发射"交叉眼"信号。这些信号能在一个脉冲内使波前失真,从而为系统提供极好的对付多威胁的能力,而雷达接收机将看到只有一个回波信号,这就产生了一个虚拟的平台外"诱饵"。此外,该系统会对多个威胁产生位置误差,使其几乎不可能鉴别真假目标。与拖曳式诱饵或投掷式诱饵不同,这种技术的实用性强、成本低。但其初始成本较高,约比其他干扰机高 30%,同时该系统需要两个天线。据意大利电子公司称,这种固态系统可靠性高,平均故障间隔时间比行波管(TWT)系统长10 倍。

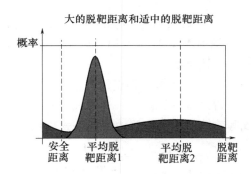

图 10.6 "交叉眼"需要在入射导弹的脱靶距离和成功率之间进行折中考虑

"交叉眼"干扰分机设计由功分器、宽带移相器、衰减器以及控制软件组成。分机的主要功能是将光纤目标模拟分机的信号分别送入主干扰舱和辅干扰舱,通过对两路信号相位和幅度控制,使目标信号在两舱之间移动(同相)或在两舱之外(反相)。实现框图如图 10.7 所示。

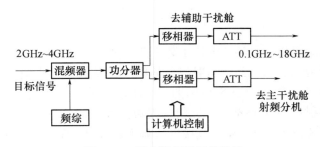

图 10.7 两点源相干干扰系统

"交叉眼"（或二点源角度欺骗）干扰采用二喇叭辐射组的形式实现。喇叭辐射源的布局符合二元组模型要求,通过二元组模型的解算可计算出辐射等效位置,从而实现角度欺骗干扰。理论分析表明:只要喇叭二元组辐射信号到达雷达天线口面时幅度接近,相位差180°,那么其等效辐射中心位置就位于喇叭二元组连线外延线上的任意位置上,如图10.8所示。

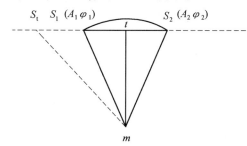

图 10.8 "交叉眼"干扰示意图

图 10.8 中：S_1——辐射喇叭 1（信号幅度为 A_1,相位为 φ_1）；

S_2——辐射喇叭 2（信号幅度为 A_2,相位为 φ_2）；

m——雷达天线；

t——S_1、S_2 二元组中心点位置；

S_t——等效辐射源。

二元组喇叭天线等效辐射中心位置由密德公式表示：

$$\phi = \frac{\alpha}{2} \cdot \frac{k^2 - 1}{k^2 + 2k\cos\theta + 1}$$

式中 α——二元组（S_1、S_2）相对于雷达天线（m）的张角；

k——二元组辐射信号的幅度比系数 A_1/A_2；

θ——二元组辐射信号的相位差（$\varphi_1 - \varphi_2$）；

ϕ——以 mt 为基准线的二元组等效辐射中心 S_t 的偏角。

当二元组辐射信号的相位差 $\theta = \pi(180°)$ 时,密德公式变为

$$\phi = \frac{\alpha}{2} \cdot \frac{k + 1}{k - 1}$$

如果二元组辐射信号的幅度比系数 k 为 1,则二元组等效辐射中心 S_t 偏离二元组单元无穷远。当二元组辐射信号的幅度比系数 k 逐步偏离 1 时,如果大于 1,则二元组等效辐射中心 S_t 逐渐向二元组辐射单元 S_2 靠近;如果小于 1,则二元组等效辐射中心 S_t 逐渐向二元组辐射单元 S_1 靠近。工程上一般采用二元组辐射信号的相位差等于 180°（或接近）、幅度逐步接近的方法来实现有效辐射中心 S_t 逐步偏离二元组单元。二元组单元与雷达天线的距离关系是:二元组单元和雷达天线的距离远大于二元组单元间距,工程上一般取 10 倍的距离关系。

10.3 针对 PD 体制雷达的干扰对策

PD 雷达是一种高性能多功能雷达,利用相干脉冲回波积累所形成的宽度很窄的目标谱线及运动目标与固定目标之间的多普勒频移,应用窄带滤波器组来分辨相干回波脉冲的多普勒频率,提取运动目标信息和抑制地(海)杂波,它具有较高的低空探测和动目标检测能力及抗干扰能力。

对 PD 雷达的干扰,可采用压制性干扰和欺骗性干扰。传统的观点认为,PD 雷达在频域检测目标信号,利用运动目标的回波信号具有多普勒频移的特点,使用多普勒滤波器组将其与固定目标区分开来,具有非常强的抗噪声干扰能力,噪声对 PD 雷达的干扰效果非常不理想。这里针对 PD 雷达抗噪声干扰能力提出新的见解,从噪声干扰信号的优点和 PD 雷达系统对信号的处理过程两个方面来分析噪声对 PD 雷达干扰的可行性。

PD 雷达与常规脉冲雷达在抗噪声干扰方面并不具有较强大的优势。只要 PD 雷达和常规雷达有相同的平均功率,那么干扰这两种雷达所需的噪声干扰功率基本上也是相同的。因为普通脉冲雷达的最佳接收机是匹配滤波器,PD 雷达的最佳接收机为相关器。两种接收机在性能上是等价的。普通雷达抗噪声干扰最基本也最有效的方法,就是采用频率捷变迫使干扰机降低干扰功率谱密度。由于频率捷变将使回波去相关,不能从频域检测目标,所以 PD 雷达不能采用脉间跳频,而只能采用脉组间跳频技术,脉组间跳频不能对付有快速瞄频能力的现代噪声干扰机,因此针对 PD 体制机载和弹载雷达,设计相参杂波模拟器,解决 PD 体制机载和弹载雷达试验评估的逼真度问题。

在 PD 体制雷达试验评估试验中,考核雷达的目标多普勒捕获能力以及雷达的杂波下目标的能见度(SCV)是主要的试验组成部分,用模拟的方法产生出雷达目标及杂波信号是其中的关键技术。采用零记忆非线性变换算法和"卷积 + 循环延迟"设计方法,实现了相参杂波的逼真模拟,有效解决了 PD 体制机载和弹载雷达试验评估的置信水平问题。

在 PD 体制机载和弹载雷达试验评估试验中,考核雷达的目标多普勒捕获能力以及雷达的杂波下目标的能见度(SCV)是主要的试验组成部分,用模拟的方法产生出雷达目标及杂波信号是其中的关键技术。系统设计要能适应相参体制雷达的试验要求,因而考虑采用高性能数字储频器(DRFM),即采用数字的方法产生试验所需的杂波信号,具有复制信号质量高、控制接口简单、扩展性能好且能适应各种不同技术要求的相参雷达抗干扰试验特点。此外,快速、准确的雷达杂波计算方法是雷达最优信号处理和雷达环境信号模拟的重要手段,目前有两种,一种是用球形不变的随机过程法(SIRP),其产生具有一定概率分布的相关非高斯随机序列的方法计算量非常大,不易形成快速算法;另一种是采用零记忆非线性变换法(ZMNL),基本设计思想是,首先产生相关的高斯随机序列,然后经过零记忆非线性变换,产生所求的概率分布随机序列。

考虑能适应相参体制雷达的试验要求,采用数字的方法产生试验所需的杂波信号,具有复制信号质量高、控制接口简单、扩展性能好且能适应各种不同技术要求的相参雷达抗干扰试验的特点,其缺点是设计开发难度大。

10.4 针对多功能相控阵雷达的干扰对策

10.4.1 相控阵雷达设计上的特点分析

相控阵雷达和常规雷达相比具有明显的优势,在技术上相控阵雷达具有无惯性波束控制、多波束、大功率等优点;在战术上它能够在严密警戒搜索有关空域的同时,精确跟踪多批目标,即相控阵雷达能够担负远程搜索警戒、中程引导和目标指示、近程导弹制导等多种任务,如"爱国者"PAC – 2GEM 系统的相控阵雷达 AN/MPQ – 53。"爱国者"导弹系统在世界很多国家部署,其中包括我国的台湾地区和邻国韩国、日本。台湾已有 PAC – 2GEM 型导弹系统,正在谋求获得更先进的 PAC – 3 的导弹系统(雷达:AN/MPQ – 65)。在未来战场上,此类型雷达将给我们带来严重的威胁。

相控阵雷达主瓣是针状波束,波束捷变速度快,难以截获到主瓣;而且相控阵雷达为了增强抗干扰性能采用了将天线技术与信号处理技术结合在一起的自适应旁瓣相消技术,该技术的强抗干扰性使得传统的干扰设备和单纯提高干扰功率的干扰方法不再奏效。相控阵雷达具有灵活的多波束指向和驻留时间,可控的空间功率分配及时间资源分配等特点,它应用自适应波束形成技术能在干扰源方向上形成波瓣零点,大大抑制了干扰信号对雷达工作的影响,使干扰机难以掩护不在同一方位上的目标,其照射目标的脉冲数可以随意控制,数目很少的雷达脉冲使常规的脉冲周期分析方法失效,这种波束捷变能力要求对常规的电子战方法进行重大的改进。而相控阵波束的时间敏捷性使之不像常规雷达那样有比较多的受电子攻击(EA)的机会。相控阵雷达还应用了辐射空间和功率管理、干扰自动检测、副瓣匿影、接收波束自适应调零(干扰方向)、自适应旁瓣对消等技术来抗副瓣干扰,抗多方向副瓣干扰。副瓣对消器主要对付远距离支援式干扰,国外大多如此。因此,设计用远距离支援干扰来检验相控阵的副瓣对消与匿影功能;设计用多方向副瓣干扰——旁瓣区内发射多个同步的多假目标干扰来检验相控阵的抗副瓣干扰,抗多方向副瓣干扰效果。旁瓣区内发射多个同步的多假目标干扰对相干旁瓣对消器进行干扰(图 10.9)。

10.4.2 相控阵雷达抗干扰措施研究

相控阵雷达(AN/MPQ – 53)的主要抗干扰措施如下:

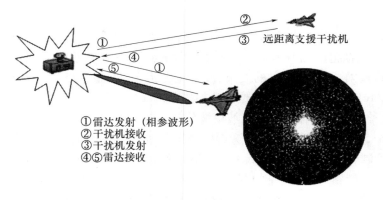

①雷达发射（相参波形）
②干扰机接收
③干扰机发射
④⑤雷达接收

图 10.9　多假目标欺骗干扰

（1）抗杂波干扰能力：

① 采用全相参脉间频率捷变(有 160 个跳领点)，可抗瞄准式杂波干扰。

② 采用旁瓣抑制天线抑制从旁瓣(－45dB)进入的远距离掩护式干扰。

③ 采用功率管理、灵活发射波形、恒虚警电路(CFAR)、专门的 ECCM 处理器等措施抗自卫式或杂波干扰。

（2）抗欺骗干扰能力：

① 能抗行波管射频储频式回答干扰；行波管有 1MHz～2MHz 的储频误差，对 PD 工作方式失去干扰能力。

② 采用单脉冲测角体制，抗角度欺骗能力很强；采用旁瓣对消技术，敌方旁瓣假目标干扰难以奏效；采用 TVM 制导方式，这种干扰会对地面制导站造成一定测角误差，但基本上不影响系统对目标的杀伤概率。

③ 采用回波距离与速度进行相关，可以排除掉"距离拖引"和"速度拖引"干扰。

（3）抗地杂波、气象杂波和消极干扰能力：

① 采用三脉冲对消的动目标显示(MTI)及恒虚警电路可抑制地杂波；在系统处于 TVM 制导状态时，由导引头送回的目标信息中；由于导弹处于俯视状态时可能存在强的地杂波，并因导弹速度矢量的影响，其频谱展宽，这时系统采用并列多个多普勒滤波器组对处于主杂波带旁的运动目标进行检测(MTD)。对固定目标的抑制更好，比 MTI 抑制度可高出 10dB～15dB。

② 对于气象杂波和消极干扰杂波，AN/MPQ－53 的信号处理器利用估计脉间相位旋转的方法进行自适应动目标显示，对抑制气象杂波和消极干扰是有效的。

（4）重点分析旁瓣对消抗干扰技术。这里重点分析相控阵雷达(AN/MPQ－53)采用旁瓣对消技术抑制从旁瓣进入的远距离掩护式干扰。

AN/MPQ－53 雷达天线由四种天线阵构成：空馈形式主阵、分支馈电的 TVM 阵、旁瓣对消阵和敌我识别阵。它是雷达实现大空域、多目标、多功能的关键技术之一。

空馈形式主阵天线是一个圆形主阵列,采用微波透镜结构,主阵列面上共有5161个空间馈电的辐射单元和移相器,面积为2.5m²。天线主阵列用来产生对目标进行搜索、跟踪和照射的波束、波束宽度为2°,副瓣−25dB~−28dB,天线增益在34dB~40dB之间。方位波束扫描范围±60°,高低角扫描45°~90°。波束有32种扫描状态,随机扫描,波束波位改变时间是12μs。

两个51辐射单元的C波段旁瓣抑制阵列,采用传输线馈电和铁氧体移相器。经旁瓣抑制后,主阵列的副瓣低于−45dB。旁瓣对消抑制性能在20dB左右。

自适应旁瓣对消技术源于自适应天线阵理论。一个高增益的主波束雷达天线,在它的旁边装配上一个或几个辅助天线,利用自适应处理器计算出一组权值来调节辅助天线的幅度和相位,在干扰方向上形成零点,达到抑制干扰的目的,这就构成了自适应旁瓣对消器。

自适应旁瓣对消处理器根据自适应天线阵接收到的信号,按照一定的准则,如最小均方误差准则或最大信杂比准则,实时地计算出一组权值,利用这组权值对天线各个阵元接收到的目标信号和干扰信号进行加权处理,从而调整和优化天线方向图,使合成的天线方向图在干扰方向形成很深的零点,抑制干扰,使天线阵的输出性能最佳。由于自适应天线阵是实时地计算权值,自动调整接收天线的方向图,无论干扰方向如何变化,总能使天线主波束始终指向目标,天线调零点始终对准干扰方向,这就保证了既能接收到目标信号,又能有效地抑制干扰,如图10.10所示。

图10.10中:S为目标信号方向;J为干扰信号方向;θ_J为信号和干扰之间的夹角。

现以只有一个辅助天线为例来说明自适应天线旁瓣对消的原理,如图10.11所示。

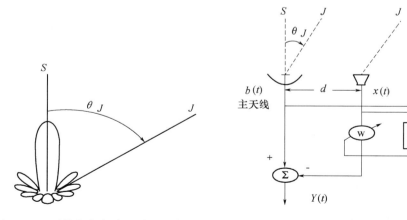

图10.10　干扰方向自动调零的天线方向图　　图10.11　只有一个辅助天线的旁瓣对消器

假设主天线接收的信号为

$$b(t) = G_s \cdot s(t) + g_1 \cdot J(t) \tag{10.1}$$

式中 $s(t)$——目标信号复包络；

$J(t)$——干扰信号复包络；

G_s——主天线在目标方向的增益；

g_1——主天线在干扰方向的增益。

辅助天线接收的信号为

$$x(t) = g_2 \cdot J(t) e^{-j\frac{2\pi}{\lambda}d\sin\theta_J} \tag{10.2}$$

式中 g_2——辅助天线在干扰方向的增益；

d——主、辅天线之间的距离；

$\frac{2\pi}{\lambda}d\sin\theta_J$——干扰信号到达主、辅天线之间的相位差。

由于目标信号属于比较小的回波信号,然而它处于主瓣,而干扰信号是旁瓣内的大信号,所以,目标和干扰信号将同时由主天线接收并处理,而辅助天线是低增益宽波束,电平很低,所以辅助天线主要是接收噪声干扰信号。

对消后的输出为

$$y(t) = b(t) - w \cdot x(t) = G_s \cdot s(t) + g_1 \cdot J(t) - w \cdot g_2 \cdot J(t) e^{-j\frac{2\pi}{\lambda}d\sin\theta_J} \tag{10.3}$$

由式(10.3)可以看出,当 $w = \frac{g_1}{g_2}e^{j\frac{2\pi}{\lambda}d\sin\theta_J}$ 时,$y(t) = G_s \cdot s(t)$,输出信号中只有目标回波而无干扰信号,可知,天线方向图在干扰方向上形成了一个零点。

10.4.3　对相控阵雷达的干扰技术

对相控阵雷达的电子攻击可从其设计缺限入手。

CSLC 中的自由度准度一般是有限的,若有多个干扰信号通过多径反射从不同角度进入雷达,CSLC 就会过载,其性能严重下降。这点是能被支援干扰机所利用的固有缺陷。CSLC 中主天线支路中的干扰信号与辅助天线支路中的干扰信号之间存在去相关过程,当两个支路的带宽像通常情况那样先配时,这种去相关现象就很普通,因为主信道与接收雷达目标相匹配,而辅助信道与接收干扰信号相匹配。CSLC 的瞬态相应易受攻击,大多数 CSLC 是设计永远对付连续波干扰的。因此它们采用需要很长建立时间的窄带伺服环。一般 CSLC 还有对脉冲信号消影的旁瓣匿影器配合工作。但是旁瓣匿影器应合理利用,因为如果它用于对付连续波信号,则它会压制所以的目标而增强干扰。CSLC 的主辅天线的交叉极化响应,它们通常是不匹配的,则 CSLC 不能消除共极化干扰。如果主天线具有大的共极化响应,则这一问题更为关注,因为大多数干扰机采用圆极化或斜极化干扰信号,具有大的交叉极化分量,为了防止这种情况,许多采用 CSLC 的雷达都有垂直和水平分量。

针对相控阵雷达的特点来实施干扰,可有策略:①瓣区内发射多个同步的假目标,CSLC 因其瞬态响应时间长而不能对这些目标作出相应,但如果采用旁瓣匿影器,它就会消掉与旁瓣虚假目标相对应的任何主瓣目标。②用闪烁干扰的支援战术对付 CSLC 的瞬态响应,闪烁就是指在同一组空间上分开配量的干扰机之间同步地转换发射的干扰信号。在不确定时的情况下,与 CSLC 中的每一个辐射天线相连的各个闭合环路永远不能调整到稳定状态,因而大大降低了其性能。③用交叉极化干扰攻击旁瓣匿影系统,此系统通常与 CSLC 一起工作。这种主瓣干扰技术产生交替的极化覆盖脉冲,它们在一个雷达脉冲宽带内进行转换。干扰信号在天线瞄准方向上对主天线交叉极化响应通常变为零。而辅助天线的较高的交叉极化响应将激活旁瓣匿影器,会部分地压制掉真实目标回波,因而限制了其对目标的检测。④用分布式干扰对付相控阵雷达的抗多旁瓣干扰能力。

相控阵雷达的抗干扰措施采取了多种技术,这里,我们重点讨论对自适应旁瓣对消抗干扰的反制研究。提出用"交变极化干扰技术"、"重复噪声干扰技术"和"方位捷变饱和干扰技术"来对抗相控阵雷达的自适应旁瓣对消抗干扰措施。

10.4.3.1 对自适应旁瓣对消雷达的变极化干扰

数字式开环旁瓣对消器通常是在一个雷达脉冲重复周期内,首先对天线接收的信号进行采样,并利用采样值 $b(k)$、$x(k)$ 来估计对消权值的估值 w',从而对消其后的所有采样点。这一过程在每个雷达脉冲重复周期内都重复地进行,时序如图 10.12 所示。

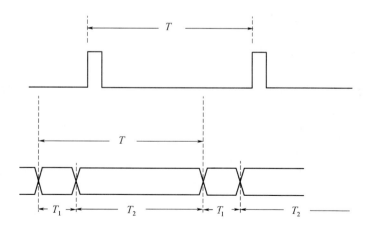

图 10.12　旁瓣对消计算时序

T—脉冲重复周期;T_1—权值计算时间;T_2—对消时间。

274

利用 T_1 中计算出的权值对消 T_2 的所有采样点值,输出 $y(t) = b(t) - w' \cdot x(t)$。

如果在 T_1、T_2 时间内,雷达的工作环境没有发生变化,或者说干扰变化很慢,T_1、T_2 时间内的权值就可以认为是近似相同的。如果干扰信号是快速变化的,那么 T_1、T_2 时间内的权值也是变化的。这时,若以 T_1 时刻计算出来的权对消 T_2 时刻的采样值,则干扰信号不能被对消掉。基于此,我们采用变极化干扰来对自适应旁瓣雷达进行干扰。

所谓交变极化干扰技术,是一种自卫式或电子支援干扰技术。它通过辐射极化正交于敌雷达收发天线主极化的信号,使敌跟踪雷达产生角度误差,或使敌反干扰系统产生测向误差,从而破坏或减弱敌反干扰系统的效能。这种技术既可用于转发式干扰,也可用于瞄频式干扰。

干扰源的极化方式在算权时间和对消时间内若是不同,这就意味着干扰环境发生了变化。用在共极化方式的采样值算出的权来对消交叉极化方式的采样值,干扰信号就不能被对消掉,这就是说进行了有效的干扰。也就是说,变极化干扰利用了算权时间与对消时间的不一致性,破坏旁瓣对消器的对消,达到干扰旁瓣对消雷达的目的。

我们还可以从相控阵自适应旁瓣对消雷达的计算逻辑特性来说明变极化干扰旁瓣对消雷达的原理。

在相控阵自适应旁瓣对消雷达中,主天线与辅助天线的天线增益方向图如图 10.13 所示。雷达抗干扰设计时,为了完成抗干扰使命,将辅助天线设计为波束宽,它覆盖了需要消隐的主天线的旁瓣。然而其增益较低,但仍高于需要消隐的主天线的旁瓣增益。这种增益的匹配设计是在天线的主极化面(称为共极化面)进行的。在交叉极化面上,这种逻辑是不可控的,往往出现与共极化面相反的局面,主雷达天线交叉极化增益反而高于辅助天线交叉极化增益。在实施交变极化干扰时,旁瓣对消器的工作逻辑受到破坏,使其工作发生紊乱,使雷达的旁瓣对消性能下降或丧失,从而实现了有效干扰。

10.4.3.2 对自适应旁瓣对消雷达的重复噪声干扰

重复噪声干扰是一种自卫式或支援式电子干扰技术,它能储存噪声的取样,然后一再重复地、反复地发射它,以对敌雷达相关系统的相关技术进行欺骗。

旁瓣对消雷达技术,实际上也是一种相关技术,它利用一个干扰平台上的干扰信号,经过两个或多个不同路径到达一点或多个点的时间差(从而产生相应的相位差)进行测量。重复噪声之所以能够干扰旁瓣对消雷达是由于它能在这类干扰抑制电路中得到去相关的目的,从而引起相关处理误差。

仍以只有一个辅助天线的旁瓣对消器为例来说明重复噪声干扰旁瓣对消雷

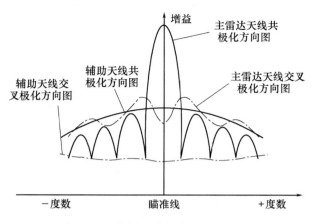

图 10.13　旁瓣对消主、辅天线方向图

达的原理。

假如只有一部位于 θ_J 方向的干扰机,干扰机发射白噪声干扰信号,主、辅天线接收到的信号为

$$b(t) = G_{\theta J} \cdot J(t) \mathrm{e}^{-\mathrm{j}\varphi_0} \mathrm{e}^{-\mathrm{j}\frac{2\pi}{\lambda}d\sin\theta_J}$$

$$x(t) = J(t) \mathrm{e}^{-\mathrm{j}\varphi_0}$$

所以
$$b(t) = G_{\theta J} \cdot x(t) \cdot \mathrm{e}^{-\mathrm{j}\frac{2\pi}{\lambda}d\sin\theta_J} \tag{10.4}$$

式(10.4)说明,主、辅天线所接收的信号是密切相关的,存在一个固定的幅度、相位差。因此,能够对消来自 θ_J 方向的干扰。

如果干扰机辐射的是重复噪声干扰信号,如图 10.14 所示。从图中可以看出,当 $t = kT(k = 1,2,3,\cdots)$ 时,存在着跳变点,即

$$J(kT) = \lim_{\Delta \to 0} J(kT + \Delta) \neq \lim_{\Delta \to 0} J(kT - \Delta)$$

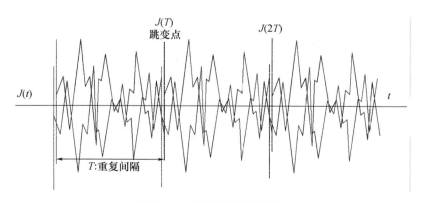

图 10.14　重复噪声干扰信号

276

重复噪声产生一种人为的重复闪烁,可以建立一个连续波干扰源调制,使得旁瓣对消的相位锁定系统出现模糊,从而会降低雷达跟踪系统的性能,实现旁瓣干扰的目的。

为了有效地对付雷达宽带相关系统,依据"爱国者"雷达的特性,重复噪声的频谱宽带决定于重复波形的频率。在任何重复噪声技术中,所发射干扰信号的频谱应考虑雷达接收机的带宽,否则由于频谱过于分散,会使干扰功率密度减小。当运用时间选通原理时,其情况与交叉极化干扰相似。因此,这种噪声也称为重叠噪声。

交变极化重复噪声干扰机组成如图 10.15 所示。极化侦收模块完成敌雷达信号的接收,并判别敌天线极化方式;DRFM 模块完成频率储存以及重复噪声干扰调制;普通噪声压制干扰调制模块完成宽、窄带压制干扰的形成功放将信号放大到所需功率电平,经可控极化天线辐射;极化控制模块完成对干扰天线的极化控制;控制器完成系统协调工作的控制。

当干扰机设备装在空中平台时,由于平台的抖动,需要将天线极化侦收和变极化发射天线安装在自稳定平台上。

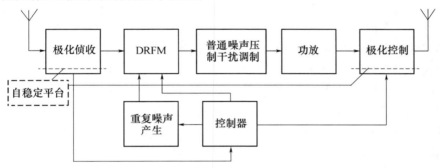

图 10.15 交变极化重复噪声干扰机原理组成框图

10.4.3.3 对自适应旁瓣对消雷达的方位捷变(饱和)干扰研究

旁瓣对消在干扰源方向个数不大于旁瓣对消重数的条件下,可对干扰起到完全的抑制作用,但当干扰信号数大于其旁瓣对消重数(辅天线个数)时,雷达天线阵抑制干扰的能力大大减弱。方位捷变饱和干扰就是利用旁瓣对消的这一弱点,采用一定数量的干扰机布置于不同的方位上,干扰各干扰机间进行捷变,使形成的干扰信号数量大于雷达旁瓣对消重数的干扰源,在不同方向对其进行干扰,使其对消系统不能同时对消掉所有方向来的干扰信号,这样干扰可产生较好的效果。

同样,设到达天线阵的有 1 个目标信号和 P 个干扰信号。$d(t)$ 为雷达信号的基准信号,$d(t) = \mathrm{Re}j(\omega_c + \Psi_d)$。设目标信号和 P 个干扰信号的入射角分别为 φ_s、$\phi_{jk}(k = 1, \cdots, P)$,雷达工作波长为 λ,天线单元间距离为 d_0。方位饱和干扰对抗多重旁瓣对消的计算过程如下:

相邻天线单元对目标信号接收的相位差为

$$\phi_s = \frac{d_0}{\lambda} 2\pi \sin\phi_s \qquad (10.5)$$

相邻天线单元对第 k 个干扰信号接收的相位差为

$$\theta_{jk} = \frac{d_0}{\lambda} 2\pi \sin\phi_{jk}, k = 1, \cdots, 9 \qquad (10.6)$$

10.4.3.4 密集假目标信号产生技术

密集假目标欺骗干扰可以对雷达实施欺骗性压制,使得雷达无暇顾及其他真目标,甚至使得雷达信号处理饱和,从而无法发现真目标。基于 DRFM 的体系结构的密集假信号产生方法——分段重构法,由于是对密集假信号空间合成结果的模拟,因此占用的存储资源少,只与雷达发射脉冲宽度有关,与要产生的假目标个数无关,在密集假信号产生过程中也没有费时的乘法运算。

在自卫式干扰中,当被保护目标即将受到武器攻击时,干扰机产生几个甚至一个假目标就能够取得比较好的效果,但在随队干扰或是远距离支援干扰中,假目标个数太少,干扰机将很难完成保护目标的任务,因为当前雷达通常可以同时搜索并跟踪多批目标,即使雷达把假目标也误认为是真目标进行跟踪,雷达仍然有足够的能力跟踪真实目标,而且雷达可以使用副瓣匿影技术去掉从副瓣进入的为数不多的假目标,因而干扰机需要产生密集的假目标,这样即使雷达使用副瓣匿影技术,对密集的假目标也是无能为力,而且密集的假信号可以使得雷达无暇顾及其他目标,甚至使得雷达信号处理饱和,从而无法发现真目标,这正是干扰机想要的效果。密集假信号的产生在工程上会遇到很多问题,比如存储空间的问题、运算速度的问题等。基于 DRFM 的体系结构的密集假信号产生方法,仿真和实践都表明方法有效可行。

所谓密集信号是相对于雷达的分辨单元而言。常规的窄脉冲雷达由于其脉宽窄,重频内产生相邻间隔几百米的多个假目标容易实现,例如雷达发射信号的脉宽为 $1\mu s$,那么干扰机只要在重频内循环读出接收的射频信号就可以产生相邻间隔为 150m 的密集假目标。但是现代雷达为了解决探测距离与距离分辨率的矛盾常常采用脉冲压缩体制。脉冲压缩体制的使用,使得密集假信号的产生复杂了很多,比如假设雷达发射线性调频信号,脉宽为 $20\mu s$,带宽为 2MHz,那么雷达理论上可以分辨间隔为 75m 的两个目标,如果干扰机仍然是循环读出接收到的射频信号,那么产生的假目标相邻间隔至少为 3km,重频内干扰机也最多只能产生十几个假目标。可见这样的产生方法,假目标之间的间隔大,而且个数非常有限,雷达即使把这些假目标都当作真目标跟踪,也有足够的精力继续跟踪其他真目标,更不要说让雷达信号处理饱和了。要产生相邻间隔更小的密集信号,干扰机就要在当前干扰信号发完之前有能力发射第二个、第三个甚至更多个干扰信号。可以用延时叠加法或卷积法产生这样的密集假信号,卷积法产生密集假信号的机理、仿真和试验均验证了该方法能够对脉压雷达产生显著的干扰效果。但是当密集假目标的数目太多时,延时叠加法需要占用大量的存储资源,而且程序将非常庞大,卷积法也需要大量的乘法运算,一种新的密集假信号产生方法——分段重构法能有效解决此问题。

通过对密集假信号的分析发现,密集假信号具有特定的形式,当假目标间隔确定后,其形式也就固定。假设雷达发射信号的脉宽为 τ,干扰机希望产生时间间隔为 d 的密集假信号,那么可对接收的信号分为 n 段,有

$$n = \left| \frac{\tau}{d} \right| \tag{10.7}$$

式中 $|\cdot|$ 表示向上取整。

把这 n 段数据按照一定规律重新组合成 n 段新的数据,然后再按一定的规律读出去,密集假信号就会源源不断地发出来,雷达将接收到间隔为 $\frac{c \cdot d}{2}$ 的无数个假目标,这里 c 为电磁波在自由空间的传播速度。如果要产生有限个密集假目标,上面就需要组合成 $(2n-1)$ 段新的数据,然后按相应规律读出就可以了。分段重构法数据重排示意图如图 10.16 所示,图中每一段读出数据为圆点对应读入数据的和。图 10.17 ~ 图 10.41 是用 Matlab 对分段重构法实现密集假信号的仿真,仿真参数如下:雷达发射线性调频信号,脉宽 20μs,带宽 2MHz,如图 10.17 所示。假设干扰机采样频率为 50MHz,希望产生 11 个等间隔的假目标,相邻假信号时间间隔为 5μs,那么整个干扰时间长度应为 70μs,则用分段重构法产生的密集假信号如图 10.18 所示。图 10.19 是上述密集假信号经过雷达脉冲压缩后的效果,从图 10.20 可见,经过匹配滤波后,上述密集假信号在雷达端相应距离上产生了 11 个假目标。图 10.20 是考虑工程上多个信号叠加,D/A 发生

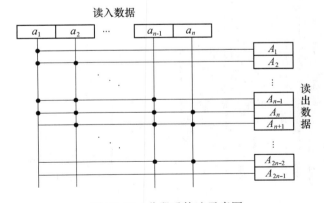

图 10.16　分段重构法示意图

饱和输出时,分段重构法产生的密集假信号时域波形图;图 10.21 为模拟饱和输出干扰信号经过匹配滤波的结果。可见,当干扰机发生饱和输出时,只是干扰能量损失了,只要到达雷达的干扰信号能量达到雷达的检测灵敏度就不会影响假目标的欺骗效果。

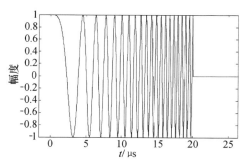

图 10.17　雷达发射的线性调频信号

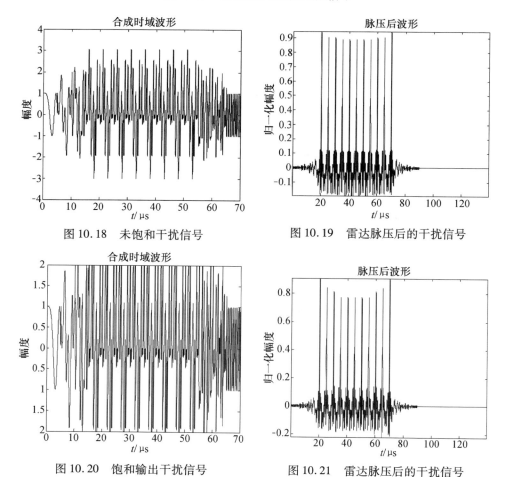

图 10.18　未饱和干扰信号

图 10.19　雷达脉压后的干扰信号

图 10.20　饱和输出干扰信号

图 10.21　雷达脉压后的干扰信号

280

延时叠加法和卷积法实现密集假信号有一个共同的特点,即它们都是一种对密集假信号形成过程的模拟,当需要产生大量的假目标时,这个过程要么是占用大量的存储空间,要么需要做很多乘法运算,而本书提出的分段重构法是基于对密集假信号空间合成结果的模拟,它占用的存储空间只与雷达发射脉冲宽度有关,与假目标个数无关,而且整个合成过程只有加法运算,没有费时的乘法运算。该方法在某干扰机上对某型雷达的欺骗干扰试验中,也获得了比较令人满意的干扰效果。当然分段重构法也有其局限性,它只能产生等间隔排列的密集假目标,不过从干扰本质来看,只要能让雷达找不到真目标就可以了,所以假目标间隔是否等间距就无足轻重了。

10.5 针对自适应捷变频雷达的干扰对策

针对自适应捷变频雷达可设计高精度数字灵敏凹波干扰系统,用数字技术实现灵敏频率凹波干扰,通过设置参数调整凹口的宽度、动态范围及中心频率。而滤波器的设计就是要保证得到的噪声信号维持在所要求的带宽范围之内。通过灵活改变凹口的参数,检验雷达自适应寻凹能力,若雷达不能实时跟随凹口的变化,则会对自适应捷变频雷达实施有效干扰。

利用数字技术设计出符合要求的宽带噪声,系统界面、设置、快、慢速锯齿波输出波形如图 10.22 ~ 图 10.25 所示。

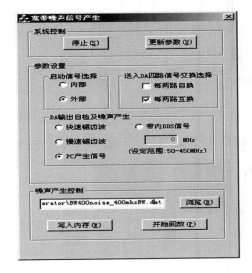

图 10.22　启动后的界面显示

图 10.23　用户设置梳状波参数示意图

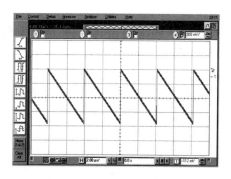
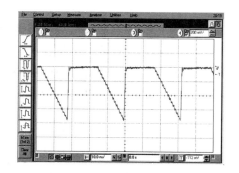

图 10.24　快速锯齿波输出波形　　　　　　图 10.25　慢速锯齿波输出波形

基于数字技术的噪声产生系统,能够产生宽带干扰噪声、梳状波干扰噪声和频率凹波干扰噪声三种噪声形式。根据需要通过键盘输入选择项左侧对应的数字,就可以对回放的噪声进行参数设置,利用大容量的 SRAM 芯片和 FPGA 实现大于 2ms 的数字噪声的重复回放,通过 USB 通信可以灵活地改变回放噪声的特性参数,在规定的 400MHz 带宽范围之内得到优良的噪声回放效果。图 10.26 ~图 10.28 分别显示了宽带噪声、频率凹口噪声和梳状波噪声在频域内的理论仿真和实际测量结果。

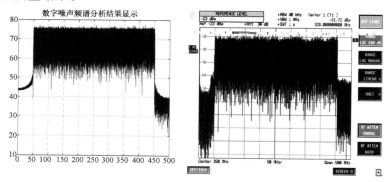

图 10.26　400MHz 宽带噪声理论仿真和实际测量结果图

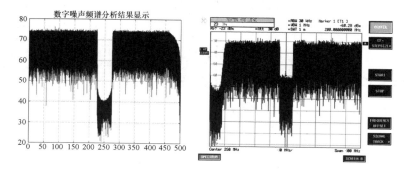

图 10.27　50MHz 带宽的频率凹口噪声理论仿真和实际测量结果图

282

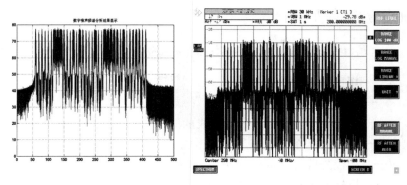

图 10.28　36 根谱线的梳状波噪声理论仿真和实际测量结果图

　　宽带噪声的带宽范围、频率凹口噪声的凹口中心频率和带宽范围以及梳状波谱线数（最大 36 根）、每根谱线的中心频率和带宽范围都属于可以设定的范围之内，达到了灵活控制的效果。整个系统以单点信号而言杂散指标可以达到 45dBc，400MHz 噪声带宽内幅度平坦度可以控制在 1dB 之内，频率凹口噪声的凹口动态范围也可以达到 30dB（仿真的结果由图也可看出大概是 35dB）。通过理论和实测结果的对比验证了该技术的有效性。

10.6　针对低截获相参雷达的干扰对策

10.6.1　对相控阵雷达信号的截获

10.6.1.1　侦察接收机系统灵敏度

　　侦察机载相控阵火控雷达信号时，到达侦察接收机前端的辐射源信号功率可按照下式求出：

$$P_r = \frac{P_t G_t G_r F_t(\theta_t, \varphi_t) F_t(\theta_r, \varphi_r) \lambda^2}{(4\pi R)^2} \qquad (10.8)$$

式中　P_t——相控阵雷达发射机平均功率；

　　　　G_t——相控阵天线功率增益；

　　　　$F_t(\theta_t, \varphi_t)$——天线阵在侦察接收机方位和俯仰角的方向图系数；

　　　　G_r——侦察接收机天线功率增益；

　　　　$F_r(\theta_r, \varphi_r)$——侦察接收机天线在雷达天线阵方位和俯仰角的方向图系数；

　　　　λ——工作波长；

　　　　R——侦察接收机和雷达两者之间天线的距离。

　　为降低天线旁瓣，天线阵采用超低副瓣技术，利用海明函数、台劳函数和切比雪夫函数对天线进行幅度加权，现假设采用切比雪夫函数对天线阵进行修正，

283

则修正后的天线阵方向图系数为

$$F_{t}(\theta_{t}, \varphi_{t}) = \left| \sum_{i=0}^{N-1} (1 + k^2 \cos^2(n \arccos w_i)) e^{j \frac{2\pi d}{\lambda}(\sin\beta - \sin\beta_B)} \right| \qquad (10.9)$$

式中　n——切比雪夫函数的阶数;

　　　k——切比雪夫调整系数;

　　　w——$[-1,1]$上等间隔采样构成的向量;

　　　w_i——w 的第 i 个元素;

　　　d——相控阵阵元之间的间距(一般取 $\lambda/2$);

　　　β——目标方位;

　　　β_B——波束扫描方位。

取 $n=2, k=2.96$ 即可很好地满足要求,则经过加权后的半功率点波束宽度为 $68.58\lambda/D$,相对增益为 0.81,第一旁瓣电平为 -40dB。

现假设侦察接收机和相控阵火控雷达参数如下:$P_t = 800$W,$G_t = 20$dB,$G_r = 25$dB,$\lambda = 0.03$m,侦察接收机与雷达发射天线之间的径向距离为 200km,则根据式(10.8)计算出第一副瓣侦察时,到达侦察接收机前端的功率约为 -104.4dBW,而主瓣侦察时,接收到的功率约为 -83.5dBW。因此,要对采用低副瓣技术的雷达信号进行侦察截获,则侦察接收机的系统灵敏度优于 -105dBW 以上的微波接收机较为适宜。

10.6.1.2　机载相控阵雷达信号的"四域"截获

对相控阵雷达的截获可看作是 3 个独立概率的联合概率,即雷达发射机和侦察接收机的重合概率、侦察接收机前端对辐射源信号的检测概率,以及接收机处理器或者操作系统识别雷达发射机的概率,可以用下面的数学模型表示:

$$P_{I}(t) = P(t) \cdot P_{d} \cdot (1 - P_{miss}) \qquad (10.10)$$

式中　$P_{I}(t)$——侦察 t 秒后的信号截获概率;

　　　$P(t)$——侦察 t 秒后的重合概率;

　　　P_{d}——侦察接收机对接收到信号的检测概率;

　　　P_{miss}——脉冲丢失概率。

上式表明,信号截获概率是时间的函数,假定信号是连续稳定的,则侦察时间越长,对相控阵雷达火控辐射源信号的截获概率越高。

1. 重合概率

重合概率也可称为方位–频率–时间联合搜索截获概率,是指侦察装备的接收机天线在方位上对准辐射源发射天线、接收机的侦察频带与辐射源的工作频率对准以及时间上对准的概率。可将重合概率看作几何概率问题来分析,用窗函数来描述侦察装备的侦察接收和辐射源的发射过程,只有当 n 列脉冲重叠时才能出现截获,其原理如图 10.29 所示。

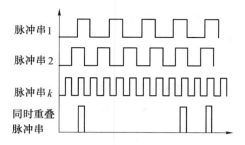

脉冲串 1

脉冲串 2

脉冲串 k

同时重叠
脉冲串

图 10.29　窗函数原理图

那么, t 秒后的截获概率为

$$P(t) = 1 - (1 - P(0))\exp(-t/\overline{T}_0) \tag{10.11}$$

$$\overline{T}_0 = \frac{\sum_{k=1}^{n}\left(\dfrac{T_k}{\tau_k}\right)}{\sum_{k=1}^{n}\left(\dfrac{1}{\tau_k}\right)}$$

$$P(0) = \sum_{k=1}^{n}\frac{\tau_k}{T_k}$$

式中　τ_k——窗函数的宽度;

　　　T_k——窗函数的周期;

　　　$\overline{T}_0$——重合之间的平均周期。

但在接收机截获辐射源脉冲的情况下,必须要求截获到的辐射源脉冲数量满足 k 个脉冲(一般情况下 $k=4$),则

$$d = (k-1)T_r \tag{10.12}$$

在计算对脉冲辐射源两次截获的平均间隔时间 $\overline{T}_0$ 时,应以 $(\tau_i - d)$ 取代 τ_r,将辐射源与侦察装备的空域、时域和频域活动特性诸"窗口函数"代入,便可得到各种情况下的侦察截获性能的计算公式:

(1)相控阵火控雷达进行空域搜索且工作频率不变,而侦察接收机侦察装备在空域和频域宽开,则有

$$\begin{cases}
\overline{\tau}_0 = \dfrac{\theta_r \tau}{\theta_r + \tau\,\overline{\Omega}_r} \\[3mm]
\overline{T}_0 = \dfrac{\overline{T}_{\Omega r}\,\overline{T}_r\,\overline{\Omega}_r}{\theta_r - (k-1)\,\overline{T}_r\,\overline{\Omega}_r + \tau\,\overline{\Omega}_r} \\[3mm]
P(t) = 1 - \left(1 - \dfrac{\tau\theta_r}{\overline{T}_{\Omega r}\,\overline{T}_r\,\overline{\Omega}_r}\right)\exp(-t/\overline{T}_0)
\end{cases} \tag{10.13}$$

285

（2）相控阵火控雷达进行空域搜索且工作频率不变；而侦察接收机频域宽开，空域上进行搜索，则上式修正为

$$
\begin{cases}
\overline{\tau}_0 = \dfrac{\theta_r \theta_e \tau}{\theta_r \tau \overline{\Omega}_e + \theta_r \theta_e + \tau \theta_e \overline{\Omega}_r} \\[4mm]
\overline{T}_0 = \dfrac{\overline{T}_{\Omega r} \overline{T}_r \overline{T}_{\Omega e} \overline{\Omega}_e \overline{\Omega}_r}{\theta_r \tau \overline{\Omega}_e - (k-1) \overline{T}_r \tau \overline{\Omega}_e \overline{\Omega}_r + \theta_r \theta_e - (k-1) \overline{T}_r \theta_e \overline{\Omega}_r + \tau \theta_e \overline{\Omega}_r} \\[4mm]
P(t) = 1 - \left(1 - \dfrac{\tau \theta_r \theta_e}{\overline{T}_{\Omega r} \overline{T}_r \overline{T}_{\Omega e} \overline{\Omega}_e \overline{\Omega}_r}\right) \exp(-t / \overline{T}_0)
\end{cases}
$$

$$(10.14)$$

式中　θ_r——辐射源波束半功率点宽度（°）；

$\quad\quad\theta_e$——侦察装备的侦察天线半功率点宽度（°）；

$\quad\quad\tau$——辐射源辐射脉冲宽度（s）；

$\quad\quad\overline{\Omega}_r$——射源发射天线空域搜索平均速度（°/s）；

$\quad\quad\overline{\Omega}_e$——侦察装备侦察天线空域搜索平均速度（°/s）；

$\quad\quad\overline{T}_{\Omega r}$——辐射源发射天线空域搜索平均周期（s）；

$\quad\quad\overline{T}_{\Omega e}$——侦察装备天线空域搜索平均周期（s）；

$\quad\quad\overline{T}_r$——辐射源脉冲信号的平均重复周期（s）；

$\quad\quad k$——截获所需要的脉冲信号数目。

现假设机载相控阵火控雷达参数为：$\tau = 5\mu s$，$F_r = 30\text{kHz}$，$\theta_r = 3$，$\overline{\Omega}_r = 600°/s$，$\overline{T}_{\Omega r} = 0.2s$；侦察天线参数为 $\overline{\Omega}_e = 60°/s$，$\overline{T}_{\Omega e} = 6s$，$\theta_e = 13°$；脉冲数目 $k = 4$，分别选取侦察接收机数量为 4 台、6 台、8 台三种情况对上述两种情况进行搜索试验，得到如图 10.30 所示的结果。

若采用空域搜索体制时，如果短时间内可靠地截获到相控阵火控雷达信号，可采用增加侦察机数量并划分责任空域的方法进行快速截获。综合考虑增加接收机数量的成本时，可考虑采用非搜索法测向体制的侦察接收机实现对相控阵火控雷达的快速截获。

2. 检测概率

机载相控阵火控雷达的宽频带覆盖特点，使得侦察接收机基本采用信道化体制实现频域上的快速截获。

当射频带宽与视频带宽之间的比值，即 $B_R/B_V > 4$ 时，检测概率可用下式表达：

$$P_d < 0.5 \text{ 时}, P_d = B/A \qquad (10.15)$$

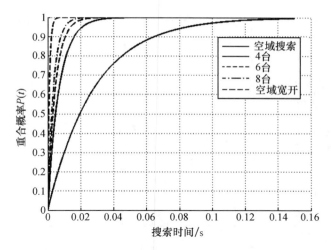

图 10.30　分别采用空域搜索、增加数量与空域宽开的时间—重合概率关系图

$$P_d > 0.5 \text{ 时}, P_d = (A - C)/A \qquad (10.16)$$

式中

$$A = \frac{1}{\sqrt{2\pi}} \frac{K_3}{6K_2^{3/2}}(K_4 - 1)\exp\left(-\frac{K_4}{2}\right) + \left[\frac{1}{2} - \frac{1}{2}\mathrm{erf}\left(-\sqrt{\frac{K_4}{2}}\right)\right]$$

$$B = \frac{1}{\sqrt{2\pi}} \frac{K_3}{6K_2^{3/2}}(K_5^2 - 1)\exp\left(-\frac{K_5^2}{2}\right) + \left[\frac{1}{2} - \frac{1}{2}\mathrm{erf}\left(-\frac{K_5}{\sqrt{2}}\right)\right]$$

$$C = \frac{1}{\sqrt{2\pi}} \frac{K_3}{6K_2^{3/2}}(K_5^2 - 1)\exp\left(-\frac{K_5^2}{2}\right) - \frac{1}{\sqrt{2\pi}} \frac{K_3}{6K_2^{3/2}} + (K_4 - 1)\exp\left(-\frac{K_4}{2}\right) +$$

$$\left[-\frac{1}{2}\mathrm{erf}\left(-\frac{K_5}{\sqrt{2}}\right) + \frac{1}{2}\mathrm{erf}\left(-\sqrt{\frac{K_4}{2}}\right)\right]$$

$$K_5 = \frac{(V_T - K_1)}{\sqrt{K_2}}; V_T = \sqrt{2\ln\left(\frac{1}{P_{fa}}\right)}$$

以 $B_R = 1\text{GHz}$、1.5GHz、2GHz,$B_V = 5\text{MHz}$ 为例,可得到检测概率与信噪比之间的关系,如图 10.31 ~ 图 10.33 所示。

在侦察接收机的虚警概率确定时,为加强对相控阵雷达信号的检测,可采用脉冲积累(非相参积累)等技术手段改善信噪比。

3. 脉冲丢失概率

虽然重合概率可能达到 100%,但由于侦察空域所处电磁环境的复杂性、雷达信号测量时间、信号处理速度、接收雷达信号后的恢复时间等因素均会造成侦察接收机对相控阵机载火控雷达脉冲信号的丢失。

在高密度信号环境中,由于进入接收机信道的信号密度可能超过系统负载,信号被检波放大后,视频脉冲大量丢失,在脉冲丢失概率很高的情况下,后端的

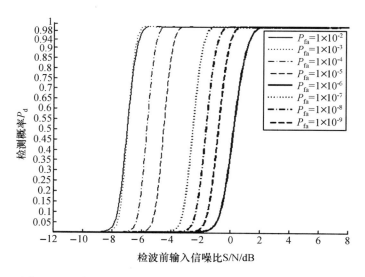

图 10.31　检测概率与信噪比和虚警概率的函数关系($\gamma = 200$)

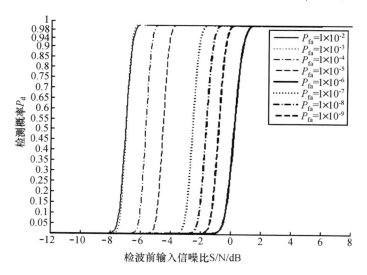

图 10.32　检测概率与信噪比和虚警概率的函数关系($\gamma = 300$)

信号处理将形成大量虚警和漏警。脉冲丢失概率的典型计算公式如下：

$$P_{mw} = (1 - \exp(-\lambda)) * (1 - \lambda \exp(-2\lambda))$$

其中信号的占空比 $\lambda = \mathrm{PRF} \times (r + \mathrm{PW})$，$r$ 表示接收机的恢复时间(μs)，PW 表示信号的平均脉宽(μs)。

接收机的恢复时间、信号平均脉宽以及进入接收机内部的密度仿真如图 10.34 所示。

在对机载相控阵雷达进行侦察时，脉冲丢失概率还应包括侦察接收机的间

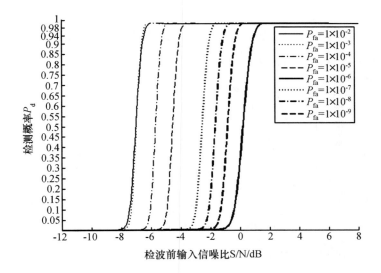

图 10.33　检测概率与信噪比和虚警概率的函数关系（$\gamma = 400$）

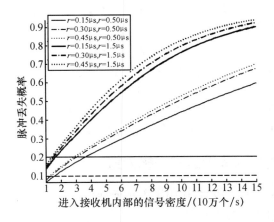

图 10.34　脉冲丢失概率与恢复时间、脉冲信号密度关系图

断侦察所导致的丢失概率,若侦察系统瞬间观察状态下的非侦察时间 t_1、以及对连续波信号和脉冲信号分时工作状态时不侦收脉冲信号的时间 t_2 都会使侦察装备处于非侦收时间,则两者引起的丢失概率计算公式如下:

瞬间观察引起的丢失概率 P_{m1}:

$$P_{m1} = t_1 / T_{e1}$$

分时工作所引起的丢失概率 P_{m2}:

$$P_{m2} = t_2 / T_{e2}$$

式中　T_{e1}——瞬间观察周期(s);

　　　T_{e2}——分时工作周期(s)。

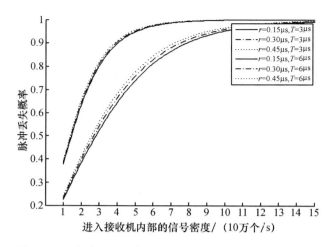

图 10.35 脉冲丢失概率与脉冲宽度、脉冲信号密度关系图

当瞬间观察与分时工作同时存在情况下,它们所引起的丢失概率 P_{mw2}:

$$P_{mw2} = P_{m1} + P_{m2} - P_{m1} \cdot P_{m2}$$

则总的脉冲丢失概率为

$$P_{miss} = P_{mw} + P_{mw2}$$

可见,机载相控阵雷达具有波束扫描无惯性,多波束,大功率,快速灵活控制波束的指向和形状,具有较强的反侦察和反干扰能力,在侦察截获和干扰上给侦察接收机提出严重的挑战。但立足于技术发展,并进行适当的战术配置,可对机载相控阵火控雷达进行侦察截获并为干扰做好准备。

10.6.2 对低截获相参雷达的干扰对策

针对低截获相参雷达设计用 DRFM 先进理论生成低截获概率波形,实现对低截获相参雷达的截获与干扰。

传统雷达和低截获概率雷达的的评估过程,与截获接收机的评估密切相关。许多低截获概率雷达的分析都依赖于,与雷达信号最理想失配的截获接收机特性的假定。如果没有一套标准的截获接收机特性而评估雷达,那么任何波形的任何雷达均可宣称具有"低截获概率"特性。

大多数低截获概率技术仅在密集的信号环境中生效,而截获接收机却可有效地被大量非相干信号干扰。在很大程度上,评估截获受干扰性所需的设施,是作为现有电子战测试程序的辅助设备而使用的。如 AEPG 有许多类型的 ESM 设备,或用于评估或用作其他任务。EMETF 装备了先进的"重点装载"模拟,以根据不同军事情况的标准化背景产生电子战环境。为测试截获接收机、通信接收机和雷达接收机而设计该设备时,它也可用作为评估传统或低截获概率雷达系统截获其信号的易受干扰性而服务的背景环境。AEPG 也安装有适应许多类别雷达天线的天线测试设施。

全面评估低截获概率雷达系统所需的设施如下：①特殊的低截获概率波形产生器，用以在闭环测试中，模拟某一新型雷达设计的信号；②天线方向图产生器，用以在远离主瓣的部分模拟新型天线设计的低旁瓣；③多路径散射模型，用以模拟大量标准的地形情况和雷达站视线的影响。

10.7　针对频率分集、双频雷达的干扰对策

针对频率分集、双频雷达设计多通道同时接收、处理、干扰模式，解决对频率分集、双频雷达的有效干扰问题。如采用完全独立的二路接收机，可在两个波段进行信号测量和信号分选，完成同时两部雷达（两个波段）的信号模拟和干扰。从功能上讲，既可在一个波段上产生目标模拟、杂波模拟、欺骗干扰和压制干扰，也可以在两个波段上产生目标模拟、欺骗干扰和压制干扰，满足对多部雷达或双波段雷达同时更多种类的干扰工作。

10.8　针对双基地雷达的干扰对策

10.8.1　对双基地雷达的干扰机理

假定只有一个干扰源存在，那么干扰机、目标和双基地雷达之间有四种关系：目标与干扰机靠近或一起时，干扰机主瓣对接收站主瓣的干扰（图 10.36），干扰机副瓣对接收站主瓣的干扰（图 10.37）；目标与干扰机分开时，干扰机主瓣对接收站副瓣的干扰（图 10.38），干扰机副瓣对接收站副瓣的干扰（图 10.39）。

表 10.1 为四种特性的干信比。

表 10.1　四种特性的干信比

特性	距离欺骗	速度欺骗	角度欺骗/两点源角闪烁干扰	多假目标
干/信	10db～20dB	10dB～20dB	10dB～20dB	10dB～20dB

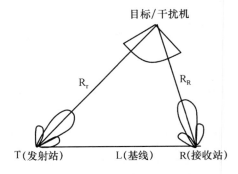

图 10.36　干扰机主瓣对接收站主瓣干扰

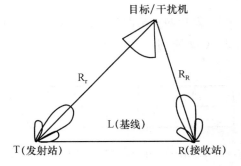

图 10.37　干扰机副瓣对接收站主瓣干扰

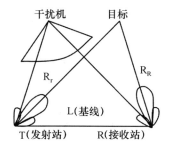 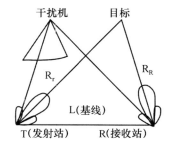

图 10.38　干扰机主瓣对接收站副瓣干扰　　　图 10.39　干扰机副瓣对接收站副瓣干扰

当单基地目标截面积等于双基地目标截面积时,单、双基地目标的散射功率均为 S。再令双基地接收系统的噪声系数、系统带宽与单基地接收系统相同,对混合式双基地雷达而言,这里所指的单基地雷达是指发射站。对于单、双基地雷达,在干扰背景下发现目标的能力取决于信号功率 S 与干扰功率 J_0 之比。

当只有一个干扰源时,单基地信杂比 S/J_m 为

$$S/J_m = \frac{SB_j}{P_j G_j F_{jm}^2 F_{rm}^2 B_n}$$

式中　F_{rm}——单基地雷达接收方向图在干扰方向的因子($F_{rm} \leqslant 1$);

　　　F_{jm}——干扰机发射方向图在单基地雷达方向的因子($F_{jm} \leqslant 1$)。

$$S/J_b = \frac{SB_j}{P_j G_j F_{jb}^2 F_{rb}^2 B_n}$$

式中　F_{rb}——双基地雷达接收方向图在干扰方向的因子($F_{rb} \leqslant 1$);

　　　F_{jb}——干扰机发射方向图在双基地雷达接收站方向的因子($F_{jb} \leqslant 1$),以上的方向图因子在收发主瓣方向上为 1。

我们可得到单、双基地雷达受到的干扰功率之比 $JR_{m/b}$:

$$JR_{m/b} = \frac{F_{jm}^2 F_{rm}^2}{F_{rb}^2 F_{jb}^2}$$

得到四种情况下的单、双基地雷达受到的干扰功率之比 $JR_{m/b_1} \sim JR_{m/b_4}$,如表 10.2 所列。

表 10.2　单双基地雷达干扰功率比较表

图序号	1	2	3	4
$JR_{m/b}$	1	$1/F_{2jb}$	F_{2rm}/F_{2rb}	$F_{2rm}/F_{2rb}F_{2jb}$

对第一、第三种情况,由于在实际工作中干扰机的发射功率是一定的,因此干扰波束宽度越窄,雷达受到的干扰功率越大。当双基地基线较长时,双基地雷

达与目标间的双基地角一般较大,比如为60°,此时要干扰整个双基地系统,干扰波束中心对准发射站,则干扰波束宽度应大于120°,也就是说敌方干扰机要干扰双基地雷达,被迫采用宽角干扰,从而使干扰增益下降,干扰效果变差。在上面的例子中,如本来可用30°宽的波束干扰单基地雷达,那么现在干扰波束宽度就要增加到120°以上,也就是说干扰功率下降了6dB,仅此一项,就可以使有效干扰距离减小1倍。

对于第二、第四种情况,干扰属于走向干扰。第二种情况下,与单基地雷达相比,双基地雷达的抗干扰好处为干扰机的发射波束主副瓣比,通常大于20dB,相当于有效干扰距离减小10倍以上。

欺骗性干扰是模拟雷达的信号特性制造假信号,使雷达获得假信息从而破坏雷达系统的工作。有源欺骗性干扰包括应答式和转发式干扰,其作用是使搜索雷达造成假情报,使跟踪雷达增大跟踪误差,甚至丢失目标。欺骗性干扰要能产生效果必须达成两个条件:①干扰信号要大于目标回波,一般要求干信(功率)比 JSR = 10dB。②干扰信号要和雷达信号相似。所谓相似,是要求干扰信号应具有与雷达信号基本相同的形式,而又带有假信息,即一部分特征参量两者应尽量相同,使雷达真假难分,如 $\{\tau_j, T_j, B_j, \rho_j, \alpha_{Tj}, \alpha_{fj}\} = \{\tau_R, T_R, B_R, \rho_R, \alpha_{TR}, \alpha_{fR}\}$,另一部分特征参量两者应有差别以输入假信息,如 $(f_j, t_j, \theta_j) \neq (f_R, t_R, \theta_R)$。式中 τ_j、τ_R 分别为干扰机和雷达信号的脉冲宽度;T_j、T_R 分别为干扰机和雷达信号的重复周期;B_j、B_R 分别为干扰机和雷达信号的频宽;ρ_j、ρ_R 分别为干扰机和雷达信号的极化形式;α_{Tj}、α_{TR} 分别为干扰机和雷达信号的幅度调制形式;α_{fj}、α_{fR} 分别为干扰机和雷达信号的频谱结构;f_j、f_R 分别为干扰机和雷达信号的载频,$f_j \neq f_R \pm f_d$ 造成假的多普勒频率形成速度欺骗;t_j、t_R 分别为干扰机和雷达信号的延迟时间,$f_j \neq f_R$,以形成距离欺骗;θ_j、θ_R 分别为干扰机和雷达信号的视角,$\theta_j \neq \theta_R$,以造成角度欺骗。

实施有源欺骗性干扰的敌我态势仍为图10.40所示的四种情况,一般是对单基地雷达为图10.40(a),双基地雷达为图10.40(c)。下面根据欺骗性干扰的四种作战态势和达成欺骗的两个必要条件,来分析双基地雷达抗欺骗干扰的特点。

在单站雷达系统中,设干扰机实施干扰时对单站雷达的距离波门延时为 ΔT_r(取 $\Delta T_r = 1\mu s$),则测距误差为 $\Delta R = c \cdot \Delta T_r = 0.15km$($c$ 为光速)。从双基地几何关系出发,由余弦关系,可得

$$R_R = \frac{R_\Sigma^2 + L^2 - 2R_\Sigma L\cos(\theta_T)}{2(R_\Sigma - L\cos(\theta_T))}$$

式中 $R_\Sigma = R_T + R_R$。

设发射脉冲经目标(位置与干扰机相同)到达接收机的时间为 T_r,则

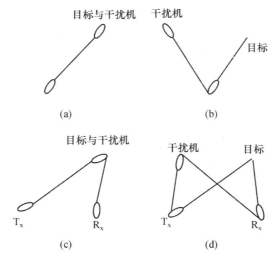

图 10.40 实施有源欺骗性干扰的敌我态势图

(a) 单基地雷达；(b) 单基地雷达；(c) 双基地雷达；(d) 双基地雷达。

$$R_\Sigma = c \cdot T_r$$

干扰机实施干扰时，假设对双基地雷达的距离波门延时后发射脉冲经目标到达接收机的时间为 $T'_r = T_r + \Delta T_r$，则

$$R'_\Sigma = c \cdot T'_r$$

则施放干扰引起的双基地雷达的测距误差为

$$\Delta R' = R'_R - R_R$$

图 10.41 是在几组不同 Cassini 曲线上计算得到的距离误差值。

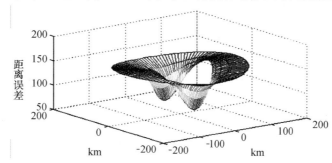

图 10.41 双基地雷达对付距离欺骗干扰敏感度图

可见，若目标的双基地雷达夹角 β 足够小时（即远离基线附近），双基地雷达抗距离欺骗式干扰的效果与单基地雷达趋于相同。随着 β 的增大，双基地雷达抗距离欺骗干扰的效果要比单站雷达强。实战中，由于发站及收站异地配置，欺骗干扰信号可能不能进入收站，这样，通过系统数据融合中心的有效处理，在两站的公共探测区域完全可能实现对欺骗干扰的有效抑制。

综合分析,干扰对双基地雷达的最终影响主要表现在雷达探测距离积(发现概率、虚警概率)、测量精度、分辨率的变化,而这些最终性能的变坏,将直接影响到武备系统的整体作战性能。而双基地雷达的战术性能已不能用于单基地雷达相类似的有关战术指标来衡量,因为作用距离、测量精度、分辨率等性能指标均与收/发两站的布站方式及目标所处的空间位置有关,因此不能用一个简单的指标来衡量。最佳方法是采用测量精度分布图来表示。可把干扰环境下双基地雷达的探测距离积(发现概率、虚警概率)、测量精度、分辨率作为双基地 EC-CM 战术指标进行考评。

10.8.2 双基地雷达抗干扰试验环境的构建

10.8.2.1 试验等效模型

目标用真实飞机(舰船),其功能应与攻击受检双基地雷达系统的真实目标功能相似,要求目标飞机飞行路线按型号作战空域确定,建议选取作战空域两侧或按试验大纲确定。抗干扰技术指标测试时,目标用目标模拟器产生,若用目标模拟器,则:目标模拟器应能模拟受检设备接收的运动目标回波信号;目标模拟器应能模拟由于受检设备与目标飞机距离变化带来的回波信号幅度变化;目标飞机飞行距离变化由目标模拟器输出功率变化来模拟。目标飞机方位、俯仰变化则通过改变目标模拟器相对于受检设备的方位、俯仰角来实现;目标天线与雷达的距离应满足下式要求:

$$R \geqslant \frac{2D^2}{\lambda}$$

式中 R——目标模拟器天线与雷达间距离(m);

D——雷达天线最大口径的线性尺寸(m);

λ——雷达工作波长(m)。

目标模拟器天线的高度选择应使雷达跟踪模拟信号时,雷达天线主波束不受地面影响或根据受检雷达实际情况确定。双基地雷达外场飞行抗干扰试验布置图如图 10.42 所示。

为了和真实的雷达干扰环境等效,必须做到如下几点:

(1)战术等效。我们选择的典型干扰战术模型是"SOJ"典型噪声干扰威胁环境模型,远距离支援干扰(SOJ)的干扰平台远离目标,故绝大部分时间干扰能量是从雷达天线的旁瓣进入的。因此,对干扰模拟系统器发射天线在地面的配置也应使干扰能量从雷达旁瓣进入。

(2)干扰样式等同。采用与真实动态试验时完全一样的干扰样式。

(3)干扰能量等效。就是使"雷达抗干扰测试设备"发射的噪声干扰信号进入到雷达天线口面处的噪声干扰功率谱密度等效于干扰机动态试验时的实际情况,即等同于真实干扰机发射的噪声干扰信号到达雷达天线口面处的功率谱

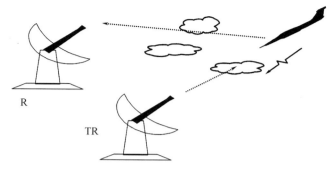

图 10.42　双基地雷达外场飞行抗干扰试验布置图

密度。

雷达干扰方程为

$$J/S = \frac{P_j G_j 4\pi\gamma_j G'_t B R_t^4}{P_t G_t \sigma G_t B_j R_j^2}$$

式中　$P_j G_j$——干扰机发射功率和干扰机天线增益；

　　　$P_t G_t$——雷达发射功率和发射天线增益；

　　　R_j——干扰机至雷达的距离；

　　　R_t——目标至雷达的距离；

　　　σ——目标有效反射面积；

　　　γ_j——极化系数，$\gamma_j \approx 3\text{dB}$；

　　　G'_t——雷达天线在干扰方向上的增益；

　　　B——雷达接收机带宽；

　　　B_j——干扰机带宽。

由雷达干扰方程可知，要使真实干扰机和雷达干扰模拟器到被测雷达天线口面处的干信比(即功率谱密度)等效，则

$$(J/S)_1 = (J/S)_2$$

式中　$(J/S)_1$——真实干扰机到被试雷达无线口面的干信比；

　　　$(J/S)_2$——干扰测试设备到达被试雷达天线口面的干信比。

则

$$\frac{P_{j1} G_{j1} 4\pi\gamma_j}{P_t G_t \sigma}\left(\frac{G'_t}{G_t}\right)\left(\frac{B}{B_{j1}}\right)\frac{R_t^4}{R_{j1}^2} = \frac{P_{j2} G_{j2}}{P_t G_t \sigma}\left(\frac{G'_t}{G_t}\right)\left(\frac{B}{B_{j2}}\right)\frac{R_t^2}{R_{j2}^2}$$

即

$$\frac{P_{j1} G_{j1}}{B_{j1} R_{j1}^2} = \frac{P_{j2} G_{j2}}{B_{j2} R_{j2}^2}$$

式中　$P_{j1} G_{j1}$——真实干扰机的有效辐射功率；

B_{j1}——真实干扰机带宽；

R_{j1}——真实干扰机至被试雷达的距离；

$P_{j2}G_{j2}$——干扰模拟测试设备的有效辐射功率；

B_{j2}——干扰模拟测试设备带宽；

R_{j2}——干扰模拟测试设备至被试雷达的距离。

其中：

$$P_{j2} = \frac{P_{j1}G_{j1}B_{j2}R_{j2}^2}{G_{j2}B_{j1}R_{j1}^2}$$

当典型干扰威胁环境模型选择"SOJ"典型干扰威胁环境模型时，"雷达干扰模拟系统"的功率值如表10.3所列。

表10.3 "雷达干扰模拟系统"的功率值

干扰参数＼干扰样式	宽带阻塞噪声	窄带瞄准噪声	窄带扫频噪声
$P_{j1}G_{j1}$/dBW	60	50	60
B_{j1}/MHz	600	20	20
R_{j1}/km	100	100	100
G_{j2}/dB	20	20	20
B_{j2}/MHz	600	20	20
R_{j2}/km	10	10	10
P_{j2}/dBW	10	10	20

由表10.3可见，模拟典型威胁模型中宽带阻塞噪声干扰、窄带瞄准噪声干扰、窄带扫频噪声干扰时，当干扰测试设备天线增益为20dB，其发射功率（放大器出口处）应分别为10dBW、10dBW、20dBW。

10.8.2.2 双基地雷达布站的特殊要求

由于雷达的收、发站分置，对海面目标的监视范围如图10.43所示。

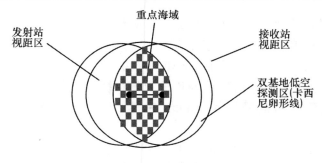

图10.43 对海面目标的监视范围

T－R间距100km左右,它与收、发两站的架高有着密切的联系。

假定海面船只的高度为9m,由公式

$$R = 4.12 \times (\sqrt{h_1} + \sqrt{h_2})$$

式中　R——视距;

　　　h_1——雷达的架高;

　　　h_2——船只的高度。

可得出雷达架高与视距的关系,如表10.4所列。

表10.4　雷达架高与视距的关系

架高/m	400	350	300	250	200	150	100
距离/km	94.7	89.4	83.7	77.5	70.6	62.8	53.5

若雷达收、发站相距100km左右,对海目标监视距离为视距,为了使发站和收站视距的交叉范围较大,扩大海面监视范围,因此推荐发射站、接收站架高为400m~500m左右为宜。双基地雷达同步通信系统的中继站位于发射站和接收站之间,由于收、发站间直线距离在100km左右,因此中继站应架设在收发站之间约50km处,且与收、发站间可通视。

10.9　针对 SAR 及 ISAR 雷达的干扰对策

SAR 在军事侦察中具有全天候、全天时优势,其对战略目标保护和战场态势隐蔽已构成日益严重的威胁,开展针对 SAR 的对抗仿真与评估技术研究具有重要的现实意义。关于 SAR 对抗效果的评估方法和手段,目前国内外研究很热,主要集中在对于后端的对抗效果的评估方面,且有关评估指标的观点,也是众说纷纭,很不一致。

10.9.1　基于 SAR 对抗过程的仿真系统

SAR 对抗相干视频信号仿真系统主要技术难点在于 SAR 信号处理方式的特殊性、复杂性,这对于 SAR 试验鉴定极其不利,因此需研究开发基于 SAR 对抗过程的综合仿真评估软件平台。SAR 对抗数学仿真试验系统包括管理控制分系统、战情设计与生成分系统、SAR 平台分系统、场景模拟分系统、干扰分系统、成像分系统、二维态势显示分系统、视景仿真分系统及评估分系统等(图10.44)。

干扰邦元通过对 RTI 获得雷达脉内信号的特征进行侦察模拟,然后依靠压制干扰单元和欺骗干扰单元生成干扰信号。干扰信号和干扰机坐标等数据通过 RTI 对外公布,与其他仿真邦元的信息接口关系如图10.45所示。

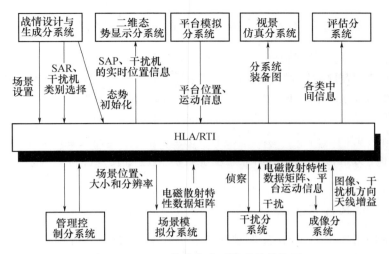

图 10.44　SAR 数学仿真系统总体结构图

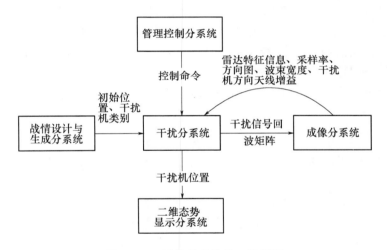

图 10.45　干扰分系统接口关系图

干扰分系统主要由侦察模拟、压制干扰和欺骗干扰等软件模块组成。侦察模拟用以对侦察识别 SAR 信号和 SAR 平台位置。压制干扰依据干扰策略实时产生噪声调频、调幅和调相干扰信号。欺骗干扰结合脉内信号的特征,产生待欺骗场景的原始回波,作为相参欺骗干扰信号。

干扰邦元的实现技术难点在于逼真程度,包括侦察性能模拟、干扰策略模拟以及仿真数据与实际 SAR 对抗系统数据的一致性三个方面。

场景回波模型包括点目标、面目标和体目标以及战场环境下的复杂军用目标等,不妨以面目标回波模拟中的 RTPC(Range Time Pulse Coherent)方法为例,对于第 n 个发射脉冲,地面散射单元矩阵形成的第 m 个距离门回波为

$$g(x_n, r_m) = \sum_{i,j} \sigma_c^0(i,j) \exp\left[-j4\pi \frac{R(x_n, r_m)}{\lambda}\right] \qquad (10.17)$$

其中,i、j 遍取照射范围内所有对第 m 个距离门回波有贡献的地面散射单元,$\sigma_c^0(i,j)$ 代表地面散射单元 (i,j) 的等效复散射函数。这样,对测绘带内部所有等距离行完成上述处理,将得到一个回波脉冲信号在此距离门上的值,此时各距离门上的回波信号已经完成了方位向回波的混叠,再与发射信号卷积就得到了一个脉冲的回波信号。随着雷达平台的运动,每个脉冲覆盖的目标范围变化,这样在每个方位位置上都根据上述步骤计算雷达回波,从而得到整个仿真区域的回波。

10.9.2 SAR 压制式干扰

与常规雷达类似,SAR 压制式干扰采用噪声和类似噪声的干扰信号遮盖、淹没目标信号,降低雷达接收信号的信噪比,以减小目标的检测概率;按照产生方式又可分为射频噪声干扰、噪声调幅干扰、噪声调频干扰以及噪声调相干扰等。由于 SAR 检测性能主要受噪声干扰的幅度概率分布和功率谱特性的影响,故在相干视频信号仿真中,模拟的雷达干扰信号通常只需满足一定的幅度概率分布和功率谱特性要求即可。

设压制干扰功率谱 $P_x(\omega)$,经过线性系统 $H(\omega)$ 卷积后,输出功率谱为 $P_y(\omega)$,有

$$P_y(\omega) = P_x(\omega) \cdot |H(\omega)|^2 \qquad (10.18)$$

这对 SAR 而言是一个二维线性卷积过程,因此,输出输入功率谱之间成正比关系。

比较典型的压制干扰形式——噪声调幅干扰的模型如下:

$$J(t) = [U_0 + U_n(t)] e^{j(\omega_j^t + \varphi)} \qquad (10.19)$$

式中 U_0、ω_j——常数;

调制噪声 $U_n(t)$——零均值、方差为 σ_m^2、在区间 $[-U_0, +\infty]$ 分布的广义平稳随机过程;

φ——在不同距离向上服从 $[0, 2\pi]$ 均匀分布、与 $U_n(t)$ 相互独立。

目前,对于 SAR 压制干扰的研究较多,一般是基于功率准则和 SAR 干扰方程,干扰 SAR 的统一方程如下:

$$P_j G_j = \frac{K_j \eta_r P_t G_t \sigma_a R_j^2}{4\pi R_t^4} \cdot \frac{G_t}{G_t(\theta)} \cdot \frac{L_d}{L_j \cdot r_j \cdot K_f} \qquad (10.20)$$

式中 P_t——雷达发射机的脉冲功率;

G_t——雷达天线的增益;

R_t——雷达到目标的距离;

300

η_r——距离脉压增益；

σ_a——目标的雷达散射截面积；

θ——目标方位角；

$G_t/G_t(\theta)$——雷达天线主副瓣比值；

L_d——雷达馈线损耗；

L_j——干扰机馈线损耗；

L_a——雷达信号在大气中的往返传输损耗；

K_f——频谱失配系数；

r_j——极化失配系数。

式(10.20)将对 SAR 压制干扰的方程统一到了对于常规脉压雷达的干扰方程之中,对于不同体制的雷达,只要取不同的压制干扰系数 K_j 即可。其推导简单直观,但是未给出 K_j 的求取方法,且没有考虑平台之间的差异和推算因素,其适用性仍然值得研究。

利用 X 波段机载 SAR 数据开展对抗仿真,注入干扰样式为射频直放式干扰,图 10.46 为对应仿真场景数据,无干扰和注入压制干扰信号后的成像结果截取的部分图像;图 10.47 为注入干信比变化时对应的图像的相关系数。

从图 10.46 看:①干扰后截取图像细节、目标轮廓变得模糊,干扰产生了效果;②对于压制干信比大于 15dB 的干扰前后的图像输出的相关系数,无论是直接相关、均值归一化相关,还是方差归一化相关和 Laplace 滤波相关,其表现值均小于 0.3,都呈单调递减规律,这和雷达对抗的基本规律是吻合的。

 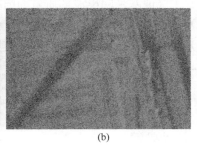

(a) (b)

图 10.46 注入压制干扰信号前(a)后(b)的成像

10.9.3 ISAR 图像欺骗干扰源的设计

逆合成孔径雷达(ISAR)是一种二维成像雷达,它具有全天时、全天候、强散射性、高分辨率等优点。它是目标分类、辨识和战场上敌我识别以及精确制导强有力的手段,在未来防空和导弹防御系统中具有十分重要的作用。现有器件水平直接对 1GHz 以上带宽的雷达信号进行采样、信号处理是很困难的,ISAR 成像雷达的通常做法是对信号采用去斜率解调(Stretch)接收处理。针对采用

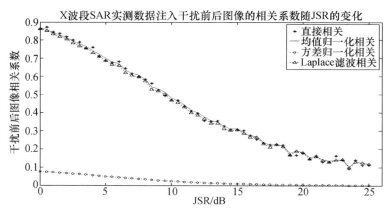

图 10.47 干扰前后相关性随干信比的变化

Stretch 体制的 ISAR 成像雷达,重点研究 ISAR 图像欺骗干扰信号生成方法。

ISAR 图像欺骗干扰信号生成方法如图 10.48 所示。

以图像模板(雷达坐标系)上每个点为基本单元,将每个点的 RCS 值和雷达的特征参数(如调频斜率、中心频率、脉冲重复频率、脉宽等)通过干扰算法调制到基带干扰信号上。

通过数字基带产生 + 倍频链方案,产生带宽高达 1.2GHz 的干扰信号。

由于数字基带干扰信号经过倍频后会产生大量的交叉项,它们会影响到干扰信号的脉内相参性。因此,在宽带干扰信号方案设计中应考虑以下几个因素:

(1)在保证基带输出波形质量的前提下,尽量提高基带输出带宽;

(2)尽可能减少倍频次数;

(3)选择合适的数字上变频的载波频率,避免倍频后再次变频。

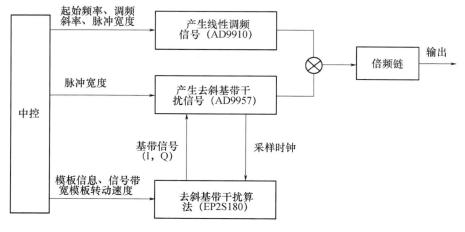

图 10.48 图像欺骗干扰源组成图

302

10.9.4 去斜基带干扰信号生成算法

假设雷达发射信号为

$$S(t) = \text{rect}\left(\frac{t}{T}\right)\exp\left[\text{j}2\pi\left(f_\text{c}t + \frac{1}{2}kt^2\right)\right] \qquad (10.21)$$

去斜率解调(Stretch)是用一时间固定,而频率、调频率相同的 LFM 信号作为参考信号,用它和回波作去斜处理。设参考距离为 R_ref,则参考信号为

$$S_\text{ref}(t) = \text{rect}\left(\frac{t - \tau_\text{ref}}{T_\text{ref}}\right)\exp\left[\text{j}2\pi\left(f_\text{c}(t - \tau_\text{ref}) + \frac{1}{2}k(t - \tau_\text{ref})^2\right)\right] \quad (10.22)$$

雷达接收到的干扰信号为

$$S_\text{jam}(t) = \sum_{i=1}^{k*l} A_i\text{rect}\left(\frac{t - \tau_i}{T}\right)\exp\left[\text{j}2\pi\left(f_\text{c}(t - \tau_i) + \frac{1}{2}k(t - \tau_i)^2\right)\right]$$

$$(10.23)$$

干扰信号与雷达参考信号共轭相乘,去斜基带输出为

$$J_n(t) = \sum_{i=1}^{k*1} A_i\text{rect}\left(\frac{t - \tau_i}{T}\right)\exp(-\text{j}2\pi f_\text{c} * \Delta\tau_i)\exp$$

$$(-\text{j}2\pi kt * \Delta\tau_i)\exp(\text{j}\pi k\Delta\tau_i^2) \qquad (10.24)$$

式中 A_i——模板第 i 个目标点散射系数,无量纲;

　　　f_c——信号中心频率,Hz;

　　　k——调频斜率,Hz/s;

　　　$\Delta\tau_i$——第 i 个目标点的延迟时间,即慢时间,s;

　　　t——雷达接收到的回波信号,即快时间,s。

其中 $\exp(-\text{j}2\pi f_\text{c}\Delta\tau_i)\exp(\text{j}\pi k\Delta\tau_i^2)$ 仅与信号中心频率、调频斜率和第 i 个目标点延迟时间 $\Delta\tau_i$ 有关,而与时间 t 无关,令

$$B_i(f_\text{c}, \Delta\tau_i, k) = \exp(-\text{j}2\pi f_\text{c}\Delta\tau_i)\exp(\text{j}\pi k\Delta\tau_i^2)$$

由于在式(10.24)中 A_i、$\Delta\tau_i$、t 是相互独立的,可进一步简化得到

$$J_n(t) = \left\{\sum_{i=1}^{l}\left[\left(\sum_{j=1}^{k} A_{ij}B_{ij}(f_\text{c}, \Delta\tau_{ij}, k)\right) * \exp(-\text{j}2\pi kt\Delta\tau_i)\right]\right\} * \text{rect}\left(\frac{t - \tau}{T}\right)$$

$$= \left[\left(\sum_{j=1}^{k} A_{ij}B_{ij}\right) \otimes \exp(\text{j}2\pi kt\Delta\tau)\right]\Big|_{\Delta\tau = 0} * \text{rect}\left(\frac{t - \tau}{T}\right) \qquad (10.25)$$

式中 i、j——图像模板(雷达坐标系)的距离维和方位维坐标。

由式(10.25)可得去斜基带干扰信号生成流程如图 10.49 所示。

B_{ij} 与转台模型的关系:由公式 $B_i(f_\text{c}, \Delta\tau_i, k) = \exp(-\text{j}2\pi f_\text{c}\Delta\tau_i)\exp(\text{j}\pi k\Delta\tau_i^2)$ 可知,当信号中心频率、调频斜率一定时,$B_i(f_\text{c}, \Delta\tau_i, k)$ 仅与延迟时间

图 10.49　去斜基带干扰信号生成流程图

$\Delta\tau_i$ 有关。$\Delta\tau_i$ 为慢时间,所以在同一个脉冲内 $\Delta\tau_i$ 为定值。在相邻脉冲间,目标相对雷达运动,$\Delta\tau_i$ 也随之发生变化。由于相邻脉冲间 $\Delta\tau_i$ 的变化小,忽略掉平方项 $\exp(\mathrm{j}\pi k\Delta\tau_i^2)$,$B_i(f_c,\Delta\tau_i,k)$ 可以化简为

$$B_i(f_c,\Delta\tau_i,k) \approx \exp(-\mathrm{j}2\pi f_c\Delta\tau_i) \qquad (10.26)$$

将 $f_c = c/\lambda$、$\Delta\tau_i = 2(R+\Delta R)/c$ 代入式(10.26)中,得

$$B_i = \exp(-\mathrm{j}2\pi\cdot c/\lambda 2\cdot(R+\Delta R)/c) = \exp(-\mathrm{j}4\pi(R+\Delta R)/\lambda)$$
$$(10.27)$$

式中　ΔR——在雷达坐标系中,相邻脉冲间第 i 个目标点相对于雷达移动的位置。

将大地坐标系中的平动等效为雷达坐标系中的转动,如图 10.50 和图 10.51 所示。

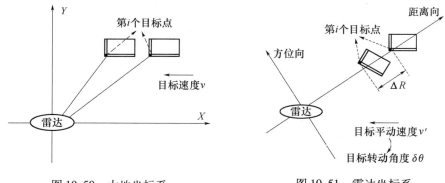

图 10.50　大地坐标系　　　　　　图 10.51　雷达坐标系

$\Delta R = v'\cdot\Delta t + x_i\cdot\delta\theta$,其中 v' 为目标平动分量,$\delta\theta$ 为相邻脉冲间第 i 个目标点的转动角度,x_i 为第 i 个目标点在方位维上的坐标值。

不考虑目标平动的影响,将 $\Delta R = x_i\cdot\delta\theta$ 代入式(10.27),可得

$$B_i = \exp(-\mathrm{j}4\pi x_i\cdot\delta\theta/\lambda) \qquad (10.28)$$

由转台目标成像的原理可知,式(10.28)中 $\exp(-\mathrm{j}4\pi x_i\cdot\delta\theta/\lambda)$ 就是相位旋转因子。

10.9.5　复杂目标回波信号实现方法

设 ISAR 的带宽为 1GHz,其对应的距离分辨率为 15cm,对应回波延迟为 1ns。也就是说干扰信号源对图像模板上不同点的回波时延的分辨率要达到

1ns,这是非常难于实现的。对于采用 Strech 体制的 ISAR,对目标回波延迟的分辨等效为对频率的分辨。众所周知,模拟不同频率的信号比模拟不同延迟的信号要容易得多。因此,干扰信号源就用不同频率的点频信号来模拟图像模板(图 10.52)上不同点的回波延迟。

t 为快时间表示雷达收到的回波信号,图像模板上不同距离的目标点由不同延迟的时间 t 表示。$\exp(-j2\pi k\tau_i t)$ 包含第 i 点目标的距离向信息。对于混频去斜基带信号,第 i 点目标干扰信号变为单频脉冲信号,其频率值 $f_i = -k \cdot 2\Delta R_i/c$,$\Delta R_i$ 为第 i 个目标点和参考信号的距离差。最后通过对图像模板的距离信息和方位信息作卷积得到干扰信号。

仿真结果分析:利用 Quartus Ⅱ 软件中 SignalTap Ⅱ 逻辑分析仪,将去斜基带干扰信号数据采出,并存为 DAT 格式。通过第三方成像算法,在 Matlab 中对干扰数据作仿真。

由于去斜基带干扰信号为 32 位二进制数,而 AD9957 输入仅为 18 位。因此需要对干扰信号进行数据位截取。不同的截取方式将直接影响欺骗干扰的干扰效果。采用对截取后干扰信号数据作仿真的方法,通过对仿真结果比较,优化数据位截取。仿真结果(图 10.53、图 10.54)中,横坐标为方向维,纵坐标为距离维。

图 10.52　图像模板

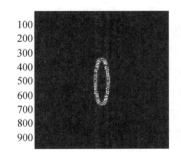

图 10.53　成像结果(截取方式一)

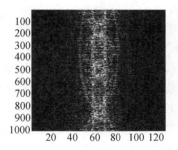

图 10.54　成像结果(截取方式二)

10.10　针对特体雷达的干扰对策

针对多种体制一体的特体雷达,用交叉眼、灵敏凹波、宽带数字噪声、随机假目标、梳状谱等多种干扰融合设计方法,可有效解决实施干扰的难题。

采用数字技术实现灵敏频率凹波干扰,通过设置参数调整凹口的宽度、动态范围及中心频率来检验雷达自适应捷变频雷达的抗干扰性能;用宽带数字噪声实现对捷变频雷达的压制干扰。

采用 DRFM 和可编程 FPGA 相结合的设计方法,实现对带宽大于 1GHz 雷达的干扰设计——现代雷达捷变带宽大于 1GHz,仅用 DRFM 电路无法对脉间捷变频雷达进行数字存储并复制出各种目标。另外,DRFM 最小延迟较大(约 200ns),当系统作欺骗干扰时,容易跳出距离门,不利于距离拖引。在系统设计中可采用高速频率综合器,其置频响应时间小于 $1\mu s$。采用具有可再编程能力的大容量逻辑器件 FPGA,使系统具有现场改变功能配置的能力。DRFM 技术的一个重要指标是信杂比,根据理论分析的结果 DRFM 系统的极限信杂比为 6N + 1.7dB(在满量程输入的情况下),其中 N 为 ADC 和 DAC 的量化位数。DRFM 用以存储雷达射频信号,以产生准相干的假目标,实现目标的 RGPO,它采用 8bit 幅度量化方式进行全脉冲存储,最大程度地保留了雷达脉冲信号所具有的信息,使之能适应全相参捷变频、脉冲压缩、脉冲多普勒、频率分集等体制的雷达。

采用逆增益干扰可实现对边搜索边跟踪雷达的有效干扰;采用宽带高性能 DRFM 实现欺骗干扰,采用多套大瞬时带宽的 DRFM 组合以实现多重拖引,适应多目标试验的要求。

10.11　针对高密度电磁环境下的信号分选问题

现代战场上电磁环境越来越复杂,调制复杂的辐射源越来越多,这就给信号分选提出了新的要求,主要有以下几个方面:

(1)在传统的重频分选法 CDIF(积累差直方图法)和 SDIF(序列差直方图法)中,检测门限的确定比较难办,利用小波变换对检测门限的确定提供了新思路。

(2)现代电磁环境中,脉冲重叠、丢失的情况越来越严重,传统的重频分选法可能因分离 TOA 不正常而无法对重频进行分析。通过对保幅脉冲的处理,可以有效地解决此问题。

(3)动态扩展关联法也是传统的分选法,我们在实际应用中,遇到一些诸如参差脉冲序列如何鉴别及脉冲丢失等问题。

(4)针对脉压雷达的信号特征,采用实用的时频联合二维分析法实现信号分选。

传统雷达和低截获概率雷达的评估过程,与截获接收机的评估密切相关。许多低截获概率雷达的分析都依赖于与雷达信号最理想失配的截获接收机特性,如果没有一套标准的截获接收机特性而评估雷达,那么任何波形的任何雷达均可宣称具有"低截获概率"特性。全面评估低截获概率雷达系统所需的设施如下：①特殊的低截获概率波形产生器，用以模拟新型雷达设计的信号；②天线方向图产生器，用以在远离主瓣的部分模拟新型天线设计的低旁瓣；③多路径散射模型，用以模拟大量标准的地形情况和雷达站视线的影响，采用时频联合二维分析和低截获概率波形生成技术相结合的方法，能有效解决高密度电磁环境下实时态势感知的难题。

第 11 章　F‑22\F‑35 雷达(AN/APG‑81)的研制管理与评价

1996 年 10 月 1 日,APG‑77 有源相控阵雷达的主承包商诺斯罗普公司(今诺斯罗普·格鲁曼公司)宣布首台该雷达开始进行系统集成和试验。1997 年 11 月 21 日,该雷达被安装到一架波音 757"飞行试验台"(FTB)上进行试验。1998 年 4 月,诺斯罗普·格鲁曼公司已交付第一套 APG‑77 雷达硬件和软件给波音飞机公司 F‑22 航空电子综合实验室,对 F‑22 的航空电子设备进行系统综合测试和鉴定试验。作为 APG‑77 计划的工程发展(EMD)阶段的首批 11 部雷达已交付给诺斯罗普·格鲁曼公司马里兰州测试实验室进行系统级综合与测试。全尺寸雷达自 1999 年开始生产,2004 年 11 月具备初步作战能力(IOC),2005 年开始服役。AN/APG‑77 雷达是一部典型的多功能和多工作方式的雷达,其主要的功能有:①远距搜索(RS);②远距提示区搜索(Cued Search);③全向中距搜索(速度距离搜索)(Velocity Range Search);④单目标和多目标跟踪;⑤AMRAAM 数传方式(向先进中距空空导弹发送制导修正指令);⑥目标识别(ID);⑦群目标分离(入侵判断)(RA);⑧气象探测。雷达可扩展的功能有:①空/地合成孔径雷达(SAR)地图测绘;②改进的目标识别;③扩大工作区(通过设置旁阵实现)。

F‑22 AN/APG‑77 雷达采用 AESA 体制,它由美国诺斯罗普·格鲁曼公司(Northrop Grumman Corp)和雷神公司(Raytheon Systems Company)共同研制。F‑22 雷达采用 AESA 体制,采用 AESA 技术的雷达在以下方面实现性能突破:

(1)雷达作用距离大幅度增长。由于 AESA 雷达 T/R 模块中的射频功率放大器(HPA)同天线辐射器紧密相连,而接收信号几乎直接耦合到各 T/R 模块内的射频低噪声放大器(LNA),这就有效地避免了干扰和噪声叠加到有用信号上去,使得加到处理器的信号更为"纯净",因此,AESA 雷达微波能量的馈电损耗较传统机械扫描雷达大为减少。

(2)解决了可靠性的瓶颈问题。由于信号的发射和接收是由成百上千个独立的收/发和辐射单元组成,因此少数单元失效对系统性能影响不大。试验表明,10% 的单元失效时,对系统性能无显著影响,不需立即维修;30% 的单元失效时,系统增益降低 3dB,仍可维持基本工作性能。这种"柔性降级"(Graceful Degradation)特性对作战飞机是十分需要的。

(3)解决了同时多功能的难题。由于 AESA 是由多个子阵组成,而每个子

308

阵又是由多个 T/R 模块组成,因此,可以通过数字式波束形成(DBF)技术、自适应波束控制技术和射频功率管理等技术,使雷达的功能和性能得到极大的扩展,可以满足各种条件下作战的需要,并能因此而开发出很多新的雷达功能和空战战术。

(4)隐身飞机和现代空战需要相控阵雷达。隐身飞机配装相控阵雷达(PESA 或者是 AESA)几乎是唯一的选择。在当前极为严峻的电子干扰环境中,LPI 即机载雷达辐射的电磁波被敌方拦截概率的高低是一项重要的性能指标。在攻击有专用电子干扰飞机掩护的机群或单机时,强烈的电磁干扰将使传统的雷达无法正常工作。AESA 天线口径场的幅度和相位都可以随意控制,可使天线旁瓣的零值指向敌方干扰源,使之不能收到足够强度的雷达信号,从而无法实施有效干扰。通过数字波束形成(DBF)技术,可以使主波束分离成两个波束,使其零值对准敌方干扰源;若干扰源位于雷达旁瓣方向,则在该方向也可以形成零值,使敌方收不到雷达信号,从而无法实行有效干扰。AESA 的自适应波束形成能力是机载雷达在复杂的电磁环境中得以保持其作战能力的重要因素。

洛克希德·马丁公司进行的 F-35 全尺寸模型高台任务系统测试如图11.1 所示,模型用于测量安装天线的方向图,以及 F-35 通信、导航与识别(CNI)和电子战(EW)系统的增益与相位。孔径试验项目开始于 2004 年 10 月 1日,首先是试验 CNI 系统的 L 波段天线。前期试验结果表明预生产孔径安装在F-35 模型后满足或超过了方向图和增益要求。EW 孔径试验于 2005 年开始,在试验阶段评估"干净"飞机构型(无外挂物、起落架收起、舱门关闭)的 CNI 和EW 生产型天线性能和各种外挂武器构型对孔径性能的影响。

图 11.1　F-35 全尺寸模型高台任务系统测试

安装天线的数据将用于设计验证、性能确认、风险降低、改善系统性能建模与仿真、减少验证航电性能所需的 F-35 试飞点数。F-35 模型还将用于测量天线对天线的隔绝影响,以支持 F-35 射频(RF)兼容性验证。该模型重 8500

磅(3859kg),其机翼和尾翼组件可更换,因此能模拟 F-35 所有三种机型。

F-35 战斗机的自我保护系统包括分管射频(RF)、红外(IR)对抗措施的两部任务管理器,而在 F-35 的后机身装有红外干扰弹发生器和雷达干扰箔条散布器,F-35 上先进的红外干扰弹散布器在体积上比前代型号要小得多,但是它却可以携带更多的红外干扰弹,以满足未来战场上高强度红外对抗的要求。F-35 的电子战系统在可靠性和可维护性上比前代型号有了大幅度的提高,其平均故障时间间隔高达 440h,而 F-35 的机载自我诊断和故障隔离系统可以自动为地勤保障人员提供故障信息和数据。由于 F-35 的电子战系统采用了模块化设计思想,所以地勤人员可以通过更换外场可更换模块(LRU)的方法,迅速排除 F-35 战斗机电子战系统的故障。这极大简化了 F-35 战斗机的后勤保障难度,并大幅提高了战斗机的出勤率和完好率,成倍地增强了 F-35 战斗机的作战效能。

由图 11.2 APG-81 有源电扫相控阵雷达工作示意图可见,其拥有众多的对空和对地工作模式,雷达探测到的战场态势还可以通过战术数据链系统在整个 F-35 编队之间进行共享。

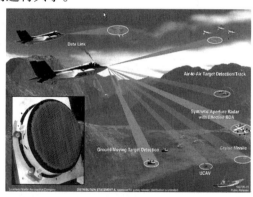

图 11.2　APG-81 有源电扫相控阵雷达工作示意图

由图 11.3 F-35 上光电跟踪系统(EOTS)工作示意图可见它不仅可以用来探测空中目标,还可以用来探测地面目标。其在对地面目标的前视红外成像可将目标放大 4 倍,以求得到分辨率较高的红外图像。2005 年 7 月,BAE 系统公司将其设计的 F-35 综合电子战系统安装到一架 T-39 双发商务机上进行了飞行试验,试验是在位于美国加利福尼亚州的"中国湖"海军航空武器测试中心进行的。为了验证 F-35 的电子战系统的性能,在地面上设置若干雷达信号发生器,让装有 F-35 电子战设备的 T-39 飞机在空中收集射频模拟威胁信号,以模拟 F-35 战斗机对抗敌方地面防空系统的情况,试验结果证明 F-35 的电子战系统的性能超出了预期。在"中国湖"试验场进行的试验证明了 BAE 系统公司设计的电子战系统具有相当的成熟性。BAE 系统公司试生产阶段的电子战系统在位于美国新罕布什尔州的纳什华(Nashua)进行测试。

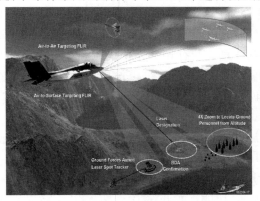

图 11.3　F-35 上光电跟踪系统(EOTS)工作示意图

　　F-35 的机载相控阵雷达对远距离目标进行快速而精确的定向扫描(针状窄波束精确扫描),F-35 的机载雷达告警器能够分析、鉴别和跟踪敌方雷达信号,区分敌方雷达的工作模式,并能够对敌方雷达进行精确的定位。2000 年,美国国防部 JSF 项目办公室授予诺斯罗普·格鲁曼公司 4200 万美元合同为 JSF 设计、开发和试飞 AESA 雷达,它是多功能综合射频系统/多功能阵(MIRFS/MFA)计划的一部分。雷达系统采用最先进的 AESA 天线、高性能的接收机/激励器、商用的处理机(货架产品)。由于采用了最新的技术成果,大量减少了元器件和内部连接器数目,所以 JSF 雷达的成本和重量都较其前代型号(F-22 雷达)有大幅度的降低,重量和价格降低了约 3/5,制造和维修也比较简单。MIRFS/MFS 计划要求 T/R 模块能够实现全自动化生产;可靠性比传统的机械扫描雷达提高一个数量级;后勤保障和全寿命费用降低 50%。APG-81 采用开放式结构,为将来性能增长提供极大空间。JSF 的 AESA 雷达设计的一条重要原则是必须满足 JSF 对隐身特性的要求。同时强调必须满足军方对 JSF 的"四性"要求,即经济承受性、致命性、生存性和保障性。

　　一个雷达从研制到服役要经过三个层次。一是技术,二是工程,三是产业。F-35 飞机设计中开始系统地采用 COTS 即商用现货,用市场上现成的器件、部件甚至功能模块来开发自己的雷达。美国至今已为机载有源相控阵雷达开发出8 代 T/R 模块,后面几代都大量采用民用技术。美国新一代导弹的导引头、F-35 的综合航电系统处理机,从电路板到总线标准很多都是民用标准转化过来的。在任务系统软件控制下的有源相控阵(AESA)能执行电子战(EW)功能,同时,还能执行部分通信、导航和识别(CNI)的功能。JSF 的红外传感器将采用通用设计的红外探测和冷却组件。所有关键电子系统,其中包括综合核心处理机(ICP)大量采用通用模块和商用货架产品(COTS)。在 ICP 和每个传感器、CNI系统和各显示器之间的通信采用速度为 2Gb/s 的光纤总线。雷达、光电系统、电子战系统和CNI系统以及从外部信息源(预警机和卫星等)的各种信息通过任务系统软件进行融合,最终通过直觉的大屏幕座舱显示器向飞行员显示。同时,在飞行员的头盔显示器(HMDS)上显示各种投影信息,其中包括红外图像、紧急的战况、飞行和安全信息。共有6个分布式孔径系统(DAS)传感器来实现围绕飞机360°的红外探测保护,为飞行员提供更高的视觉灵敏度,实现夜间飞机近距编队飞行。还可在夜间和烟尘覆盖情况下为飞行员在头盔显示器上显示飞机下方目标图像。飞机内部安装的光电目标定位系统(EOTS)增强了对DAS的导弹来袭告警能力。EOTS提供窄视场、距离远的目标探测能力。根据任务软件的指令,EOTS可以在雷达不开机的情况下提供目标信息。

F-35的多功能综合射频系统(MIRFS)是建立在APG-81 AESA雷达(图11.4)的基础上的一个功能广泛的系统。它不仅能够提供雷达的各种工作方式,它还能提供有源干扰、无源接收、电子通信等能力。MIRFS频带较一般机载AESA要宽得多,同时能够以各种不同的脉冲波形工作,保证了雷达信号的低截获概率(LPI)。同F-22的APG-77 AESA雷达相比,F-35的MIRFS在技术上又有了很大的改进。但是由于阵面尺寸较小,阵元数目有所减少,因此在作用距离上有所减小,约是前者的2/3。

图11.4　APG-81机载AESA多功能雷达

F-35的AESA雷达在成本和重量上都只是F-22的1/2。F-35雷达把两个T/R模块封装在一起,称为双封装T/R模块(Twinpack)。雷达系统的预期寿命达8000h,将同飞机寿命一致。命名为AN/APG-81的有源相控阵雷达将为F-35战斗机提供环境感知能力,用来攻击空中和地面目标。雷达具有空对地功能,可以进行合成孔径雷达(SAR)状态的高分辨率地图测绘,也可以采用逆合成孔径雷达(ISAR)技术对海上舰船进行识别分类。在空对空工作方式,雷达可以实现对指定空域的提示搜索、无源搜索和超视距、多目标的搜索和跟踪。由于雷达波束从一点到另外一点的移动只需若干微秒的时间,所以雷达可以在1s时间内对同一目标观察多达15次。

JSF 作为战术战斗机,它处于信息数据链的末端,接收从特殊用途传感器飞机(如预警机和电子战飞机)来的各种指令和目标信息,同时,它也是最前端信息的反馈者。

2005 年末,诺斯罗普·格鲁曼公司向 JSF 飞机主承包商洛克希德·马丁公司交付了第一部雷达,由他们在飞行实验室试飞,再将其安装在 F-35 上试飞。

F-35 的电子战系统是由 BAE 系统公司研制的,已形成下述能力:

(1)全向雷达告警能力,支持对各种外部辐射源的分析,对其进行识别、跟踪、工作模式确定,以及测定其主波束到达角(AOA)。

(2)威胁感知和攻击目标定位支持。对辐射源的主波束和旁瓣进行截获和跟踪,对超视距辐射源进行识别、定位和测距,对辐射源的信号参数进行测量。

(3)具有多谱对抗能力,并具有对 EW 系统的管理能力,其中也包括对干扰箔条和曳光弹的投放管理。

(4)雷达的 AESA 可以作为无源接收孔径,感知威胁信号,并可以产生相应的干扰信号,使之失去工作能力。

EW 系统能对 F-35 雷达的搜索范围和频率覆盖不足进行补充,使飞行员具有更强的对战场环境的感知能力。具有 3 个不同雷达频段的无源雷达告警系统天线孔径安装在机翼前缘、平尾和垂尾上。EW 系统的 MTBF 预估为 440小时。

雷达警戒接收机系统总是处于开启状态,它将为飞机提供对空中和地面的电子信号的监视。系统封装在两个电子支架上,其中包括雷达告警、定向仪和ESM 等分系统的插件板。分布式孔径系统(DAS)的信号直接输入到 EW 系统,并与从 ICP 来的信号进行融合。数字式处理系统易于重构和扩展,易于实现冗余结构,具有很高的可靠性。

洛克希德·马丁公司的沃兹堡工厂接收的第一套综合电子战设备,即 0.5批次(Block0.5)的电子战系统,是最初的装机电子战系统,BAE 系统仅提供了部分电子战系统硬件和约 35%的软件。但是,这对于 F-35 的飞行品质试飞和拓展飞行包线科目来说已经够用了。BAE 系统公司在 2007 年开始交付功能更为强大的 1.0 批次(Block1.0)的电子战系统,Block1.0 的电子战系统软硬件设备齐全,安装了 Block1.0 的电子战系统的 F-35 战斗机将形成初始作战能力(IOC),洛克希德·马丁公司希望将 Block1.0 的电子战系统安装到低速率初始生产型(LRIP)的 F-35 战斗机上,以便美国空军对 F-35 战斗机进行操作试验与评估(OT&E)。

洛克希德·马丁公司计划在模拟环境中测试 Block0.5 的电子战系统,在F-35战斗机的飞行仿真模拟器中对其电子战系统进行测试,在模拟器中输入敌方雷达的射频信号,以考核 F-35 的电子战系统能否辨认、跟踪和对抗敌方的雷达,在 F-35 的电子战系统进行的仿真模拟试验中,有 1400 次计算机模拟试验是对抗红外制导导弹,而另外 250 次则是模拟对抗雷达制导导弹,相对于实际的飞行试验而言,电子战系统的计算机仿真模拟试验要便宜得多。除了模拟器试验之外,洛克希德·马丁公司还在户外全尺寸 F-35 飞机模型上对电子战系统进行测试,该全尺寸模型通过一个塔台被固定在高空,电子战系统被安装到这个模型上,其他的飞机在空中使用雷达照射这个模型,这样洛克希德·马丁就可以在真实的环境中测试 F-35 的电子战系统了。

2005 年 8 月,BAE 系统公司宣布,F-35 电子战系统在加州"中国湖"海军空中武器站的试验场成功完成首次飞行试验。F-35 JSF 电子战系统是飞行员获得态势感知信息的主要来源,可增强飞机对潜在威胁的识别、监控、分析和反应能力。F-35 的电子战系统由 BAE 系统公司信息和电子战系统分部负责研制,其体系结构和技术主要基于美国空军 F/A-22"猛禽"多用途战斗机的电子战系统。与 F/A-22 战斗机一样,F-35 电子战系统的核心在结构上将内嵌低可探测性的雷达孔径,可减小雷达反射截面,增强雷达的隐身能力。F-35 的隐身能力要求飞机具有良好的雷达告警能力,因为飞行员需要该系统来保证飞机一直处于敌方雷达检测范围之外。因此,BAE 系统公司为 F-35 研制安装了新型数字雷达告警接收器以及电子对抗设备。在这次飞行试验中,F-35 的电子战装置被装载在一架 T-39 双发动机公务机上,在飞行中,利用宽带数字接收机系统,接收来自地面发射机发射的模拟无线电频率的威胁信号,全面测试了该系统的结构。为了估计潜在费用和改进性能,BAE 系统公司自行出资进行了这次飞行试验,并将利用方向发现(DF)算法对这次飞行试验收集的信息进行处理,然后由定位算法将性能研究和预测数据结合起来。这次试验是 BAE 系统公司 F-35 项目的一个重要里程碑。

2005 年 11 月,诺斯罗普·格鲁曼公司已开始对用于 F-35 的分布式孔径光电系统(EO DAS)进行试验。本月初,该公司的 BAC 1-11 航空电子试验机安装 EO DAS,在巴尔的摩-华盛顿国际机场附近的诺斯罗普·格鲁曼电子系统分部的总部进行了试飞。在飞行中,机上全部三个传感器同时工作,成功实现了无缝接合的广域视场。EO DAS 编号为 AN/AAQ-37,由安装在机身上的 6 个光电传感器组成,实现了全向覆盖,可探测空中目标和提供导弹逼近告警、提供昼/夜视景并支持机载前视红外传感器进行导航,从而增强了 F-35 的态势感知能力、生存能力和作战效能。首套 AAQ-37 系统将于 2006 年 4 月交付给 F-35 的主承包商洛克希德·马丁公司,由后者安装到 JSF 任务系统综合实验室中进行试验。除了 AAQ-37,F-35 的另一种关键机载传感器——AN/APG-81 有源相控阵火控雷达也由诺斯罗普·格鲁曼公司开发。它使飞行员能在远距离上与多个空中和地面目标同时交战,具有非凡的态势感知能力。诺斯罗普·格鲁曼还负责开发该机的任务规划软件和训练系统等,并负责制造该机的中机身(包括综合其内部设备)。

同时,美国部分国防专家表示,国防部可能很快正式提出要求空军放弃空军型 F-35B,而改为使用海军的常规起降型号。

2006 年是美国洛克希德·马丁公司 F-35"联合攻击战斗机"(JSF)项目的关键年份。在这一年要达到几个关键里程碑,其中包括关键设计评审(CDR)和首飞。F-35 的四大关键机载传感器系统——诺斯罗普·格鲁曼公司的 AN/APG-81 有源相控阵雷达和光电分布式孔径系统(EO DAS)、英航宇系统公司的综合电子战系统及洛克希德·马丁公司的光电瞄准系统(EOTS)均已进行了飞行试验。其中 EO DAS 由分布在 F-35 机身的 6 套光电探测装置组成,可实现 360°的环视视场,其图像投射到头盔面罩上,使飞行员能通过自己的眼睛,"穿透"各种障碍看到广域外景图像,例如,可以"穿透"自己的右腿和飞机结构的阻碍看到飞机右下方的情况。F-35 的合作航空电子试验台(CATB)首飞试验机由波音 737 改装,用来对 F-35 的航空电子设备进行领先试飞以降低风险。该机装备了 F-35 的全部子系统,试飞时机上有 30 名系统工程师和一套完整的F-35 座舱模拟器。技术人员可通过该机的试飞评价 APG-81、EO DAS 和EOTS 的性能,并对传感器融合软件的效果进行验证。

F-35 项目处于系统研制与验证(SDD)阶段的时间将持续 12 年。在这个阶段总共将制造 22 架完整的 F-35,其中 15 架用于试飞。

2006 年 4 月 18 日,洛克希德·马丁公司 F-35 联合攻击机小组成功完成首架 F-35 的结构耦合试验,在该试验中,飞机飞控系统进行了大范围的飞控操纵面运动。基于试验中收集的数据,工程师对飞控系统作调整,以消除那些可能造成飞机结构损坏的响应。试验小组评估了 8 种不同的 F-35 燃油和武器载荷构型。试验中飞机 2 个内部武器舱都首次满载惰性炸弹(JDAM)和空空导弹,武器舱门反复开启和关闭。2006 年 5 月,F-35"联合攻击战斗机"(JSF)的预生产型试飞机(其编号为 AA-1)完成总装出厂后进行各种地面试验,8 月开始首飞前地面滑行试验,秋季首飞。这架 F-35 在试验中所出现的意外少于其他任何一种战斗机,参研人员将从它学习并确认许多知识。该机安装了一些新部件替换初始试验所使用的非适航部件,完全达到可试飞状态。此后该机还进行了许多试验,包括发动机地面运转,航空电子和机身系统检查,综合动力包(IPP,集成了辅助动力单元和发动机起动系统)的评价等。尽管 AA-1 只是一架预生产型飞机,但它与生产型飞机的相似程度远高于以往的 F-15/-16 等战斗机。这是因为 F-35 要具有低可探测特性(LO),这就要求包括机体在内所有系统在设计时就满足综合和严格的公差要求,例如其 AAQ-37 光电分布式孔径系统(EO DAS)、光电瞄准系统(EOTS)等会影响机体表面细节形状的任务传感器都必须在飞机的外形设计中予以考虑。

波音 737-200"合作式航空电子试验平台"(CATBird),专用于试飞 F-35的机载任务系统,包括 APG-81 有源相控阵雷达、AAQ-37、EOTS 和综合电子战系统等。作为 F-35 项目系统研制与验证(SDD)阶段工作的一部分,洛克希德·马丁公司还将制造 14 架预生产型试飞机和 7 架用于静力和疲劳试验的机体。其中,试飞机将覆盖 F-35 的三种基本型——F-35A CTOL、F-35B STOVL(短距起飞垂直降落型)和 F-35C CV(舰载型)。

2006 年 6 月,BAE 系统公司向 F-35"联合攻击战斗机"(JSF)项目的主承包商——美国洛克希德·马丁公司交付了首套该机的电子战系统。洛克希德·马丁公司在其位于得克萨斯州沃斯堡的工厂对系统进行综合测试。F-35 的电子战系统采用了最新的辐射源识别、监控、分析和对抗技术,可增强飞机的态势感知和自防御能力。整套系统的质量不超过 190 磅(86.2kg),是目前世界上质量最轻、性能最好的采用数字式接收机的机载电子战系统之一。BAE 系统公司正在制造和测试首批 20 套可试飞的系统,今后,该系统将采用螺旋升级方式不断提高性能。

2006 年 8 月,在按合同完成 F-35"联合攻击战斗机"(JSF)的研制之后,该公司公布了其 F-35 无人型的概念构想。早在数年前,洛克希德·马丁公司投入较大力量,开发了两种 F-35 无人型的概念构想。其中一种为既可有人驾驶也可无人驾驶,另外一种则是纯粹的无人战斗机(UCAV)。在 JSF 项目方案竞争阶段,波音公司也曾进行了 X-32 无人型的概念构想开发工作。在洛克希德·马丁公司的两种概念构想中,第一种的成本目标值是仅比 F-35A(F-35 三种基本型之一的常规起降型)高 3%;而第二种则是比 F-35A 低 3%。由于 UCAV 型可完全取消与飞行员有关的设备,故可携带更多的燃料,其航程将比有人驾驶型提高 400 英里(644km)。若为有人驾驶的 F-35 长机配备 F-35 无人型作为僚机,将更为显著地降低无人型的成本,因为这使它无需搭载和前者一样全面和强大的传感器系统。这样做可使后者的成本仅相当于前者的大约 75%。在美军开展"联合无人空战系统"(J-UCAS)项目后,F-35 无人型的两种概念构想被搁置了,因为它们都不能满足 J-UCAS 项目要求的成本目标——单机成本仅相当于 F-35 有人型的 1/3。但在当前 J-UCAS 项目已下马、后续相关项目尚未确定的情况下,洛克希德·马丁公司又在期待着能实现其 F-35 无人型概念构想的机会出现。

即使在首架 F-35"闪电"II 地面运转试验开始之后,洛克希德·马丁公司仍在努力就美国国会打算减慢联合攻击战斗机(JSF)的生产速度以减轻近期国防预算压力的问题同后者周旋。由于在系统研制与验证(SDD)阶段建造和试验三种机型(常规起降型(CTOL)、短距起飞/垂直降落型(STOV)、舰载型(CV))的复杂性,美国国会需考虑同步开展 JSF 三种型号的研制与生产工作。同步开展 JSF 三种型号的研制与生产,是由于美国三军及首家国际客户都想在同一时间获得初始作战能力(IOC)。按照计划,美国海军陆战队的 F-35B STOV 飞机将于 2012 获得初始作战能力,美国空军的 F-35A CTOL 和美国海军的 F-35

CV 型将于 2013 年获得初始作战能力,英国则将在 2014 年获得初始作战能力。

    F – 35 固有的低可探测特性和强大的情报/监视/侦察(ISR)能力使之对于美国海军陆战队的远征作战概念来说是一种理想的平台。美国海军陆战队早在一年多以前就开始探索如何使用未来 AEA 能力取代其现役的 EA – 6B“徘徊者”(Prowler)电子战飞机机队,并且其已经与 F – 35 的总承包商——洛克希德·马丁公司探讨过开发 F – 35B(美国海军陆战队预定装备的 F – 35 基本型,即短距起飞垂直降落型)电子战改型的可能性。沃尔什认为,F – 35 的最大卖点在于它可利用其先进的 APG – 81 有源相控阵雷达、光电分布式孔径系统、光电瞄准系统和综合电子战系统,在覆盖射频、红外、激光的宽频段内收集和处理数据,然后将信息或情报进行分发。APG – 81 雷达的总承包商诺斯罗普·格鲁曼公司已承认该雷达可执行 AEA 任务,在此时甚至可以产生所谓的“武器效果”,即利用精确定向瞄准的高功率窄波束,干扰甚至毁损敌方同频段的电子设备。

    2007 年 1 月,由 BAE 系统公司负责实施改装的 JSF 合作航电试验台(CATB)飞机在加州莫哈韦(Mojave)完成了首次飞行。该机还称为“CAT – Bird”,由一架波音 737 – 300 飞机改装而来,将用作 F – 35 的航电系统飞行试验台。CATB 将研究和验证 F – 35 从多种传感器收集数据并将多种数据融合的能力。该 CATB 将开展飞行试验,验证飞机改装后的气动特性。CATB 所做的改装包括在飞机前部增加了一个内部装电子设备的模拟 F – 35 的机头延伸段和一对模拟 F – 35 机翼前缘的 12 英尺(3.6m)的机翼,传感器就安装在该机翼上。另外飞机内部结构也做了调整,安装了一个 F – 35 座舱、有关航电设备以及 20 个技师工作站。CATB 最初的飞行试验将完成约 20 架次飞行,之后该机将抵达洛克希德·马丁公司沃斯堡工厂,在那里完成 F – 35 航电系统软件和硬件验证的有关试验。

    2007 年 6 月,洛克希德·马丁公司为 F – 35“闪电”II 开发的光电瞄准系统(EOTS)完成了首次飞行测试,验证其作为多功能精确空空和空地瞄准系统的能力。首次飞行测试采用了美国凤凰城 Goodyear 机场特别改装的 Sabreliner 飞机,随后还将进行其他的飞行试验。飞行测试满足了所有目标,包括红外搜索和跟踪(IRST)系统数据采集和前视红外(FLIR)信号跟踪。美国空军情报、监视与侦察(ISR)部门副参谋长 Lt. Gen. David Deptula 于 6 月 21 日对记者称,今后将逐渐淡化 F – 22 和 F – 35 的“F”作用,即战斗机的作用,将赋予这两种飞机更多的 ISR 能力。联合攻击战斗机未来作为一种舰载飞机的应用最近已得到验证,该验证是通过洛克希德·马丁公司 F – 35B 短距起飞和垂直着陆飞机的飞行控制评估以及美国海军航空母舰改型的关键设计评审来完成的。英国奎奈蒂克公司和英国国防部组成的试验小组已使用本公司的 VAAC“鹞”式试验台进行了一系列舰体摇摆性垂直着陆(SRVL)试验,该试验是在法国海军的航空母舰 Charles de Gaulle 上进行的,“鹞”式试验台被用于 JSF 垂直起落改型的风险降低平台,SRVL这一概念已吸引了英国和美国海军陆战队等未来F-35B的用户。在6月18日~22日期间洛克希德·马丁公司与JSF联合项目办公室为美国海军的F-35C型战斗机进行了空中系统的关键设计评审,从而该型飞机向低速率初始生产阶段又迈进了一步。与此同时,美国政府还决定用F-35代替F-22来满足日本F-X战斗机计划提出的需求。2006年9月,洛克希德·马丁公司的工程师们正努力改正引起5月3日F-35战斗机试飞中造成飞机尾翼失效的一个设计问题。

2007年11月,有些媒体报道,联合攻击战斗机项目(JSF)办公室(JPO)不会考虑以色列在2012年能获得洛克希德·马丁公司的F-35战机,该项目办公室称,向以色列交付F-35最早要从2014年开始。当F-35研制飞机仍在洛克希德·马丁公司总装线上装配时,针对JSF用户飞行员培训的准备工作就已在有条不紊地开展。首批生产型JSF飞机为2架美国空军常规起飞与着陆型(CTOL)F-35A,计划2010年交付;2011年还将交付6架CTOL飞机和头6架短距起飞与垂直着陆型(STOVL)F-35B。舰载型(CV)F-35C和海外用户的JSF飞机也将随后不久交付,这时JSF训练系统必须准备就绪。为美国和国外3种型别飞机的飞行员提供培训的、位于佛罗里达州埃格林空军基地的综合训练中心(ITC)计划在2011年前投入使用。训练系统的开发正在按计划进行,已成功完成了飞行员训练系统关键设计评审。最初0.5批次(Block 0.5)飞机的训练大纲已完成。洛克希德·马丁公司是F-35飞机以及训练系统的主承包商,其进行仿真、训练和保障业务的俄亥俄州Akron工厂负责飞行员训练装置的集成,来自供应商的首个硬件产品已经到达。按照系统研制与验证演示(SDD)合同,洛克希德·马丁公司负责提供的系统有:首台全任务模拟器、可展开任务演练训练器(DMRT)的设计、首套课件、基于计算机的训练、学员和课程指南以及最初的学习和训练管理系统。SDD合同还包括埃格林空军基地ITC的设计。

2007年12月,首架F-35飞机AA-1在经历了6个月的地面改装升级工作后,重新返回飞行试验,完成了55min的飞行。经过地面试车和滑行试验后F-35获准恢复飞行试验。为解决研制阶段之后的进度压力大的问题,洛克希德·马丁公司决定合并使用试验和研制试验中的一些工作。2008年7月,美国国防部已经拨款10亿美元用于采购6架洛克希德·马丁公司的F-35B短距起飞/垂直降落(STOVL)型战斗机,这批采购属于F-35第2批次小批量生产(或低速初始生产,LRIP)合同的一部分。到2015年左右,F-35战斗机生产的生产率将到最高点,即每天生产一架。

作战试验与鉴定阶段是关键。英国采办多达138架F-35B来满足其JCA项目需求,这些飞机将装备英国空军和海军,两军种的F-35B将在必要时组建联合部队,共同由英国海军未来的"伊丽莎白女王"级大型常规动力航空母舰搭载使用。

美军已经在开展相关研究工作以检查为 F-35 联合攻击战斗机(JSF)安装隐身电子战吊舱的价值,目的是进一步增强该机的电子战能力。F-35 是下一代干扰机(NGJ)的候选平台,但常规吊舱将影响该机的隐身水平;采用隐身吊舱构型则可以在提供额外能力的同时使对该机隐身性能的影响最小化。预计 NGJ 在 2018 年形成初始作战能力,这与第 V 批次 F-35 的研制时间相一致。目前正在定义第 IV 批次 F-35,其软件设计将考虑该干扰机;该批次飞机的设计预计年底冻结。美海军陆战队正在研究用 F-35 来提供 EA-6B/ALQ-99 干扰组合之后的后继电子战(EW)和电子攻击(EA)能力。F-35 基本型本身就可提供显著的 EW/EA 能力。该机的 APG-81 有源电子扫描阵列雷达将提供火力圈外干扰能力,对抗现役和刚出现的面对空导弹系统,明显降低这些导弹系统的攻击范围。海军陆战队将螺旋式开发 F-35 的 EW/EA 能力,并在考虑用无人机来辅助 F-35 完成 EW/EA 任务。

2009 年 9 月美国海军官方消息,美国海军版 F-35"闪电"II 联合攻击战斗机(F-35C)将提前为部署做好准备。美国海军女发言人费拉里表示,首个 F-35C 飞行中队将在 2014 年 9 月具备作战条件,比原先预期的 2015 年提前 6 个月。随着 F/A-18"大黄蜂"的逐渐老化,F-35C 的提前服役将及时弥补航空母舰舰载机能力的缺失。美国海军 F-35C 战机 2009 年底进行首次测试飞行,第一批具备作战能力的战机将从 2012 年开始抵达埃格林空军基地,对首批 F-35 飞行员进行训练。

2010 年 1 月负责监督 F-35 战斗机研制工作的美国空军已经做出决定,延长 F-35 战斗机的研制和试验期限。美国空军参谋长施瓦兹指出,F-35 的研制期限可能被推迟 30 个月。按照以前的时间安排,F-35 的研制和试验应当在 2014 年完成。2010 年 1 月美国空军参谋长施瓦兹表示,国防部放慢了 F-35"联合攻击战斗机"的试验和采办工作。施瓦兹称,F-35 目前的进展过于冒进,因此国防部正在设法减少同时展开的工作,延长试验周期,增加试验飞机的数量,降低生产速率。按计划,F-35 将在 2013 年具备初始作战能力。由于 F-35 项目非常复杂,为了确保制造出的大量 F-35 飞机能在 2010 年底替换美国及其盟国战斗机机队时不出问题,对采办和试验进度做调整是必要的。2010 年 3 月美国空军部长唐利称,"联合攻击战斗机"(JSF)初始作战能力(IOC)将延期至 2015 年年底形成。海军官员指出,海军的 JSF 计划在 2014 年形成初始作战能力是"基于三点:足够的飞机数量、能力以及试验的完成"。

美国洛克希德·马丁公司宣布,2010 年 4 月 7 日,配备全套机载设备的 STOVL 方案 F-35B"闪电"II 战斗机(机号为 BF-04)成功完成首次飞行。F-35 飞行携带的全套机载设备包括:①诺斯罗普·格鲁曼公司研制的有源相控阵雷达 AN/APG-81——可同时在"空—空"和"空—地"状态发现目标,在合成孔径基础上测绘地形;②洛克希德·马丁公司研制的光电瞄准系统 EOTS——在无源状态及"空—空"和"空—地"任务状态探测和跟踪目标;③洛克希德·马丁公司研制的具有分配孔径和球形探测区的光电探测系统 EO – DAS——远距离发现威胁,作为投射到飞行员头盔上的昼间和夜间视频图像来源,可对飞机周围的战术情况进行环视观察;④BAE 系统公司研制的具有用统一坐标定位目标能力的全套电子战设备——同时发现各种威胁和目标,并确定其地理位置;⑤诺斯罗普·格鲁曼公司研制的数据交换、识别及导航综合系统 ICNI——在"敌—我"状态进行识别,自动确定飞行地标,采用安全的多波段、多状态无线通信和数据传输线路;⑥洛克希德·马丁公司研制的综合中央处理器——支持雷达的工作,处理来自 EOTS 和 DAS 的信号,导航,火力控制,在多功能显示器上对来自各种传感器的信息进行综合,处理外部信息;⑦Honeywell 公司研制的惯性导航系统;⑧Raytheon 公司研制的全球卫星导航系统。

F – 35 项目负责人称,此次飞行试验展示了最高水平的航空电子设备,F – 35 上安装的新一代设备可使飞机获得新的能力,收集大量数据,将其显示在便于接收的显示器上,并进行信息综合,使飞行员能够更加迅速和有效地做出战术决定。F – 35 的航空电子设备能够接收和处理来自地面、空中和海上传感器的信息,可准确执行指挥监控功能,保证飞行员全面掌握态势情况。三种方案 F – 35 的机载设备通用化程度接近 100% 。目前,美国对这些设备已经进行了 10 万多小时的实验室试验,其中包括在波音 – 737 试验飞机上进行了试验。

参 考 文 献

［1］Merrill l. Skolnik Introduction to RADAR Systems THIRD EDITION.

［2］Bassem R. Mahafza, ph. D Radar Systems Analysis and Design Using MATLAB. 2000 by Chapman &Hall/CRC.

［3］Burrell R H. Granularity of Beam Positionsin Digital Phased Array. Proc of IEEE, 1962, 56(11): 1975 – 1800.

［4］Van Keuk, Blackman S S. On Phased2Array Radar Tracking and Parameter Control IEEE Trans AES, 1993, 29(1):186 – 194.

［5］High – speed Signal Propagation. Prentice Hall PTR, 2003 Howard Johnson & Martin Graham Xilinx Databook. Xilinx Inc, 2003.

［6］Brad Brannon. Aperture Uncertainty and ADC System Performance. ANALOG DIVICES Applications Note AN—501,1998.

［7］Ron. McCoy Virtual prototyping: The practical Solution[J]. Inventor' Digest1 Mayö June, 1998.

［8］Schupp G, Jaschinksi A. Virtual prototyping: the future way of designing railway vehicles. International Journal of Vehicle Design,1V 22nl,1999, 93 – 115.

［9］Proceedings of EEE1998 Virtual Reality Annual International Symposium. Atlanta, USA , IEEE Computer society, 1998.

［10］Chleher DC. Electronic Warfare in the Information Age. London : Artech House Boston,1999.

［11］IEEE Standards Collection:Software Engineering. IEEE Standard 610. 12 – 1990,IEEE,1993.

［12］Christensen S R. Software Reuse Initiatives at Lockheed. CrossTalk,1995,8(5).

［13］Roger S Pressman. Software Engineering:A Practitioner's Approach. Fourth Edition. McGraw – Hill,1997.

［14］Mili H,Mili A, Yacoub S,et al. Reuse – Based Software Engineering: Techniques,Organization,and Controls. John Wiley & Sons,2002.

［15］Crisp M D. Joint Test and Evaluation Program Highlights, 2006.

［16］Louis S T. Global Strike Systems Precision Engagement & Mobility Systems, 2007.

［17］Gregory C T, Charles L T, James B E,et al. The Advanced Multifunction RF Concept. IEEE Trans. on Microwave Theory and Techniques, 2005, 53(3):1009 – 1020.

［18］Sergios. Theodoridis, Konstantinos Koutroumbas. Pattern Recognition. 北京:电子工业出版社,2006.

［19］菲利普·奈里. 电子防御系统导论. 2 版. 国际电子战,2003.

［20］Spezio A E. Electronic Warfare Systems. IEEE Trans. on Microwave and Techniques, 2002,50(3): 633 – 644.

［21］Pace P E. Detecting and Classifying Low Probability of Intercept Radar. Artech House, 2004.

［22］Richard G Wiley. ELINT:the interception and analysis of radar signals. Artech House, 2006.

［23］Li Z, Ligthart L P, Huang P, et al. Trade – off between Sensitivity and Dynamic in Designing Digital Radar Receivers. Proceedings of ICMMC 2008, Nanjing, 2008.

［24］王国玉,等. 无边界靶场. 北京:国防工业出版社,2007.

[25] 王国玉. 电子战靶场的发展趋势. 国际电子战, 2005, (11).

[26] 柯镇, 李松. 美军电子战试验场. 航天电子对抗, 2006, (5): 36–38.

[27] 孙晓静, 叶瑞芳. 美军电子战装备试验靶场. 国际电子战, 2005, (11).

[28] 刘英芝, 李琨. 美军电子战装备试验与鉴定方法. 国际电子战, 2005, (11).

[29] 王汝群, 等. 战场电磁环境. 北京: 解放军出版社, 2006.

[30] 王鼎奎. 世界电子战系统模拟器手册. 中国船舶重工集团公司第 723 研究所, 2003.

[31] 总装电子信息基础部. 美国空军需求确定和试验与评价指令文件汇编, 2007.

[32] 陈永光, 等. 雷达组网作战能力分析与评估. 北京: 国防工业出版社, 2006.

[33] 盛文, 焦晓丽. 雷达系统建模与仿真导论. 北京: 国防工业出版社, 2006.

[34] 瓦金, 舍斯托夫, 等. 现代电子战原理. 顾耀平, 译. 中电集团第 29 所.

[35] 特列季亚科夫. 世纪战争. 北京: 军事谊文出版社, 2002.

[36] 王运刚. 外军虚拟现实模拟训练. 国防报, 2002 年 02 月 26 日, 第 8 版.

[37] 王盛槐, 孙晓波, 唐保东. 外军基地化训练大扫描. 解放军报, 2003 年 02 月 12 日.

[38] 王国玉, 肖顺平, 等. 电子系统建模仿真与评估. 长沙: 国防科技大学出版社, 2000.

[39] 施莱赫. 信息时代的电子战. 信息产业部电子第二十九所, 2000.

[40] 张永顺, 童宁宁, 赵国庆. 雷达电子战原理. 北京: 国防工业出版社, 2006.

[41] 孙凤荣, 杨森, 冯震. 宽带数字噪声干扰系统的实现. 现代雷达, 2005, (1).

[42] 孙凤荣, 吕卫祥, 贾金伟. 一种高速回放系统的设计与实现. 现代雷达, 2005, (7).

[43] 孙凤荣, 王茂彬. 虚拟海上电子战场系统构建关键技术研究. 现代雷达, 2011, (4).

[44] 孙凤荣, 郑伟华. 基于多反馈延迟技术的雷达杂波模拟器实现. 航天电子对抗, 2011, (3).

[45] 孙凤荣, 郑伟华. 机载雷达杂波模拟器的设计. 现代雷达, 2008, (9).

[46] 王超, 等. 多假目标干扰效果评估准则研究与仿真计算. 航天电子对抗, 2002, (3).

[47] 解凯, 陈永光, 汪连栋. 多假目标干扰效果评估研究. 现代雷达, 2006, 28 (5): 87–90.

[48] 王雪松, 汪连栋, 等. 相控阵雷达天线最佳波位研究. 电子学报, 2003, 31(6): 805–808.

[49] 王瑞瑜, 等. 目标对抗条件下反舰导弹突防概率计算与分析. 指挥控制与仿真, 2006, (2).

[50] 王雪松, 汪连栋, 肖顺平, 等. 相控阵雷达天线最佳波位研究. 电子学报, 2003, 31(6): 805–808.

[51] 总装教材编写组. 雷达试验. 北京: 国防工业出版社, 2004.

[52] 总装备部电子信息基础部译. 统计、试验与国防采办, 2003.

[53] 杜志斌. 作战模拟建模理论与方法. 北京: 解放军出版社, 2007.

[54] 胡晓峰. 战争模拟引论. 北京: 国防大学出版社, 2004.

[55] 庞国峰. 虚拟战场导论. 北京: 国防工业出版社, 2007.

[56] 刘忠. 现代军用仿真技术基础. 北京: 国防工业出版社, 2007.

[57] 郭齐胜, 等. 分布交互仿真及其军事应用. 北京: 国防工业出版社, 2003.

[58] Poisel R A. 通信电子战系统导论. 北京: 电子工业出版社, 2003.

[59] 王国玉, 汪连栋, 等. 雷达电子战系统数学仿真与评估. 北京: 国防工业出版社, 2004.

[60] 陆伟宁. 弹道导弹攻防对抗技术. 北京: 中国宇航出版社, 2007.

[61] 柯宏发, 等. 电子战装备作战效能灰色评估模型和算法. 系统仿真学报, 2005, 17(3): 760–762.

[62] 郭齐胜, 等. 装备效能评估概论. 北京: 国防工业出版社, 2005.

[63] 时俊红. 武器系统效能评估方法浅论. 火控雷达技术, 2003, (12): 47–50.

[64] 高晓滨. 电子战系统效能的模糊评估方法. 火力与指挥控制, 2005, 30(1): 69–72.

[65] 邓聚龙. 灰色系统理论教程. 武汉: 华中工学院出版社, 1990.

[66] 刘思峰, 郭天榜, 党耀国. 灰色系统理论及其应用. 北京: 科学出版社, 2000.

[67] 陈永光, 柯宏发. 电子信息装备试验灰色系统理论运用技术. 北京: 国防工业出版社, 2008.

[68] 陈永光,等.电子装备试验系统的灰色特性研究.电子与信息学报,2007,29(3):560-564.

[69] 王汝群,等.战场电磁环境.北京:解放军出版社,2006.

[70] 徐美林.对合成孔径雷达干扰与抗干扰及效能评估的研究.成都:电子科技大学,2005,(1):39-53.

[71] 韩中生,宋小全.SAR成像及干扰效果评估方法研究.飞行器测控学报,2004(6),23(2):81-84.

[72] 周广涛,石长安,等.基于熵的SAR干扰效果评估方法.航天电子对抗,2006,22(4):33-35.

[73] 刘松涛,沈同圣.面向目标识别的图像融合效果评价方法.激光与红外,2007,37(7):593-597.

[74] 李锋,朱伟强.对SAR有源干扰效果评估方法研究.航天电子对抗,2006,22(2):28-32.

[75] 黎新亮.遥感图像融合定量评价方法及实验研究.遥感技术与研究,2007,22(3):461-465.

[76] 黎祖军,王红卫.水中对抗仿真系统实体模型管理问题的研究.计算机仿真,2005,(5):14-15.

[77] 张金涛,蔡继红.分布式模型管理系统的应用开发.计算机工程与应用,2005,32:140-142.

[78] 徐美林.合成孔径雷达干扰与抗干扰及效能评估的研究.电子科技大学硕士学位论文,2005.

[79] 袁翔宇.合成孔径雷达对抗试验评估方法研究.国防科学技术大学硕士学位论文,2003.

[80] 苗艳红.合成孔径雷达干扰效果的研究.西安电子科技大学硕士学位论文,2004.

[81] 马俊霞.合成孔径雷达全景干扰与局部干扰效果评估.探测与控制学报,2005,27(3):38-43.

[82] 张孝乐.合成孔径雷达干扰及干扰效能评估研究.电子科技大学硕士学位论文,2006.

[83] 李源,等.基于相关系数的ISAR干扰效果评估方法.电子科技大学学报,2006,35(4):468-470.

[84] 张明友,汪学刚.雷达系统.2版.北京:电子工业出版社,2006.

[85] 张永顺,童宁宁,等.雷达电子战原理.北京:国防工业出版社,2006.

[86] 盛文,焦晓丽.雷达系统建模与仿真导论.北京:国防工业出版社,2006.

[87] 牛海.末制导雷达干扰决策的模糊评估方法研究.现代防御技术,2002,(6).

[88] 夏跃兵.无线电磁环境监测与分析.中国无线电,2006,(6).

[89] 彭祖赠.模糊数学及其应用.武昌:武汉大学出版社,2002.

[90] 严西社.模糊决策在计算机性能评价中的应用.陕西工学院学报,2004,(12).

[91] 唐朝京.信息化战场复杂电磁环境分析.国防科技,2007,(8):25-28.

[92] 胡晓峰,杨镜宇,司光亚,等.战争复杂系统仿真分析与实验.北京:国防大学出版社,2008.

[93] 凌云翔,马满好,袁卫卫,等.作战模型与模拟.北京:国防科技大学出版社,2006.

[94] 吕跃广,方胜良.作战实验.北京:国防工业出版社,2007.

[95] 孙龙祥,等.一种具有航迹特征的雷达假目标产生技术.雷达科学与技术,2005,(4).

[96] Mili H,Mili A,Yacoub S,et al. Reuse - Based Software Engineering:Techniques,Organization,and Controls. John Wiley & Sons,2002.

[97] 杨小牛,楼才义,徐建良.软件无线电原理与应用.北京:电子工业出版社,2001.

[98] 宋福晓,李克,时信华.自适应天线阵抗干扰原理及其干扰措施研究.电子对抗,2002,(1).

[99] 黄知涛,周一宇."爱国者"雷达系统旁瓣对消性能仿真分析.电子对抗技术,2003,18(2):3-8.

[100] 胡生亮,金嘉旺,等.雷达旁瓣对消的多方位饱和干扰技术研究.雷达与对抗,2003,(3).

[101] 李景文,何峻湘,周萌清.机载SAR动目标成像研究.北京航空航天大学学报,1995,21(1):15-21.

[102] 王顺吉,赵志欣,吴井红.机载SAR动目标检测和成像处理.电子科技大学学报,1995,24(8):161-165.

[103] 魏俊,等.多通道SAR - GMTI的STAP与DPCA方法的检测性能比较.遥测遥控,2008,29(1):42-46.

[104] 陈广东,钱默舒,江伟光.测算SAR图像中动目标运动参数.现代雷达,2005,27(3):43-46.

[105] 张英,李景文.基于DPCA的机载SAR动目标检测与定位方法研究.雷达科学与技术,2003,1(4):223-227.

323

[106] 缪建峰. 合成孔径雷达运动目标检测和成像方法的研究. 合肥工业大学硕士学位论文,2003,23-31.

[107] 王德纯,丁家会,程望东,等. 精密跟踪测量雷达技术. 北京:电子工业出版社,2006.

[108] 穆虹. 防空导弹雷达导引头设计. 北京:中国宇航出版社,2006.

[109] 徐喜安. 单脉冲雷达系统的建模与仿真研究. 成都:电子科技大学,2006.

[110] 保铮,邢孟道,王彤. 雷达成像技术. 北京:电子工业出版社,2008.

[111] 郭齐胜,等. 军事装备效能及其评估方法研究. 装甲兵工程学院学报,2004,(1).

[112] 吴晓平,汪玉. 舰船装备系统综合评估的理论和方法. 北京:科学出版社,2007.

内 容 简 介

本书系统地介绍了装备综合试验与评价方法,雷达装备的综合试验与评价策略,雷达建模与仿真及其 VV&A,雷达综合实验室试验与评价,雷达半实物仿真试验与评价,雷达外场地面和飞行试验,雷达系统效能和作战适应性评价,外场复杂电子战环境构建,复杂电磁干扰环境构建难点问题解决方案,F – 35雷达(AN/APG – 81)的研制管理与评价。

本书可供各级雷达装备管理部门、雷达装备总体论证部门、雷达装备试验单位的管理与技术人员参考使用,也可作为高等院校相关专业教学与培训用书。

The book systematically equipped with comprehensive test and evaluation methods, and comprehensive test and evaluation strategy of the radar equipment, radar modeling and simulation and VV&A and radar laboratory test and evaluation, radar loop simulation and evaluation of radar field ground and flight tests, the radar system performance and operational adaptability evaluation, the field of complex electronic warfare environment, build, complex electromagnetic interference environment to build and difficult problems to solutions, the F – 35 radar (AN/APG – 81) the development of a management and evaluation.

The overall demonstration department of this book for all levels of radar equipment management department, radar equipment, radar equipment, test management and technical personnel of the unit for reference, but also as institutions of higher learning related to professional teaching and training books.